Lees dit boek

Als in een mondiale *blitzkrieg* pompen we zoveel mogelijk kooldioxide in de atmosfeer. Als we opzettelijk zoveel mogelijk leven op aarde zouden willen vernietigen, konden we het niet beter doen dan zo. Het is als Russisch roulette met een Luger: één kogel, één kamer en wij halen de trekker over.
Bij deze gok zijn de kansen: Kop – de opwarming wint. Munt – wij verliezen. We móeten stoppen bij twee graden.

'Deze voorspellingen zijn echt niet vergezocht, gebaseerd als ze zijn op stevig paleontologisch bewijs.' *International Journal of Meteorology*

'Een apocalyptische inleiding in wat we mogen verwachten als de wereld opwarmt.' *Financial Times*

Geef dit boek door

Lees het niet alleen. Koop nog een exemplaar van dit boek en geef het weg. Maak er een kettingboek van. Hoe meer het gelezen worden, hoe groter het effect is.
Lees uit deze serie ook **De laatste generatie** door Fred Pearce over de oorzaken van de opwarming, **Hitte** door George Monbiot over de noodzakelijke maatregelen en **Energieslank leven met klimaatdukaten** door David Fleming over de eerlijke verdeling van minder energie.

Wordt nu actief

Actief worden kan op allerlei manieren. Wij willen u er graag bij steunen.
Zie www.hitte.nu voor ideeën wat u zelf kunt doen en welk materiaal u daarbij kunt gebruiken.

Voor mijn vrouw Maria, mijn zoon Tom en dochter Rosa,
in de hoop dat de meeste voorspellingen in dit boek
niet uit zullen komen.

Mark Lynas

Zes graden

Onze toekomst op een warmere planeet

VERTALING FRANSJE DE WAARD I.S.M.
MAURITS GROEN MILIEU & COMMUNICATIE

UITGEVERIJ JAN VAN ARKEL
MAURITS GROEN MILIEU & COMMUNICATIE

Serie Klimaat voor 5 Euro

Fred Pearce – **De laatste generatie** (oorzaken)
George Monbiot – **Hitte** (maatregelen)
Mark Lynas – **Zes graden** (gevolgen)
David Fleming – **Energieslank leven met klimaatdukaten** (rantsoenering)

Buiten de serie verschijnen in 2009 nog
Maurits Groen e.a. – **Klimaat voor verandering**
Thomas Homer-Dixon – **Bovenop ten onder**

zie ook www.marklynas.org
oorspronkelijke titel: Six Degrees
verschenen bij HarperCollins Publishers Ltd.

ISBN 978 90 6224 476 8

vertaling: Fransje de Waard i.s.m.
Maurits Groen Milieu & Communicatie
omslagontwerp: Karel Oosting
omslagfoto: Jim Reed, Getty Images
opmaak: Hanneke Kossen

Mixed Sources
Productgroep uit goed beheerde bossen en andere gecontroleerde bronnen.
FSC www.fsc.org Cert no. SCS-COC-001167
© 1996 Forest Stewardship Council

druk: Haasbeek
Dit is een klimaatneutraal product. De CO_2 die is uitgestoten bij het maken en verspreiden van dit boek is voor 100 procent gecompenseerd in een klimaatproject van KlimaatNeutraalGroep, Arnhem.

Uitgeverij Jan van Arkel,
Grifthoek 151, 3514 JK Utrecht
Tel. 030 2731840, i-books@antenna.nl
www. antenna.nl/i-books; www.hitte.nu
i.s.m. Maurits Groen Milieu & Communicatie BV
Fonteinlaan 7, 2012 JG Haarlem
Tel. 023 5424656, info@mgmc.nl
www.mgmc.nl; www.co2-Neutraal.nu

Inhoud

Dat land van tranen liet een storm beginnen
En rood licht bliksemde met zo'n geweld
Dat ik erdoor beroofd werd van mijn zinnen;
Ik viel ter aarde, als door slaap geveld.

Dante, Hel, Canto 3: Dante gaat de Eerste Kring van de Hel binnen. Vertaling: Ike Cialona, Peter Verstegen. (De Goddelijke Komedie, Dante Alighieri, Athenaeum–Polak & van Gennep, Amsterdam, 2000)

Dankwoord

Dit boek is vooral het product van een synthese, waarin onderzoek is samengebracht dat door vele honderden wetenschappers van over de hele wereld is verricht. Ik kan hen niet allemaal individueel bedanken, maar ik erken maar al te graag dat *Zes Graden* er zonder hun inzicht, expertise en toewijding niet gekomen was en dat wij dan evenmin iets wijzer zouden zijn geweest over wat er in het verschiet ligt. Ik zou ook graag diegenen willen bedanken die mij hebben geholpen om de vele verschillende bronnen waarvan dit boek afhankelijk is, op te sporen en te gebruiken: Jenny Colls van de Earth Sciences Library van de Universiteit van Oxford, en in het bijzonder de staf van de Radcliffe Science Library, waar ik vele weken en maanden heb doorgebracht, begraven onder het werk in de Lancaster Room beneden. Helaas was niet alles altijd beschikbaar – zelfs met alles wat de Bodleian Library in huis had – en daarom ook veel dank aan Jonathan Lifland van de *American Geophysical Union*, voor het toemailen van PDF-copieën van tientallen artikelen, die in *Geophysical Research Letters* en andere AGU-tijdschriften zijn verschenen.

Ook ben ik dank verschuldigd aan mijn agent, Antony Harwood, mede-inwoner van Oxford en regelmatig lunchgezelschap, die mijn idee voor *Zes Graden* vanaf het eerste moment onmiddellijk begreep. James Macdonald Lockhart van Antony Harwood Ltd. voorzag mij eveneens een aantal keren van bruikbaar advies. Dank met name aan mijn redacteur, Mitzi Angel van Fourth Estate, voor het oppakken en het zo enthousiast ondersteunen van het boek (en van mij) gedurende het hele proces. Ook Sylvia Crompton van Fourth Estate heeft er een hoop werk in gestopt, net als corrector Merlin Cox, die mijn proefversie aanzienlijk heeft verbeterd. Ik moet ook proef-lezeres Anne Rieley niet vergeten, die mijn uitglijders en spelfouten er gelukkig net op tijd uitgepikt heeft.

Glacioloog en geestverwant Stephan Harrison bekeek een eerdere versie van *Zes Graden*, net als mijn oude vriend en squashpartner Paul Kingsnorth; hun opmerkingen werden zeer op prijs gesteld, zelfs als ze genegeerd zijn! Ten slotte, en het belangrijkste van alles, ben ik mijn vrouw Maria dankbaar omdat zij op geen enkel moment aan mij getwijfeld heeft – zelfs wanneer de spanningen en de werkdruk van het schrijven (om van het onderwerp maar niet te spreken) van mij een minder ideale echtgenoot maakten.

Inleiding

Het was nacht toen er op de deur werd geklopt. In het donker kon ik twee gele jassen onderscheiden, met daaronder zwarte uniformen – politie. Ze waren bezig om van deur tot deur te gaan, vertelden de agenten, om de mensen te waarschuwen in het gebied waar direct gevaar voor overstroming dreigde. Ze overhandigden ons een gekopieerd foldertje, waarin we werden geadviseerd om de stroom uit te schakelen en alle waardevolle spullen naar boven te verhuizen – en weg waren ze.

Twee dagen eerder was het begonnen met regenen. Het grootste deel van de dag kwam het met bakken tegelijk naar beneden, vergezeld van felle bliksemflitsen, afgewisseld met donderslagen. De wegen stonden volkomen blank terwijl het water in plassen uit de weilanden kwam stromen. Binnen een paar uur tijd was de spoorlijn naar het noorden afgesloten en was Oxford, zoals veel andere steden in de Midlands en het zuiden van Engeland, van de wereld afgesneden. Vier dagen later steeg het water nog steeds, terwijl de kruin van een vloedgolf de rivier de Thames af kwam rollen vanuit bovenstroomse gebieden die nog erger onder water stonden. Toen ik het nieuws op de televisie aandeed, zag ik hoe het schilderachtige stadje Tewkesbury met kathedraal en al in een eiland was veranderd, hoe zowel Cheltenham als Gloucester door stroomuitval waren getroffen en hoe scholen in de hele regio gesloten waren. Het wassende water overspoelde een waterzuiveringsinstallatie, waardoor een kwart miljoen mensen ruim een week zonder drinkwater kwamen te zitten. Hoewel mijn eigen huis niet overstroomd werd, ruik ik nog, terwijl ik dit schrijf, de stank van rottende waterplanten die de rivier in het nabije Port Meadow heeft achtergelaten.

De enorme intensiteit en het geweld van de regen deed me denken aan een tropische storm in de Outer Banks in North Carolina, waar ik een paar jaren eerder doorheen gereden was terwijl ik onderzoek deed voor mijn eerste boek *Het nieuwe weer*. De hemel had op dezelfde manier iets onheilspellend donkers en de neerslagkaart op de website van het Meteorological Office liet dezelfde rode en witte vlekken zien van de super-intense neerslag, die ik eerder onder ogen had gehad in het busje van de orkaanjagers bij Cape Hatteras in 2002. Orkanen veroorzaken de zwaarste soort regenval op aarde en als een orkaan toeslaat kun je er donder op zeggen dat er overstromingen van komen. Zoals het ontstellende drama dat zich ontvouwde toen de orkaan Katrina New Orleans trof, kan zo'n overstroming – in combinatie met een gigantische vloedgolf – dodelijk zijn.

Al deze gebeurtenissen vormden vensters op een veranderende wereld. De opwarming van de aarde maakt de hydrologische cyclus intenser, en zorgt ervoor dat er op zee zwaardere stormen en heviger orkanen worden gebrouwen. Jazeker, extreem weer is er altijd geweest, maar het feit dat stijgende gehaltes broeikasgassen de zonnewarmte vasthouden betekent dat er in het systeem meer energie beschikbaar is – zodat het ergste zich steeds vaker voordoet. De ellende die New Orleans te doorstaan kreeg, leek mij een kijkje te geven in datgene wat de 21e eeuw voor velen van ons, op ontelbare plekken ter wereld, in petto heeft nu de klimaatverandering steeds sneller gaat.

De beelden bleven in mijn hoofd rondspoken, zelfs nog toen de stad was geëvacueerd en de doorweekte overlevenden van New Orleans en het hele gebied rond de Golf waren afgevoerd naar tijdelijke opvangcentra in Texas en elders, waar een half miljoen van hen nog steeds verblijven op het moment dat ik dit schrijf – al of niet de eerste klimaatvluchtelingen, voorgoed van huis en haard verdreven. Ik bleef me afvragen: waar gaat het de volgende keer gebeuren? Wat gaat er gebeuren als de wereld beetje bij beetje warmer wordt? Wat gaat er gebeuren met onze kusten, onze steden, onze bossen, onze rivieren, onze akkers en onze bergen, nu er, volgens het *Intergovernmental Panel on Climate Change* (IPCC), voor de komende honderd jaar een wereldwijde opwarming tot zes graden op het programma staat? Zullen wij allen, zoals sommige milieudeskundigen suggereren, zijn veroordeeld tot het bij elkaar schrapen van een bestaan in de verwoeste restanten van de beschaving, in een uithoek van het poolgebied die er nog mee door kan, of gaat het leven gewoon door – alleen een beetje warmer?

Toen ik hierover nadacht was ik al begonnen om de nieuwste wetenschappelijke literatuur over opwarming van de aarde na te pluizen. Ik wist uit mijn eerdere onderzoek voor *Het nieuwe weer* dat wetenschappers inmiddels honderden toekomstverwachtingen hebben gemaakt – meestal op basis van complexe computermodellen – van hoe de opwarming op alles van invloed zal zijn, van de maïsoogst in Tanzania tot aan de sneeuwval in de Alpen. Af en toe haalt een bijzonder treffend onderzoek de krantenkoppen, maar de grote meerderheid van deze voorspellingen wordt bijgezet in obscure specialistische tijdschriften, die zijn voorbestemd om uitsluitend door andere klimatologen te worden gelezen. De meeste van deze tijdschriften vallen in de bus bij de Radcliffe Science Library van de University of Oxford, nog geen twee kilometer van mijn huis vandaan, waar ze weken of zelfs jaren lang op schaars verlichte planken staan. Ik besefte dat het was alsof ik een Orakel van Delphi in mijn achtertuin had staan, of Nostradamus naast me had wonen – behalve dan dat deze wetenschappelijke profetieën al werkelijkheid aan het worden waren.

Eerder dat jaar was ik begonnen om met mijn laptop elke dag een pelgrimstocht te maken naar de kelder van de Radcliffe Science Library, waar ik week in week uit tienduizenden wetenschappelijke artikelen uitkamde. De seizoenen kwamen en gingen, en ik maakte er nauwelijks iets van mee. Ik voerde elk relevant artikel in een spreadsheet in – artikelen over twee graden opwarming in de rubriek van twee graden, artikelen over vijf graden opwarming in de rubriek van vijf graden, enzovoort. Het waren niet allemaal projecties van computermodellen – een deel van het interessantste materiaal kwam uit paleoklimatologische studies, onderzoeken naar de invloed van temperatuurveranderingen op de planeet tijdens warmere periodes in de prehistorie. Deze gegevens van broeikasperiodes in het verleden, zo realiseerde ik me, konden wel eens parallellen naar de toekomst vormen. En zo werden ook zij in mijn zes-gradentabel geschoven, volgens de temperatuur van de klimaatperiodes die zij vertegenwoordigden.

Op het laatst bedacht ik dat ik iets had dat feitelijk uniek was: een graad-voor-graad-gids voor de toekomst van onze planeet. En zo begon het boek, op basis van dit ruwe materiaal, steeds meer vorm te krijgen: in mijn eerste hoofdstuk stonden alle effecten van wereldwijde opwarming die ik had gevonden in verband met een temperatuurstijging van één graad, in mijn tweede hoofdstuk stonden die van twee graden, in mijn derde hoofdstuk die van drie graden... en zo verder omhoog tot aan zes graden – het wetenschappelijke *worst-case scenario*. Er is geen wetenschapper en geen journalist die dit werk ooit eerder heeft gedaan met iets wat ook maar in de buurt komt van deze gedetailleerdheid, en nooit eerder is zoveel van deze informatie in boekvorm toegankelijk gemaakt voor een algemeen publiek.

Terwijl het werk gestalte kreeg begon het gevoel aan me te knagen dat ik het misschien allemaal maar geheim moest houden. *Zes Graden* begon te voelen als een overlevingsgids, barstensvol aanwijzingen over welke delen van de aardbol je maar beter de rug toe kon keren, en welke er vermoedelijk bewoonbaar zouden blijven. Misschien moest ik deze informatie alleen delen met mijn familie en vrienden, om degenen die mij het meest nabij waren stilletjes een schot voor de boeg te geven? Of moest ik het misschien zo breed mogelijk rondbazuinen, als een soort waarschuwing, om mensen ervan te overtuigen om campagne te voeren om snel de uitstoot te beperken en de *worst-case scenario's* te vermijden vóór het te laat is?

Vanzelfsprekend koos ik voor de tweede, optimistischer koers. Maar een vraag die ermee samenhing bleef me achtervolgen toen ik lezingen over het materiaal voor *Zes Graden* ging geven. Dat was vooral nadat ik een keer na afloop van zo'n avond in de toiletten een gesprek opving, waarin iemand uit het publiek een ander zijn excuses aanbood voor het feit dat hij deze had meegesleept naar zoiets deprimerends. Ik schrok me rot. Deprimerend? Het was werkelijk geen moment bij me opgekomen dat *Zes Graden* deprimerend zou kunnen zijn. Jazeker, de gepresenteerde gevolgen zijn angstaanjagend – maar ze zijn ook, in hoofdzaak, nog te voorkomen. Gedeprimeerd raken over de situatie nu is net zoiets als stokstijf in je woonkamer zitten toekijken hoe de keuken vlam vat, en je dan steeds ellendiger gaan voelen terwijl het vuur zich door het huis verspreidt – in plaats van een blusapparaat te grijpen en op de vlammen in te spuiten.

Ik probeerde het boek ook aan niet-specialisten uit te leggen, en daarbij drong het steeds meer tot me door dat de meeste mensen volstrekt geen idee hebben wat een gemiddelde opwarming van twee, vier of zes graden in werkelijkheid eigenlijk betekent. Het lijken nog steeds hele kleine veranderingen, wanneer het kwik tussen dag en nacht wel vijftien graden heen en weer vliegt. Wanneer het donderdag zes graden warmer is dan woensdag, betekent dat voor de meesten van ons niet het einde van de wereld; het betekent dat we onze jas thuis kunnen laten. Dat zijn gewoon de grillen van het alledaagse weer. Maar een wereldwijde verandering van gemiddeld zes graden is een totaal ander vooruitzicht.

Ga maar na: 18.000 jaar geleden, tijdens de allerkoudste periode van de laatste ijstijd, was de temperatuur wereldwijd zo'n zes graden kouder dan tegenwoordig. In dat ijzige klimaat strekten de ijsvlaktes zich uit over heel Noord-Amerika, van de ene oceaan tot de andere. Zoals gletsjergeulen in de rotsen van Central Park aantonen, was New York begraven onder een dik pak ijs, dat zich met een dikte van bijna twee kilometer uitstrekte naar het midden van het continent. Het noorden van New Jersey lag eronder begraven, net als het hele gebied van de Grote Meren, en vrijwel volledig Canada. Verder naar het zuiden moet het agrarische hart van staten als Missouri en Iowa een ijskoude toendra geweest zijn, bestookt door stofstormen die vanaf de ijskap kwamen aanzwiepen, en liggend op dikke lagen permafrost. Mensen waren in de ijstijd ver naar het zuiden verdreven, waar plekken die nu subtropisch zijn, zoals Florida en Californië, een gematigd klimaat hadden behouden.*

Bovendien verliepen de temperatuurschommelingen verbijsterend snel – meerdere graden binnen een tijdsbestek van tien jaar waarin het klimaat opwarmde en weer afkoelde. Op een bepaald moment, zo'n 70.000 jaar geleden, blies een enorme vulkaanuitbarsting in Indonesië duizenden kubieke kilometers stof en zwavel de atmosfeer in, zodat de zonnewarmte werd afgesneden en de temperatuur wereldwijd naar beneden dook. Menselijk leven werd bijna uitgeroeid in de 'nucleaire' winter die daarop volgde: de totale wereldbevolking klapte in elkaar tot ergens tussen de 15.000 en 40.000 individuen, een overleving op een haar na, die tot op heden in de genen van elk levend mens gegrift staat. Wanneer zes graden afkoeling in het verleden genoeg was om ons vrijwel weg te vagen, betekent dat dan impliciet dat zes graden op-

* Nvdv: Ook de noordelijke helft van 'Nederland' werd eens bedekt door uitvloeisels van het enorme pakket landijs dat zich in Scandinavië vormde, maar dat was in de op een na laatste ijstijd, de Risstijd. Wij danken er de stuwwallen aan van bijvoorbeeld de Utrechtse Heuvelrug.

warming in de toekomst net zo'n soort gevolg zal hebben? Dat is de vraag die dit boek probeert te beantwoorden.

In die zomer van 2005, toen ik het spoor van de vermoedelijke toekomst van de mensheid begon te volgen, voelde ik me als Dante aan de poorten van het Inferno – bevoorrecht om te zien wat maar weinigen aanschouwd hebben, maar ook diep verontrust door de gruwelen die in het verschiet leken te liggen.* Zoals Dante de dichter Vergilius als gids bij zich had toen hij afdaalde in de hel, zo heb ik als mijn gidsen de vele begaafde wetenschappers die zo hartstochtelijk het oorspronkelijke onderzoek deden waarop dit boek gebaseerd is. Ik betuig hen mijn dank, en hoop dat zij zich goed weergegeven voelen door wat nu volgt.

'Eén wil verenigt ons. Ga nu op pad
U leidt mij, onderwijst mij, richt mijn schreden,'
En toen hij zich op weg begeven had,
Begon mijn barre voettocht naar beneden.

uit: Hel, Canto 2. Vertaling: Ike Cialona, Peter Verstegen. (De Goddelijke Komedie, Dante Alighieri, Athenaeum–Polak & van Gennep, Amsterdam, 2000)

Een technische wegwijzer

Zoals dat een populair-wetenschappelijk auteur betaamt heb ik getracht om elke gevalsstudie zo veel mogelijk tot leven te laten komen zonder de degelijkheid van het originele artikel kwijt te raken. Waar de wetenschap zelf zich in de loop der jaren verder heeft ontwikkeld, heb ik geprobeerd om dat in het verhaal te verwerken. Uiteraard waren er hindernissen:

* De tekst is zowel in 2007 als in september 2008 nog grondig bijgewerkt.

vrijwel alle onderzoeken gebruiken andere modellen, waarbij elk model zich baseert op andere aannames, zodat een onderlinge vergelijking soms zoiets is als die tussen kalk en kaas. Ook bevat elk onderzoek zowel onzekerheden – vaak kwantitatief uitgedrukt, zo zit goede wetenschap nu eenmaal in elkaar – als door de auteurs zorgvuldig afgewogen, doordachte uitspraken, die niet altijd nauwgezet zijn weer te geven in een globale, schetsmatige benadering als deze. De lezer die vragen heeft over enig deel van de gepresenteerde informatie is vrij om referenties na te trekken en de oorspronkelijke werken zelf te beoordelen. En kom niet bij mij met klachten en met twijfels over de methodologieën die in de oorspronkelijke onderzoeken zijn toegepast; ik ben geen klimatoloog, ik ben slechts de vertolker.

Ten behoeve van die lezers die het nogal verwetenschappelijkte debat over klimaatverandering niet helemaal kunnen volgen, hier nog iets heel algemeens over de achtergrond van de wereldwijde opwarming: In wezen refereert deze laatste term (die ik afwisselend gebruik met 'klimaatsverandering', ook al betekenen zij technisch gezien dan net iets anders) aan de stijging van de wereldwijde atmosferische temperaturen als gevolg van stijgende concentraties broeikasgassen in de lucht om ons heen. Dat broeikasgassen een opwarmend effect hebben, zo'n beetje als een extra deken om de aarde heen, staat buiten kijf en geldt al meer dan honderd jaar als een natuurkundig gegeven. Deze gassen veroorzaken een 'broeikaseffect' omdat zij de infrarode lange-golfstraling niet doorlaten; invallende warmte van de zon is korte-golfstraling, en gaat er dus zonder meer doorheen, maar wanneer deze warmte door de aarde wordt teruggestraald, heeft zij een langere golflengte, en daarvan wordt een deel door deze gassen vastgehouden – net zoals glas in een plantenkas warmte vasthoudt. Als er helemaal geen broeikasgassen in de atmosfeer waren, zou de gemiddelde temperatuur op aarde ongeveer -18°C zijn.

Sinds het begin van de industriële revolutie zijn concentraties van het voornaamste broeikasgas, kooldioxide (CO_2), met eenderde gestegen, terwijl die van methaan – een ander sterk broeikasgas – verdubbeld zijn. Hoewel er over periodes van tien jaar altijd wel schommelingen zijn geweest, zijn de temperaturen wereldwijd over de laatste 150 jaar ook gestegen met ongeveer 0,8°C, en zullen ze naar verwachting de komende eeuw nog sneller oplopen aangezien de CO_2-niveaus alsmaar blijven stijgen. Voor een deel zijn die toekomstige temperatuurstijgingen het gevolg van emissies in het verleden, en voor een ander deel weerspiegelen zij hoe snel de broeikasgasemissies door menselijke activiteit naar verwachting zullen stijgen. Dat we grotere temperatuurstijgingen kunnen voorkomen door uitstoot te verminderen is een cruciaal punt dat ik in dit boek hoop aan te tonen.

Hoewel ik mijn best heb gedaan om de juiste gevolgstudies in de juiste hoofdstukken te presenteren, zijn er ook gevallen waarin de beslissing om iets ergens onder te brengen nogal arbitrair is. Vele – of eigenlijk de meeste – artikelen vermelden niet de precieze gemiddelde temperatuursverandering waarnaar hun onderzoek verwijst, met name wanneer zij op een regionale verandering zijn gericht. Een onderzoek over ijs in de Noordelijke IJszee kan zich bijvoorbeeld baseren op een serie verschillende toekomstige kooldioxide-concentraties die door de auteurs geen van alle worden geïnterpreteerd als wereldwijde temperatuurgemiddelden. Dat zadelt mij op met de lastige keuze om in te schatten in welk hoofdstuk zij het beste thuishoren. Bovendien delen verschillende studies die dezelfde toekomstige CO_2-gehaltes gebruiken niet noodzakelijkerwijs dezelfde temperatuurprojecties; alle modellen hebben verschillende 'gevoeligheden' voor de toename van atmosferische broeikasgassen, wat de procedure nog ingewikkelder maakt. Niettemin is het van belang om te benadrukken dat al het materiaal in dit boek afkomstig is van *peer-reviewed* wetenschappelijke literatuur – nergens baseer ik voorspellingen op minder betrouwbare bronnen als krantenartikelen of persberichten van campagne-groepen.

Tevens is het van belang om op te merken dat de temperatuurschaal van dit boek is gebaseerd op het maatgevende temperatuurbereik van 1,4 tot 5,8°C, dat het IPCC publiceerde in het *Third Assessment Report* van 2001, waarin voorspellingen *tot aan* zes graden zijn gedaan. Dit bereik wordt weerspiegeld in de structuur van de hoofdstukken die volgen. Het drie-graden-hoofdstuk omvat bijvoorbeeld mondiale temperatuurstijgingen van 2,1°C tot 3°C, terwijl het zes-graden-hoofdstuk 5,1°C tot 5,8°C omvat. In februari 2007 publiceerde het IPCC zijn *Fourth Assessment Report* (AR4), dat het bereik van temperatuurprojecties voor 2100 verbreedde. In het laagste emissie-scenario, waarbij mondiale broeikasgasemissies scherp dalen, zou de opwarming rond 2100 op het lage punt van 1,1°C kunnen uitkomen, terwijl die in het hoogste emissie-scenario 6,4°C zou kunnen halen. Met andere woorden, het bereik is groter, en in het slechtste geval gaat het er nog drastischer aan toe dan in het IPCC-rapport van 2001 – tot aan zeven graden op de schaal van dit boek.

Het *Fourth Assessment Report* onderzoekt ook in detail welke effecten er van toekomstige klimaatveranderingen te verwachten zijn en bestrijkt daarbij in grote lijnen hetzelfde terrein als dit boek, met referenties naar veel van dezelfde artikelen. De niet-technisch taal maakt het voor leken best begrijpelijk – bepaald een verbetering ten opzichte van eerdere rapporten. Met name zou ik geïnteresseerde lezers willen verwijzen naar het deel van *Working Group II* in het rapport, en dan met name naar een tabel in de Samenvatting voor Beleidsmakers, waarin de verwachte gevolgen van opwarming met 1 tot 5°C worden aangegeven in een simpele schaal met graden (waarom de tabel niet tot zes graden gaat, hoewel dat binnen de temperatuurprojecties van het IPCC valt, wordt niet uitgelegd). De volledige Engelse tekst van alle IPCC-rapporten is beschikbaar via het web op www.ipcc.ch.

Een duidelijke valkuil van de keuze voor een structuur van dit boek die op temperaturen is gebaseerd, is dat het heel lastig is om tijdstippen aan te geven. De wereld zou tegen het jaar 2100 twee graden warmer kunnen worden, maar zover zou het ook al in 2030 kunnen zijn. De lezer moet zich vooral blijven bedenken dat hoe sneller de opwarming gaat hoe meer moeite de menselijke beschaving en natuurlijke ecosystemen hebben om zich aan te passen aan het veranderende klimaat. De alternatieve optie, om de 21e eeuw te doorlopen met sprongen van tien jaar, zou volgens mij nog problematischer zijn geweest, aangezien de tijdstippen die aan verschillende emissie-scenario's en temperatuurveranderingen zijn gehangen hoogst onzeker zijn. Dit boek gaat alleen over wat wetenschappers 'kortstondige' klimaatsverandering noemen: vanwege de thermische traagheid van de oceanen zal het eeuwen duren voordat de temperaturen zich bij een willekeurige concentratie broeikasgassen stabiliseren in een zogenaamde 'evenwichtsstaat'.

Ik heb ook af en toe nogal speculatief bekeken wat de projecties van de huidige wetenschappers zouden betekenen voor de toekomstige samenleving. Zou China Siberië binnentrekken om subarctische *Lebensraum* zeker te stellen op een aardbol waar steeds smallere zones bewoonbaar blijven? Zouden India en Pakistan in hun strijd over de opdrogende bronnen van de Himalaya-rivieren naar kernwapens grijpen wanneer hun bevolking dorst lijdt? Ik zou niet wijs zijn als ik dacht dat deze voorspellingen letterlijk zullen uitkomen – de geschiedenis leert ons dat menselijke gebeurtenissen te onvoorspelbaar zijn om zo'n deterministische benadering te onderschrijven. Maar hier twijfel ik niet aan: klimaatverandering is het doek waarop de geschiedenis van de 21e eeuw geschilderd gaat worden. Een gewaarschuwd mens telt voor twee.

Vooruit dan maar. Laten we samen het Inferno binnengaan.

0

Eén graad

Amerika's sluimerende woestijn

Je zou ze zo voorbij lopen. Wandelaars komen hier niet veel, en een enkeling die wel opduikt zal zich niet gauw afvragen wat die paar oude boomstronken daar in die rivierbedding doen. In elk geval is deze verlaten plek, waar de kloof van de West Walker River op zijn smalst is en zich langs de oostelijke flanken van de Californische Sierra Nevada naar beneden stort, geen oord om lang te blijven; de streek is berucht om zijn onverwachte stortbuien en plotselinge hoogwater.

Maar deze boomstronken vertellen een verhaal. Op een bepaalde manier kunnen dode bomen praten. Een opmerkzame wandelaar of een oplettende sportvisser zou zich op het hoofd krabben; wat doen ze in die rivierbedding, op een plek waar verder geen bomen groeien omdat er permanent water stroomt? Toen de boomstronken begin jaren negentig onderzocht werden, bleken het Jeffrey-dennen te zijn – een soort die in de omgeving veel voorkomt, maar normaal gesproken beslist niet in rivieren wortelt. En bovendien, deze bomen waren oud. Heel oud. Weefselmonsters lieten zien dat de stronken dateren uit twee specifieke periodes in de middeleeuwen, rond de jaren 1112 en 1350.

Het mysterie werd groter toen men eenzelfde soort stronken ontdekte in Mono Lake, een groot zoutwatermeer op een paar honderd kilometer ten zuiden van Walker River, dichtbij de staatsgrens met Nevada. Het is een spectaculaire plek, beroemd om zijn uitgestrekte uitspansels en zonsondergangen, met behalve een paar uitgewerkte vulkanen niets dat het zacht golvende, droge landschap onderbreekt. De boomstronken in Mono Lake waren niet alleen van dennen, maar ook van andere inheemse soorten als populier en alsem; alle waren zij ver beneden het huidige natuurlijke waterniveau van het meer geworteld, en doken slechts op dankzij projecten die het verre Los Angeles van water moesten gaan voorzien. Koolstofdatering bracht dezelfde twee periodes aan het licht als bij de bomen in Walker River. Er was in de middeleeuwen duidelijk iets opmerkelijks gebeurd.

Nog meer aanwijzingen kwamen van dieper in de bergen, verborgen op twee plekken die tegenwoordig beroemd zijn om hun wouden met reuzensequoia's – de nationale parken Yosemite en Giant Sequoia. Deze enorme bomen, die in termen van hun houtvolume te boek staan als de grootste levende organismen op aarde, behoren ook tot de alleroudste. Sommige levende bomen zijn wel 3.000 jaar oud. En omdat elke jaarlijkse groeicyclus een duidelijke jaarring achterlaat, vormen deze monumentale planten tevens een uitstekend archief van het klimaat in het verleden. Meer dan tien jaar geleden onderzochten wetenschappers houtmonsters van dode reuzensequoia's, en daarin kwamen ze aan de rand van sommige jaarringen oude brandplekken tegen. Die littekens kwamen met name vaak voor in dezelfde middeleeuwse periode – tussen het jaar 1000 en 1300 – als waarin de oude bomen in West Walker River en Mono Lake groeiden. In beide nationale parken hadden bosbranden twee keer zo vaak huisgehouden als vóór die tijd, en daar is maar één plausibele verklaring voor: de bossen waren kurkdroog.

Uitslaande bosbranden, droge rivieren en meren – de puzzelstukjes begonnen in elkaar te vallen. Het gebied dat we nu Californië noemen werd in de middeleeuwen getroffen door een enorme droogte, die binnen verschillende periodes meerdere decennia aanhield en zowel het landschap als de ecosystemen veranderde op een schaal die de huidige droogteperiodes volledig in de schaduw stelt. Maar hoe wijd verspreid was dat gebeuren nu precies? Aanwijzingen vanuit een ander meer, ver weg op de Great Plains van Noord-Dakota, verschaffen een deel van het antwoord.

Moon Lake is net als Mono Lake in Californië een gesloten bekken, en het water is er daardoor zout. Het zoutgehalte gaat er met het klimaat op en neer. Na een aantal natte jaren komt er meer vers water in het meer terecht en zakt het zoutgehalte. Het omgekeerde is ook waar; in droge jaren verdampt er meer water, en blijft er geconcentreerd, pekelachtig zout water achter. Canadese wetenschappers hebben nu het zoutgehalte van Moon Lake over een lange periode gereconstrueerd, door uit oude sedimenten de overblijfselen te bemonsteren van piepkleine algen, kiezelwieren genaamd, waarvan het type en het aantal fluctueren met het zoutgehalte. En ja hoor, vóór het jaar 1200 trok er een serie intense droogteperiodes over de Great Plains, waarvan de terugkeer vandaag de dag – daar waren de wetenschappers het over eens – 'verwoestend' zou zijn.

Inzicht in die verwoestende aard van zo'n droogte werd opgedaan door een team biologen dat actief was in het noorden van Yellowstone National Park, een goede 1.500 kilometer ten zuidwesten van Moon Lake, in Wyoming. Daar boorden zij in sedimenten die door rivieren waren neergelegd, en ontdekten zo een piek in de stroom van modderig puin – het product van overstromingen – zo'n 750 jaar terug. Deze modderstromen zijn naar beneden gekomen langs berghellingen die door frequente bosbranden kaal waren komen te staan. Vreemd genoeg vormen deze modderstromen dus eigenlijk een klassiek teken van droogte. En zoals bleek, werd het hele westen van de VS daardoor op hetzelfde moment getroffen.

Het effect op de inheemse bevolking in dit pre-Columbiaanse tijdperk was inderdaad verwoestend. Hele beschavingen stortten in, te beginnen in de Chaco Canyon in het huidige New Mexico. Als één van de meest geavanceerde samenlevingen op het continent trokken de pueblo-indianen van Chaco Canyon het grootste stenen gebouw op dat ooit in het Noord-Amerika van vóór de Europese invasie heeft gestaan: een 'groot huis' van vier verdiepingen, met meer dan 600 individuele kamers, dat vandaag de dag nog voor een groot deel overeind staat. Maar toen in 1130 de grote droogte toesloeg, was men kwetsbaar. De bevolkingsgroei had de ecologische basis van de samenleving al uitgehold door roofbouw op de bossen en landbouwgronden. De meeste mensen verhongerden, waarna de overlevenden een bestaan bij elkaar wisten te schrapen op gemakkelijk te verdedigen plekken, hoog op de steile rotshellingen. Op meerdere plekken zijn aanwijzingen voor gewelddadige conflicten gevonden – schedels met snijplekken van scalperingen, skeletten met pijlpunten in de lichaamsholte en beetsporen van kannibalisme.

Feitelijk maakte de hele wereld in de middeleeuwen een klimaatverandering mee. Dit tijdperk wordt doorgaans de 'warme middeleeuwse periode' genoemd, en was de tijd waarin – volgens het bekende verhaal – de Vikingen Groenland koloniseerden en wijngaarden welig tierden in het noorden van Engeland. De temperaturen in de binnenlanden van Noord-Amerika mogen dan 1 of 2 graden warmer dan nu zijn geweest, maar het idee van een aanzienlijk warmere wereld in de middeleeuwen klopt in feite niet. Recent onderzoek, waarin indirecte meetgegevens van koralen, ijskernen en jaarringen vanuit het hele noordelijke halfrond bij elkaar werden gelegd, laat een veel gecompliceerder beeld zien, waarin de tropen zelfs iets koeler waren dan nu, en verschillende gebieden op verschillende momenten opwarmden en weer afkoelden. Hoe klein de mondiale verschuiving daarmee ook geweest is, er zijn nu meer dan voldoende aanwijzingen dat het westen van de Verenigde Staten in die periode niet te maken had met een kortstondig neerslagtekort, maar met een grootschalige, intense droogteperiode, die minstens enige tientallen jaren aanhield. Kort geleden nog, in 2007, deden wetenschappers verslag van onderzoek aan jaarringen, waarin zij de middeleeuwse stromingen in de rivier de Colorado bij Lees Ferry in Arizona reconstrueerden. Hieruit bleek dat de rivier tijdens een grote droogte in het midden van de 12e eeuw 15 procent minder water voerde. Zestig jaar achter elkaar was het uitsluitend laagwater in de rivier; het hoge water dat normaal gesproken de Colorado af komt stromen, verbrak de ban van de droogte al die tijd geen enkele keer. En de opmerkelijke overeenstemming van deze tijdstippen met aanwijzingen vanuit New Mexico suggereert dat dit inderdaad dezelfde droogte was, die de indianen in Chaco Canyon de das omdeed.

Om te zien wat zelfs zo'n kleine klimaatverandering kan aanrichten, richten we ons even op één van de minst dramatische plekken die er bestaat – Nebraska. Bepaald geen staat die hoog op het toeristische verlanglijstje staat. "Verdomd, ik dacht dat ik ook dood was. Bleek ik gewoon in Nebraska te zijn", zegt Gene Hackman in de film *Unforgiven*. Een vreugdeloos uitspansel van onmogelijk platte vlaktes – het enige opzienbarende aan Nebraska is dat het de enige Amerikaanse staat is met een wetgevende macht van slechts één kamer. Nebraska blijkt ook de plek te zijn waar het oude Westen begint – volgens de plaatselijke overlevering in de hoofdstad Lincoln begint het Westen precies op de kruising van de 13e en de O-straat, op een plek die gemarkeerd is met een ster van rode klinkers.

Maar wellicht is het belangrijkste feit over Nebraska dat het middenin één van de meest productieve landbouwsystemen op aarde ligt. Rundvlees en maïs beheersen de economie, en het gebied van de Sand Hills in centraal Nebraska herbergt een aantal van de meest succesvolle veehouderijgebieden van de hele Verenigde Staten.

Voor de toevallige voorbijganger zien de Sand Hills er groen en grazig uit, en in pre-Europese tijden voorzagen ze enorme kuddes bizons van voedsel; vandaar ook hun hoge productiviteit voor het hedendaagse rundvlees. Maar zoals hun naam al aangeeft, peuter een paar centimeter de grond in en vanonder de ondiepe bodem komt er iets onheilspellends bloot te liggen: zand. Deze onschuldig uitziende heuvels vormden ooit een woestijn en maakten deel uit van een immens systeem van zandduinen, dat zich uitspreidde over duizenden kilometers van de Great Plains, van Texas en Oklahoma in het zuiden, dwars door Kansas, Colorado, Wyoming, Noord- en Zuid-Dakota, tot in de Canadese prairie-staten Saskatchewan en Manitoba in het noorden. Tegenwoordig zijn deze zandduinsystemen 'gestabiliseerd': bedekt met een beschermende laag vegetatie, zodat zelfs de hardste wind ze niet van hun plaats krijgt. Maar tijdens de warme middeleeuwse periode, toen de temperatuur in het gebied van de Great Plains maar iets hoger dan nu zal zijn geweest, kwamen deze woestijnen tot leven; ze gingen aan de wandel door een vruchtbaar landschap, dat vandaag de dag een graanschuur is waar de mensheid niet buiten kan. Deze historische sporen geven duidelijk aan dat zelfs minieme temperatuurveranderingen dit hele gebied zouden kunnen terugwerpen in een gortdroge toestand.

Diegenen die zich de Dust Bowls van de jaren '30 van de vorige eeuw kunnen herinneren, denken misschien dat zij de ergste soort droogte hebben gezien die de natuur te bieden heeft. In de heftigste Dust Bowl-jaren, tussen 1934 en 1940, werden in kolossale stofstormen miljoenen hectaren bovengrond van de Great Plains weggeblazen. Eén daarvan, in mei 1934, bereikte zelfs Chicago, en strooide rode sneeuw over New England uit. Honderdduizenden mensen, waaronder 85 procent van de hele bevolking van Oklahoma, gaf hun land op en trok naar het westen. Voor dit alles was gemiddeld slechts een kwart minder neerslag nodig – voldoende om het geploegde akkerland te zien wegblazen, terwijl de reusachtige duinen op hun plek bleven. Wat deze duinen bijna duizend jaar geleden deed ontwaken uit hun lange sluimering, was een droogte op een volstrekt andere schaal – één die dramatisch veel minder neerslag bracht, en die niet een paar jaar aanhield, maar tientallen jaren achter elkaar.

In een wereld die in zijn geheel minder dan één graad warmer is, kan het westen van de Verenigde Staten opnieuw door langdurige droogtes worden geteisterd. Daarbij wordt de landbouw van de kaart geveegd en raken menselijke inwoners op een veel grotere schaal op drift dan tijdens de rampspoed in de jaren '30. Hoewel meer irrigatie het allerergste een poos op de lange baan zou kunnen schuiven, worden veel van de grootste watervoerende bodemlagen nu al te intensief gebruikt door de geïndustrialiseerde landbouw en hebben zodoende hun langste tijd gehad. Wanneer de dagen nachten worden, doordat zware stof- en zandstormen over duizenden kilometers vroegere prairie jagen, zullen boerderijen, wegen en zelfs hele steden onder het verwaaiende zand bedolven raken. Er zullen nieuwe duinen verrijzen op plekken waar ooit koeien graasden en maïsvelden groeiden. Voor boeren zal er waarschijnlijk weinig te kiezen zijn; op miljoenen vierkante kilometers van wat eens hoogproductieve landbouwgrond was, zullen zij de landbouw volledig moeten opgeven. Internationaal zullen de voedselprijzen stijgen, zeker als gelijktijdig ook andere gebieden door ernstige droogte worden getroffen. En hoewel de zuidelijke delen van de VS door een intensere Amerikaanse moesson naar verwachting natter zullen worden, zit de bevolking daar misschien niet te wachten op een instroom van miljoenen nieuwkomers.

Verder naar het oosten zou de landbouw echter wel eens kunnen profiteren van hogere temperaturen en meer neerslag. Zoals Californië tijdens de Dust Bowl als het ware een toevluchtsoord was voor verdreven 'Okies', zullen het Middenwesten en de Grote Meren werk en levensonderhoud moeten bieden aan hen, die niet langer een bestaan bij elkaar kunnen schrapen uit de zandige heuvels in het verre westen wanneer eenmaal de regen uitblijft en de woestijnwind begint te waaien.

Nu al overmorgen?

Terwijl de boeren op de hoogvlaktes van Noord-Amerika hun akkers en weilanden in de verzengende hitte zien wegwaaien, worstelen hun verwanten aan de andere kant van de Atlantische Oceaan misschien wel met een ander probleem: extreme kou. Een van de minst voorstelbare effecten van wereldwijde opwarming is de mogelijke instorting van de temperatuur in heel Noordwest-Europa doordat de warme Atlantische stroming – algemeen bekend als de Golfstroom – gaat haperen en afzwakt. Dat is het scenario dat met enige overdrijving in verhaalvorm werd gegoten voor de Hollywood-rampfilm *The Day After Tomorrow*. Daarin luidt het in elkaar klappen van de Atlantische stroming een nieuwe ijstijd in, en bevriezen New York en Londen als bij toverslag (hoewel de goeie vent het meisje nog wel krijgt). Wetenschappers in de echte wereld vielen meteen over de film heen omdat deze de wetten van de thermodynamica aan zijn laars lapte. Evengoed gaven ze toe dat de werkelijkheid van een afzwakkende stroming in het noorden van de Atlantische Oceaan bepaald beangstigend kan zijn, zeker voor diegenen die leven in een deel van de wereld met een zacht zeeklimaat, dat op zich niet strookt met zijn hoge noorderbreedte.

Een kort technisch terzijde is hier op zijn plaats. Eigenlijk is slechts een klein deel van de grote stroom die warm water de noordelijke Atlantische Oceaan in brengt de werkelijke Golfstroom. Zoals zijn naam al aangeeft, gaat het om een stroom warm, subtropisch water; vanuit de Golf van Mexico koerst dit naar het noordoosten, en wordt uiteindelijk deel van een veel groter stroomsysteem, dat onder wetenschappers bekend staat als de Atlantische Meridionale Omslaande Circulatie. Deze MOC wordt deels aangedreven door het afkoelende en zinkende water op hoge breedtegraden voor de kust van Groenland en Noorwegen. Daar brengt koude polaire lucht de temperatuur van het zeewater omlaag, en perst er zoet water in de vorm van zeeijs uit, zodat er zwaar, pekelig water overblijft dat snel naar de bodem van de oceaan zakt. Van daaraf beweegt het zich terug naar het zuiden, om uiteindelijk – 1.200 jaar later – in de Stille Oceaan weer aan de oppervlakte te komen. Wetenschappers zijn lange tijd bang geweest dat meer zoet en warm water in de zee bij Noorwegen en Groenland – door meer neerslag, meer smeltwater van gletsjers en het verdwijnen van zeeijs – de daling van dit water zou kunnen stilleggen en zo deze grote, oceanische lopende band uit bedrijf zou halen. Vandaar de beroemde 'Einde van de Golfstroom'-scenario's die we kennen van krantenkoppen en van de Hollywood-film.

Al lijkt het idee vergezocht, het vastlopen van de Atlantische circulatie is altijd meer dan puur theorie geweest. Het is al eerder voorgekomen. Aan het einde van de laatste ijstijd, twaalfduizend jaar geleden, toen de wereld net weer wat warmer begon te worden, daalde de temperatuur plotseling opnieuw en bleef daarop meer dan duizend jaar laag. Gletsjers groeiden weer aan en nieuwe bossen maakten opnieuw plaats voor kille toendra's. Deze periode wordt het 'Jonge Dryas' genoemd, naar een arctisch-alpiene plant, *Dryas octopetala* of zilverkruid, waarvan het stuifmeel volop aanwezig is in sedimentaire veenlagen uit die tijd. In Noorwegen was de temperatuur 7-9°C lager dan nu, en zelfs Zuid-Europa kreeg een terugval te verduren tot bijna-glaciale omstandigheden. Ook aan de andere kant van de Atlantische Oceaan koelde het af, en er zijn aanwijzingen voor snelle klimaatverandering op verafgelegen plekken als Zuid-Amerika en Nieuw-Zeeland.

De boosdoener lijkt de plotselinge lamlegging van de Atlantische circulatie te zijn geweest, veroorzaakt door het springen van een natuurlijke dam in Lake Agassiz, een gigantisch zoetwatermeer dat was volgelopen achter de terugtrekkende Noord-Amerikaanse ijsvlaktes. De inhoud van het meer bedroeg zeven keer die van de huidige Grote Meren samen, en men denkt dat toen de dam sprong, er een enorme golf water door de Hudsonbaai de Atlantische Oceaan in is gestroomd. Deze plas zoetwater verdunde de Noord-Atlantische zeeën en voorkwam dat het water er zout genoeg was om te zinken. Dat onderbrak de diepe oceaanstroming en zorgde zo wereldwijd voor klimaatverstoring.

Vandaag de dag liggen er duidelijk geen gigantische ijsmeren te wachten om de Atlantische Oceaan in te stromen, maar de mondiale opwarming zou de vorming van water dat zinkt wel degelijk kunnen onderbreken door smeltend zeeijs en hogere afvoer van zoetwater door Siberische rivieren. Ondanks de snel smeltende ijskap was er echter jarenlang geen bewijs dat er zich inderdaad veranderingen voordeden in de Atlantische MOC en veel oceanografen begonnen de theorie in de wind te slaan. Dat was voordat de RSS *Discovery*, een onderzoeksschip van de Britse overheid, in 2004 aan een routine-tocht over de Atlantische Oceaan begon. Aan boord stelde het onderzoeksteam zich tot taak om het zeewater op verschillende dieptes te bemonsteren langs de lijn tussen de Canarische eilanden in het oosten en Florida in het westen, en daarmee vergelijkbare metingen uit 1957, 1981, 1992 en 1998 te herhalen. Ze hadden niet verwacht iets te vinden dat voor enige opwinding zou kunnen zorgen. Teamleider professor Harry Bryden vertrouwde een journalist zelfs nog toe: "In 1998 zagen we alleen hele kleine veranderingen. Ik had het er bijna bij laten zitten."

Maar in 2004 was het anders. Bryden en zijn collega's ontdekten dat er aan de oppervlakte minder warm water naar het noorden stroomde en in de diepte minder koud water naar het zuiden. Over de hele linie was de Atlantische circulatie met 30 procent afgenomen, wat neerkomt op 6 miljoen ton minder stromend water per *seconde*. Geen wonder dat professor Bryden bekende "verrast" te zijn. Plotseling was de vertraging in het grote Atlantische stromingssysteem niet langer gewoon een hypothese voor de verre toekomst. Het was al zover.

De media reageerden onmiddellijk. "Stroming die Europa verwarmt zwakt af", waarschuwde CNN. De NPR-show

All Things Considered kwam met "Warmtemotor Atlantische Oceaan koelt af". In Europa werd vanzelfsprekend bezorgd gereageerd. "Alarm om dramatische verzwakking Golfstroom" kopte de Britse *Guardian* op 1 december 2005. "Opwarming aarde zorgt voor koeler klimaat in GB" luidde de visie van de *Telegraph* op hetzelfde verhaal. Een paar alinea's verderop liet de krant een deskundige bevestigen dat "een gemiddelde temperatuurdaling van één of twee graden binnen enkele decennia strengere winters zou inluiden".

Oudere lezers zouden hebben gehuiverd bij de gedachte aan een terugkeer naar winters zoals die van '62-'63, toen het Verenigd Koninkrijk drie maanden lang onder een pak sneeuw lag en de temperatuur in het zuiden van Engeland daalde tot 16°C onder nul. Hier en daar bevroor de zee en bij Tower Bridge in Londen kwamen ijsschotsen de Thames afdrijven. Die winter was zo'n 2,7°C kouder dan gemiddeld – vrijwel precies de temperatuurdaling die voor Londen was voorspeld in een modelstudie waarin men het mogelijke effect onderzocht van een halvering van de warme Atlantische stroming. Stond Europa's nieuwe ijstijd voor de deur?

Blijkbaar niet. Bijna precies een jaar later, en met veel minder omhaal, meldde het tijdschrift *Science* dat "nadere beschouwing van de stroming in de Atlantische Oceaan had bevestigd wat veel oceanografen al die tijd al vermoedden: niets wijst erop dat de warme 'transportband' van de oceaan wordt afgeremd." In plaats van enkel de momentopnames vanaf een klein aantal onregelmatige boottochten, kwamen er nu gegevens van negentien permanente sensoren, tjokvol instrumenten, verspreid over de Atlantische Oceaan tussen West-Afrika en de Bahama's, en daaruit viel een veel consistenter beeld op te maken. Een jaar van onafgebroken metingen, zo rapporteerde Harry Bryden nu aan een conferentie in Birmingham, liet zien dat zijn oorspronkelijke terugloop van 30 procent achteraf gezien gewoon onderdeel was van de natuurlijke veranderlijkheid, iets wat zich van jaar tot jaar voortdurend voordoet.

Die uitslag betekende een triomf voor de modellenmakers, van wie de meesten de Europese ijstijd-theorie al jaren koud liet. Zij waren het erover eens dat er enorme hoeveelheden zoetwater het noorden van de Atlantische Oceaan zouden moeten instromen om de Golfstroom af te remmen – veel meer dan er op dit moment vrijkomt door smeltend ijs op Groenland of meer neerslag in Siberië. In plaats van plotseling in te zakken zou de oceanische circulatie kunnen teruglopen met een niet onaanzienlijke 25 tot 30 procent, maar dan wel pas na minstens 100 jaar van voortdurende uitstoot van broeikasgassen. En zelfs dan zou dat Europa niet in de kou zetten – het zou alleen de overigens snelle temperatuurstijging afremmen.

Zoals het IPCC in 2007 concludeerde: "het is... erg onwaarschijnlijk dat de MOC (Atlantische Meridionale Omslaande Circulatie) in de loop van de 21e eeuw een grote, abrupte verandering zal ondergaan". Hoewel zij allemaal tegen het jaar 2100 een zekere afzwakking lieten zien, ondersteunde geen van de modellen die door het IPCC werden geëvalueerd het scenario van de totale ineenstorting. En zelfs met een afremmende MOC meldde het IPCC dat "de oppervlaktetemperatuur rond de Noord-Atlantische Oceaan en Europa zal blijven stijgen vanwege de veel grotere invloed van de toename van broeikasgassen". Het oordeel van het IPCC was definitief: Europa krijgt geen nieuwe ijstijd.

Afrika's schitterende berg

Amateur-avonturier Dr. Vince Keipper had jaren op deze dag gewacht. Dicht onder de top van de Kilimanjaro, het hoogste punt van het Afrikaanse continent, verheugde Keipper zich met zijn groep op de panoramische uitzichten over de omliggende Keniaanse en Tanzaniaanse vlaktes. Ze waren door de steile en verraderlijke Western Breach geklommen en daarna langs de torenhoge ijswand van de Furtwängler Gletsjer. Het weer was perfect, met enkel ver beneden wat wolken. Toen, niet ver van de 5.895 meter hoge top, bracht een luid gedreun achter hen de groep plotseling tot stilstand. "We keken om en zagen de ijsmassa met een enorm geraas in elkaar zakken" herinnerde Keipper zich. "In het midden brokkelde een deel van de gletsjer af, en stukken ijs zo groot als hele kamers stortten op de bodem van de krater."

Keipper en zijn groep beseften dat ze mazzel hadden gehad: als de zaak een paar uur eerder was ingestort, hadden ze eronder begraven kunnen worden. Daarnaast beseften ze dat de gebeurtenis waarvan ze net getuige waren geweest, een aanzienlijke symbolische betekenis had: recht voor hun neus was de hoogste top van Afrika aan het smelten.

Kilimanjaro is een soort symbool geworden van de internationale campagne tegen klimaatverandering. De Swahili woorden *kilima* en *njaro* laten zich vertalen als 'schitterende berg'; dat onderstreept hoezeer deze enorme vulkaan door de eeuwen heen ontzag bij haar toeschouwers wist op te wekken. Een recente luchtfoto van de krater, waarop langs de donkere flanken nog maar een dun korstje ijs te zien is, vormde de blikvanger van een reizende fototentoonstelling over wereldwijde opwarming in 2005, die werd gesponsord door de British Council. Tijdens de VN-conferentie over klimaatverandering in 2001 in het Marokkaanse Marrakesh, stuurde Greenpeace een team naar de Kilimanjaro om daar een persconferentie met video-link te houden vanaf één van de verdwijnende gletsjers. Vanuit haar status van internationale beroemdheid heeft de Kilimanjaro ook de aandacht getrokken van de ontkenners van klimaatverandering. Zij suggereren dat de ontbossing op de lagere hellingen van de berg meer bijdraagt aan het krimpen van de gletsjers dan de mondiale opwarming.

Wie echter met zulke tegendraadse betogen aankomt bij Lonnie Thompson – glacioloog aan Ohio State University en terecht één van Amerika's meest gevierde wetenschappers – begeeft zich, om zo te zeggen, op glad ijs. Thompson was de eerste die in ontoegankelijke berggebieden ijskernen ging uitboren. Hij kwam terug met ijs van tienduizenden jaren oud uit vergletsjerde toppen die zo ver uit elkaar lagen als de Nevado Huascarán in Peru en de Dasuopu in Tibet, en dat hij slechts had weten te verzamelen door het uiterste van zichzelf te eisen. In 1993 kampeerden Thompson en zijn boorteam 53 dagen lang op 6.000 meter hoogte tussen de twee toppen van de Huascarán, waarbij zij wellicht het wereldrecord op-hoogte-leven vestigden. (Ik heb daar in 2002 één nacht doorgebracht – één van de koudste, winderigste en ellendigste nachten van mijn leven.) Op een gegeven moment blies een storm Thompson's tent, met hem erin, op een afgrond af – totdat hij zijn ijsbijl door de bodem ramde. "Ik begrijp niet", merkte hij ooit op, "waarom iemand voor de lol een berg zou willen beklimmen."

Thompson zag als één van de eersten in, dat dit bergijs een uniek bestand aan gegevens bevat over klimaatveranderingen door de eeuwen heen – bewaard in lagen stof, zuurstof-isotopen en piepkleine gasbelletjes die binnenin de lagen bevroren water gevangen zitten. Eenmaal omlaag gesjouwd in vrieskisten en geanalyseerd in het laboratorium leggen deze ijzige handtekeningen alles bloot, van droogtes tot en met vulkaanuitbarstingen, van tientallen en honderden jaren geleden. Bovendien vertellen ze een verhaal over veranderingen in de temperatuur. De twee isotopen van zuurstof, ^{16}O en ^{18}O, verschillen in atoomgewicht door de aanwezigheid van twee extra neutronen in de kern van de laatste, en komen afhankelijk van de watertemperatuur minder vaak of vaker voor. Zodoende is hun onderlinge verhouding in ijskernen een goede, indirecte indicatie voor historische klimaten.

Thompson en zijn team boorden eveneens in drie van de overgebleven ijsvelden van Kilimanjaro en concludeerden in oktober 2002 dat 80 procent van het ijs op de berg in de afgelopen eeuw al gesmolten was. Het nieuws haalde wereldwijd de krantenkoppen, net als Thompson's voorspelling dat de rest van het ijs tussen 2015 en 2020 verdwenen zou zijn. Daarbij gaf hij grif toe dat deze voorspelling niet op ingewikkelde computermodellen of andere geavanceerde technieken gebaseerd was. "In 1912 lag er 12,1 km² ijs op de berg", vertelde hij journalisten van CNN. "Toen we de berg in februari 2000 fotografeerden, lag er nog maar 2,2 km². Als je kijkt naar de oppervlakte, zie je dat die lineair afneemt. Projecteer je dat gewoon naar de toekomst, dan is zo rond 2015 al het ijs van de Kilimanjaro verdwenen."

Als er iets van urgentie in Thompson's stem doorklonk, dan was dat omdat hij wist dat het unieke bestand aan historische klimaatgegevens dat in Kilimanjaro's gletsjers bewaard was gebleven, door het recente afsmelten inmiddels al werd aangetast. In de analyse van stoflagen in het ijs vond het wetenschappelijk team duidelijke aanwijzingen voor een 300 jaar durende droogte, zo'n 4.000 jaar geleden; een droogte die zo ernstig was dat deze in verband is gebracht met de ineenstorting van diverse beschavingen in de Oude Wereld, van Noord-Afrika tot het Midden-Oosten. Het ijs wees daarnaast op veel nattere omstandigheden van nog langer geleden, toen enorme meren zich uitstrekten over wat nu de droge Afrikaanse Sahel is. Net onder het oppervlak ontdekte Thompson's team ijs met een laagje van de radioactieve isotoop chloor-36, neerslag van de Amerikaanse kernproef met de waterstofbom op het atol Eniwetok in 1952. Uit deze precieze tijdsmeting konden de wetenschappers afleiden dat het ijs waarin de gegevens over klimaatwisselingen sinds de jaren '60 vastlagen, inmiddels al gesmolten was.

Bovendien bleek het oudste ijs onderin de ijskernen meer dan 11.000 jaar oud te zijn. Dat toonde aan dat de top van de Kilimanjaro sinds de laatste ijstijd op geen enkel moment ijsvrij geweest is. Deze ontdekking maakte Thompson's ijskernen nog eens extra waardevol, om de simpele reden dat de tot ronde plakken verzaagde kernen in de inloop-vriesruimte van Ohio State University binnen een kleine tien jaar het enige overgebleven Kilimanjaro-ijs ter wereld zal zijn. Dit indachtig hebben Thompson en zijn team al besloten om een deel van het ijs intact te laten, om het door toekomstige generaties wetenschappers met nieuwe technologieën te laten ontleden. Mogelijk zullen zij zo klimatologische geheimen weten te ontsluieren waarvan wij vandaag de dag nog niet eens kunnen dromen.

De ontkenners van klimaatverandering doen grote moeite om het verdwijnen van de gletsjers op de Kilimanjaro als iets bijzonders te presenteren. Deze pogingen worden echter teniet gedaan door vergelijkbare veranderingen, die zich voordoen in berggebieden over de hele wereld, niet in het minst in het Ruwenzori-gebergte in Oeganda, een kleine duizend kilometer naar het noordwesten. In dit afgelegen gebied, waar Oeganda grenst aan de Democratische Republiek Congo, liggen de legendarische 'Bergen van de Maan', die de voornaamste bron van de rivier de Nijl vormen. Deze bergen zorgen voor zulke zware neerslag (zo'n 5 meter per jaar), dat de door wolken versluierde pieken slechts een paar dagen per jaar zichtbaar zijn. Bovenop de hoogste berg, de 5.109 meter hoge Mount Stanley (genoemd naar de ontdekkingsreiziger die er in 1887 langskwam), blijft de piek door ijs en sneeuw – behalve voor de allertaaiste bergbeklimmers – voor iedereen verborgen. Toch heeft het ijs zich, net als op de Kilimanjaro, in de Ruwenzori al flink teruggetrokken. De drie hoogste toppen zijn sinds 1987 de helft van hun ijsvelden kwijtgeraakt, en van alle gletsjers wordt verwacht dat ze binnen twintig jaar verdwenen zijn.

Elders in de wereld vormen verdwijnende gletsjers een serieuze bedreiging voor de watervoorziening benedenstrooms. Maar de ijskap van de Kilimanjaro is zo klein, dat het voor de twee grootste rivieren die aan zijn flanken ontspringen – de Pangani en de Galana – weinig verschil zal maken als hij uiteindelijk helemaal van het toneel verdwijnt. Op de Kilimanjaro vormen niet de gletsjers, maar juist de bossen de cruciale schakel voor de watervoorziening. De gordel van montaan bos tussen de 1.600 en 3.100 meter hoogte levert

96 procent van het water dat van de berg afkomt. Niet alleen slurpt deze weelderige wirwar van bomen, varens en struiken als een reusachtige spons de stortregens van de Kilmanjaro op, maar bovendien vangt hij vocht op uit de wolken, die zich vrijwel onafgebroken rond de hellingen halverwege de berg hebben gedrapeerd. Een groot deel van dit water vloeit ondergronds af door de poreuze vulkanische as en lava, om op de savannes ver daar vandaan in poelen weer boven te komen. Daar is het van vitaal belang voor zowel de lokale bevolking als in het wild levende dieren.

Is de Kilimanjaro als bron voor de watervoorziening daarom veilig voor de wereldwijde opwarming? Niet helemaal. Stijgende temperaturen en afnemende neerslag verhogen het risico op bosbranden en deze zijn al begonnen de hogere stukken montaan bos aan te tasten. Tegen de tijd dat de gletsjers verdwenen zijn, zijn de hoger gelegen bossen dat daarom ook, en dat scheelt, volgens een schatting, elk jaar 15 miljoen kuub water die niet van de berg de rivieren inloopt. Ter vergelijking zal de terugloop van het smeltwater jaarlijks waarschijnlijk nog geen miljoen kuub bedragen: behoorlijk, maar niet rampzalig. De teruglopende watervoorziening zal zich overal doen gelden: van de visstand tot de opwekking van waterkracht benedenstrooms in het straatarme Tanzania. Ook de wereldberoemde biodiversiteit – de Kilimanjaro herbergt alleen al 24 verschillende soorten antilopen – zal door de weersveranderingen voor een groot deel in het nauw komen.

In navolging van de sneeuw zal een groot deel van de wildstand verdwijnen, net als van de weelderig groene bossen waar toeristen nu nog doorheen trekken op hun steile tocht naar de dak van het Afrikaanse continent.

Spookrivieren van de Sahara

Een heel eind ten noorden van de Kilimanjaro, in de Sahel, ervaart een andere kurkdroge streek tegen die tijd misschien wel iets van een zegenrijke verlossing. De Sahel-regio in Noord-Afrika is lange tijd synoniem geweest met klimaatrampen. In de jaren '70 en '80 werd het gebied geteisterd door zulke ernstige hongersnoden dat zij gigantische hulpacties als *Band Aid* en *Live Aid* op gang brachten. Vanuit Ethiopische vluchtelingenkampen sprak verslaggever Michael Buerk van de BBC van een "bijbelse hongersnood", terwijl de camera langzaam over de doden en stervenden scheerde. Eerder waren in de jaren '70 meer dan 300.000 mensen van honger omgekomen.

De Sahel is een immens gebied dat zich in een brede gordel van oost naar west uitstrekt over Noord-Afrika, van Senegal aan de Atlantische kust tot Somalië aan de Indische Oceaan. Het grotendeels met savanne en doornstruiken bedekte gebied vormt een klimatologische overgangszone tussen de extreem droge Sahara in het noorden en de weelderige tropische wouden die in het zuiden tot bij de evenaar groeien. Vanwege de wisselende neerslag vormde de nomadische veehouderij lange tijd de belangrijkste leefwijze, waarbij mensen aan de hand van de seizoenen enorme afstanden aflegden om hun vee te kunnen laten grazen. Vaak neemt men aan dat de wereldwijde opwarming de Sahel verder zal uitdrogen, waardoor de Saharaanse duinen naar het zuiden zullen oprukken, Nigeria en Ghana in, en al doende miljoenen mensen op drift zullen raken. Hoewel de voorspellingen nog voorlopig en onzeker zijn, geven zowel paleontologische studies als computermodellen de indruk dat het omgekeerde wel eens waar zou kunnen zijn. Zou de Sahel als toevluchtsoord kunnen eindigen, terwijl andere delen van Afrika verschrompelen in de hitte?

Om in te kunnen schatten hoe het klimaat in dit gebied kan gaan veranderen, moeten we ons naar het noorden wenden, de Sahara in. Hier heeft de grootste woestijn ter wereld ook de hoogste temperatuur op aarde laten noteren: een bepaald gloeiende 58°C. De Sahara strekt zich uit over zo'n groot gebied dat het hele, aaneengesloten gebied van de Verenigde Staten er gemakkelijk in zou passen. In deze woestijn liggen niet zomaar wat duinen, maar hele bergen van zand, waarvan sommige tot bijna 400 meter hoog zijn. Hij is zo volstrekt onbewoonbaar dat niet meer dan een handjevol mensen het er weet te redden in een paar kwijnende oases en aan de rand van de woestijn.

Maar verspreid over dit eindeloze gebied zijn duidelijke aanwijzingen te vinden dat er vele duizenden jaren geleden sprake was van een heel andere Sahara. Rotsschilderingen en -gravures uit de jonge steentijd zijn aangetroffen op plekken waar menselijke bewoning vandaag de dag volstrekt uitgesloten is. Op deze oude voorstellingen staan olifanten, neushoorns, giraffes, gazelles en zelfs buffels – allemaal dieren die tegenwoordig pas honderden kilometers verder naar het zuiden rondlopen. In de kurkdroge Westelijke Woestijn van Egypte, waar per jaar gemiddeld minder dan 5 mm regen valt, hebben archeologen pijlpunten en vuurstenen messen opgegraven die werden gebruikt voor de jacht op en de slacht van grootwild. Op één plek in het zuidwesten van Libië hebben archeologen zelfs kleine vishaakjes van vuursteen ontdekt – alweer in een gebied waar nu zelfs geen spoor van oppervlaktewater te vinden is.

Er zijn wel meer aanwijzingen dat het verleden natter is geweest. Wie vandaag de dag per kameel de droge Safsaf Oase in Egypte oversteekt, ziet weinig meer dan rotsen en duinen. Maar radarbeelden die in 1994 vanuit het ruimteveer Endeavour zijn gemaakt, laten duidelijk zien dat onder het zand hele rivierbeddingen begraven liggen. Sommige van deze spookrivieren, lang geleden drooggevallen en nu vergeten onder het zand, stroomden zelfs vanuit het hedendaagse Soedan als grote zijrivieren in de Nijl. In het zuiden van Algerije vormden zich ooit enorme, ondiepe meren, waar volop vis, vogels en zelfs Nijlkrokodillen leefden. Koolstofdatering van zoetwaterslakken en ontwaterde vegetatie die in deze oude meerbeddingen bewaard zijn gebleven, laten zien dat de rand van de woestijn zich tussen de vijf- en tienduizend jaar geleden vijfhonderd kilometer verder naar het noorden terugtrok en op verschillende momenten vrijwel helemaal verdween.

Aan de grenzen van wat tegenwoordig Tsjaad, Nigeria en Kameroen is, strekte zich over de zuidelijke Sahara een gigantisch meer uit, met een oppervlakte van meer dan 350.000 km^2. Bijgenaamd het Mega-Tsjaadmeer, naar het hedendaagse overblijfsel ervan, het Tsjaadmeer, vormde deze reusachtige binnenzee het grootste zoetwaterbekken dat Afrika de afgelopen 2,5 miljoen jaar heeft gekend. Het zou maar iets kleiner zijn geweest dan de Kaspische Zee, het grootste meer van nu. Vreemde zandruggen die er vandaag de dag diep in de woestijn eenzaam bij liggen, brengen de oevers van het oude meer aan het licht, net als de schelpen van lang geleden gestorven weekdieren die ooit welig tierden in het warme, ondiepe water. Het vlakke landschap tussen de wandelende duinen getuigt van de eroderende kracht van de golven die hier lang geleden deinden.

Ons gezonde verstand zegt dat een gigantisch meer in zo'n droog gebied alleen door veel meer neerslag gevoed heeft kunnen worden, en lange-termijn-gegevens laten inderdaad zien dat de Sahara in een tijdsbestek van vele duizenden jaren herhaaldelijk natte en droge periodes heeft gekend. De koudste periodes in de ijstijd vormden in de Sahara doorgaans de droogste, terwijl de warme interglacialen er voor regen zorgden en het leven er weer terugbrachten. Tijdens het vroege Holoceen, 9.000 tot 6.000 jaar geleden, was de zon op het noordelijk halfrond iets sterker dan nu, dankzij een kleine cyclische verschuiving in de baan van de aarde om de zon. De extra hitte verwarmde de enorme Noord-Afrikaanse landmassa zozeer dat deze een moesson veroorzaakte, net zoals de moesson die vandaag de dag op het Indiase subcontinent elk jaar voor zomerregens zorgt.

Moessons zijn gebaseerd op het principe dat landoppervlakken 's zomers sneller opwarmen dan de oceanen eromheen. Omdat de hete lucht opstijgt in het binnenland, ontstaat daar een lagedrukgebied dat vanaf de omringende zee koele, vochtige lucht aanzuigt. Deze wind brengt regen mee en in een moessonklimaat als dat van India, waar de landbouwkalender volgens deze jaarlijkse cyclus verloopt, zorgt deze 's zomers voor enorme hoosbuien. De Afrikaanse zomermoesson is zwakker en wordt minder algemeen erkend, maar is intussen wel de enige betrouwbare bron van neerslag voor de Sahel. Klimaatmodellen voorspellen dat landoppervlakken in de 21e eeuw veel sneller zullen opwarmen dan de oceanen, en dat zou de zomermoessons kunnen versterken. Met één graad wereldwijde opwarming zou deze moesson daarom aan kracht kunnen winnen, opnieuw tot ver in het Afrikaanse continent kunnen doordringen en de Sahara groen maken.

Maar gaat dat echt gebeuren? Voordat we plannen maken om de grootschalige voedselproductie te verplaatsen naar het hart van de Sahara is een kanttekening op zijn plaats. Tijdens het vroege Holoceen vormde het verschil in verdeling van de zonnewarmte tussen het noordelijk en het zuidelijk halfrond een extra motor voor de moesson. Dit keer wordt echter de hele aarde warmer en daarom vormt het verleden geen volmaakte analogie voor de toekomst. Bovendien zou het een vergissing zijn om te denken dat een vochtiger Sahara een weelderig soort wonderland zou zijn. De totale neerslag bedroeg meestal niet meer dan 100 mm, net genoeg om de schraalste savanne-achtige vegetatie in stand te houden, en bovendien moeten nattere periodes zijn afgewisseld door langdurige droogtes. Toch kunnen computermodellen helpen om een pad te banen door de tegenstrijdige mogelijkheden en een antwoord te geven dat vergaande consequenties zal hebben voor alle inwoners van Noord-Afrika.

De weg daarvoor wordt bereid door Martin Hoerling en twee andere klimaatwetenschappers die in Boulder, Colorado, zijn gevestigd. Zij lieten zestig verschillende modellen draaien om bevestigd te krijgen dat, terwijl zuidelijk Afrika door de wereldwijde opwarming zal opdrogen, het noorden van Afrika inderdaad natter zal gaan worden. De aanhoudende trend van uitdroging, die in de tweede helft van de 20e eeuw voor zoveel ellende en verwoesting zorgde, zal (met een opwarming van één graad of minder) rond 2020 helemaal omslaan, zodat de Sahel zich qua neerslag op de lange termijn zal kunnen herstellen. Tegen het jaar 2050 zal dat herstel echt hebben doorgezet, met 10 procent meer regen in het hele gebied ten zuiden van de Sahara.

Deze conclusie wordt gestaafd door een tweede onderzoek, dat zwaardere regenval voorspelt voor zowel de West-Afrikaanse kust als de Sahel, omdat een warmere tropische Atlantische Oceaan enorme hoeveelheden waterdamp levert waaruit regenwolken ontstaan. Met substantieel meer regen kan de landbouwproductie mogelijk omhoog. Dat zal de daling elders kunnen goedmaken, als we er tenminste vanuit gaan dat de mensen die hier ooit omkwamen van de honger dan niet aan de hitte zullen bezwijken.

Een team van programmeurs in Princeton, New Jersey, kwam echter met hele andere lange termijnvoorspellingen op de proppen. Hun computermodel simuleert nauwkeurig de verschrikkelijke droogte van de jaren '70 en '80, maar na een kort tussenspel van meer neerslag voorspelt het zelfs nog drogere omstandigheden voor de Sahel in de tweede helft van de 21e eeuw.

Waarom lopen die verschillende modellen van de teams uit Princeton en Boulder nou zo uiteen? De Princeton-onderzoekers geven toe dat zij in verlegenheid zijn gebracht. "Totdat we beter begrijpen welke aspecten van de modellen deze uiteenlopende resultaten voor dit gebied veroorzaken", zo waarschuwen zij, "adviseren wij om schattingen over toekomstige klimaatveranderingen niet uitsluitend op één van deze modellen te baseren." Desondanks zeggen ze er duidelijk bij dat "een dramatische droogte-trend in de 21e eeuw serieus als een mogelijk toekomstscenario moet worden beschouwd".

Deze laatste conclusie stemt overeen met mondiale studies die aangeven, dat met het opwarmen van de aarde steeds grotere gebieden met ernstige droogte te maken krijgen. Een van de meest omvattende analyses is uitgevoerd door Eleanor Burke en haar collega's aan het Hadley Centre van het Britse Meteorological Office. Zij gebruikten een maatstaf die bekend staat als de 'Palmer Drought Severity Index' om de waarschijnlijkheid van droogtes in de loop van de komende eeuw te voorspellen. De uitkomsten waren uiterst zorgwekkend. Tegen het jaar 2100 zou het optreden van matige droogtes verdubbeld zijn. Maar het ergste is nog dat het cijfer voor extreme droogtes, dat momenteel 3 procent van het landoppervlak op aarde betreft, op 30 procent zou komen te liggen. In wezen zou daarmee eenderde van het totale landoppervlak geen zoetwater meer hebben, en zodoende voor mensen niet meer bewoonbaar zijn.

Hoewel deze cijfers zijn gebaseerd op snelheden van wereldwijde opwarming van meer dan één graad rond 2100, geven ze wel de vermoedelijke richting van de verandering aan. Wanneer het landoppervlak opgewarmd raakt, verdroogt het door de snellere verdamping. De vegetatie verschrompelt, en als er dan zware regen komt, spoelt de rest van de bodem gewoon weg. Het lijkt misschien vreemd dat overstromingen en droogtes dezelfde gebieden zouden treffen, maar wanneer een groter deel van de neerslag in zwaardere buien valt, zal het land in de tussentijd langere droogteperiodes te verduren krijgen. De meest waarschijnlijke voorspelling voor de Sahel luidt dan ook als volgt: terwijl de totale hoeveelheid neerslag inderdaad zal kunnen stijgen, zullen deze toenames zich vooral aandienen in de vorm van zware stortbuien, afgewisseld door periodes van snikhete droogtes.

Volgens sommige historici vormde de groenere Sahara van 6.000 jaar geleden de geografische basis voor de mythische Hof van Eden, en werden de oorspronkelijke bewoners niet verjaagd door God omdat zij zich misdroegen, maar door de verwoestende uitdroging van het klimaat. Terwijl wetenschappers blijven debatteren over details van de vermoedelijke klimatologische toekomst van Sahara en Sahel, lijkt één ding duidelijk: de mensheid zal voorlopig nog niet naar Eden kunnen terugkeren.

De Arctische afsmelting begint

Een paar jaar geleden maakte een nieuwe uitdrukking haar entree in het wetenschappelijke woordenboek: 'het omslagpunt'. Oorspronkelijk in zwang geraakt sinds de bestseller van Malcolm Gladwell met de gelijkluidende titel, is daarbij het inzicht dat sociale of natuurlijke systemen niet-lineair kunnen zijn van cruciaal belang. Een vaak gebruikte analogie is die van een kano op een meer: als je die een beetje heen en weer schommelt, kan de stabiliteit weer intreden terwijl de boot nog overeind ligt. Maar als je daar te ver in gaat, en wel voorbij het 'omslagpunt', dan kapseist de boot en treedt er een nieuwe stabiele situatie in – alleen dit keer ondersteboven, met een onfortuinlijke kanovaarder die eronder hangt te spartelen.

Wetenschappers zijn steeds meer gaan beseffen dat het klimaat op aarde een goed voorbeeld is van een niet-lineair systeem: door de eeuwen heen heeft het zich in veel verschillende toestanden gestabiliseerd, waarvan sommige heter of kouder waren dan vandaag de dag. In de ijstijd bijvoorbeeld lagen de temperaturen tienduizenden jaren lang wereldwijd gemiddeld 5°C lager dan nu. Bovendien kan het klimaatsysteem verrassend snel van de ene toestand in de andere 'kantelen'. Ingebed in de laatste ijstijd lagen periodes van plotselinge opwarming, die de temperatuur in Groenland binnen enkele tientallen jaren 16°C omhoog lieten schieten. De redenen waarom het klimaat zo snel omsloeg zijn nog niet helemaal opgehelderd, maar het is wel duidelijk dat ook hele kleine 'gedwongen' veranderingen – door broeikasgassen of zonnewarmte – in het verleden dramatische reacties in het klimaatsysteem hebben opgewekt. In tegenstelling daarmee is ons relatief stabiele klimaat hoogst ongebruikelijk; de periode van het Holoceen, waarin de hele menselijke beschaving tot stand is gekomen, heeft nauwelijks temperatuursveranderingen gekend. Tot nu toe.

Boven alle twijfel verheven staat inmiddels wetenschappelijk vast dat de huidige periode van wereldwijde opwarming van ongeveer 0,7°C in de loop van de vorige eeuw de temperaturen op aarde heeft opgevoerd tot op een hoogte die in de recente geschiedenis nog niet eerder gehaald is. Het IPCC-rapport uit 2007 bevestigde dat uit indirecte metingen van de temperatuur – aan jaarringen, ijskernen, koraalgroei of andere bronnen – nergens in de afgelopen 1.300 jaar iets blijkt van een periode die zo warm was als nu. Gegevens vanuit de diepzee suggereren zelfs dat de huidige temperaturen minder dan een graad onder het hoogste niveau van de afgelopen miljoen jaar liggen.

Het deel van de planeet dat het meest kwetsbaar is voor deze plotselinge opwarming, en het deel dat waarschijnlijk over het eerste 'omslagpunt' heen kantelt, is het Noordpoolgebied. Op dit moment stijgt de temperatuur er twee keer zo snel als het wereldwijde gemiddelde. Met name Alaska en Siberië raken snel verhit; in deze regionen is het kwik over de afgelopen 50 jaar al 2 tot 3°C gestegen.

De gevolgen van deze verandering grijpen nu al diep in. In Barrow, Alaska, begint de sneeuw nu al tien dagen eerder te smelten dan in de jaren '50 en zijn er struiken gaan groeien op de kale, bemoste toendra. Wetenschappers in Fairbanks, Alaska, hebben vastgesteld dat ondergrondse ijswiggen op de normaal gesproken koude North Slope plotseling zijn gaan ontdooien, waardoor het landschap nu is bezaaid met nieuwe plassen smeltwater. Deze ijsmassa's zijn al minstens 3.000 jaar onafgebroken bevroren geweest, wat wel aantoont hoe ver de huidige opwarming zich buiten de eerdere historische variabiliteit is gaan begeven.

In andere delen van de staat lopen hele meren leeg in barsten in de grond, omdat de ondoordringbare laag permafrost eronder aan het ontdooien is. De afgelopen halve eeuw zijn er meer dan 10.000 meren kleiner geworden of zelfs helemaal verdwenen. Hierdoor komt een alarmerende terugval van de waterstand in deze staat in beeld. In 2007 gaven Canadese onderzoekers te kennen dat op Ellesmere Island, Nunavut, poelen van duizenden jaren oud nu maar korte tijd bestaan, omdat het water er 's zomers uit verdampt. Als gevolg daarvan worden soorten die afhankelijk zijn van water, van insectenlarven en zoetwatergarnalen tot nestelende vogels, van de kaart geveegd. De vegetatie die ooit op deze ondiepe, waterige bodem groeide, staat nu zo droog dat zij gemakkelijk in brand vliegt.

Ook de gletsjers op de Noordpool reageren. Op het schiereiland Seward in Alaska trekt de Grand Union Glacier zich zo snel terug dat men verwacht dat hij tegen het jaar 2035 volledig verdwenen zal zijn. Andere, veel grotere gletsjers elders in Alaska worden ook snel dunner. In de tien jaar voorafgaand aan 2001 zijn de gletsjers in Alaska volgens schattingen 96 km^3 kwijtgeraakt, waardoor het zeewaterpeil wereldwijd bijna 3 mm is gestegen. In het hele Noordpoolgebied zijn gletsjers en ijskappen de afgelopen 40 jaar 400 km^3 kleiner geworden.

Maar vermoedelijk klinkt het alarm over deze veranderingen het luidst op zee. Sinds ongeveer 1980 is de ijskap op de Noordpool steeds kleiner geworden, waarbij er elke volgende zomer meer en meer van het ooit permanente ijs verdween. Elk jaar komt er gemiddeld 100.000 km^2 aan open oceaan bij, omdat het ijs dat er ooit op lag aan het smelten is. Alleen in september 2005 verdween er al een oppervlakte noordpoolijs ter grootte van Alaska, zonder een spoor na te laten. En zelfs tijdens de stikdonkere wintermaanden neemt het ijsdek op zee af – in zowel 2005 als 2006 daalde het zeeijs in oppervlakte tot ver onder het gemiddelde.

En hier komt het omslagpunt om de hoek kijken. Terwijl helder wit ijs dat met sneeuw is bedekt meer dan 80 procent van de invallende zonnewarmte reflecteert, absorbeert de donkere open oceaan tot 95 procent van de zonnestraling. Met andere woorden, wanneer zeeijs eenmaal begint te smelten gaat het proces zichzelf al gauw versterken: er komt meer oceaanoppervlak bloot te liggen, er wordt meer zonnewarmte geabsorbeerd, de temperatuur loopt op, en dat maakt het moeilijker om de volgende winter weer ijs terug te krijgen. Klimaatmodellen lopen uiteen over waar het omslagpunt voor het zeeijs op de Noordpool precies zou liggen, maar ze zijn het er vrijwel allemaal over eens dat wanneer we eenmaal over een bepaalde drempel van opwarming heen zijn, het verdwijnen van de hele noordelijke ijskap zo goed als onvermijdelijk is.

Deze modellen suggereren dat we dat kritieke omslagpunt nog niet bereikt hebben – maar erg ver weg zal het niet meer liggen. Eén model voorspelt dat het ijsdek op zee na 2024 plotseling in elkaar zal klappen, waarbij er in de tien jaar daarna 4 miljoen km² ijs zal smelten. In deze simulatie, die wordt gemeld door een Amerikaans team onder leiding van Marika Holland van het National Centre for Atmospheric Research in Boulder, Colorado, wordt tegen het jaar 2040 de hele oceaan 's zomers zo goed als ijsvrij. Terwijl andere modellen die hetzelfde team bekeken heeft, het omslagpunt niet vóór 2030 of 2040 bereiken, simuleert er ook één een terugval in de aanmaak van zeeijs die al in 2012 zou beginnen.

Desondanks blijft het team van Holland benadrukken dat "door verlaging van de toekomstige uitstoot van broeikasgassen zowel de kans op, als de ernst van zulke gevolgen afneemt" – met anderen woorden, alles is nog niet verloren. Een ander team, geleid door Jim Hansen van NASA, komt tot een vergelijkbare conclusie. Ondanks aanzienlijke veranderingen die het systeem al zijn binnengedrongen, schrijven Hansen en zijn mede-auteurs dat "het nog steeds mogelijk zou zijn om de Noordpool te behoeden voor het verloren gaan van al zijn ijs" – maar dan alleen als met kooldioxide ook andere vervuilende stoffen in de atmosfeer worden teruggedrongen, zoals roet, dat het ijsoppervlak donkerder maakt en het afsmelten versnelt. Voer een rigoureus programma van uitstootvermindering in, en dan, zo concludeert het team, "zouden we net een kans kunnen maken om rampzalige klimaatsverandering te voorkomen". Echter, veel tijd hebben we misschien niet meer: voor 2007 werd er voor de Noordpool al weer een nieuw dieptepunt in de hoeveelheid zeeijs bekend gemaakt. Het staande laagterecord, opgetekend in 2005, werd 'verpulverd'. En 2008 benaderde eind augustus dat dieptepunt van 2007 opnieuw. Volgens het National Snow and Ice Data Center is het kleinste jaarlijkse ijsoppervlak nu eenderde kleiner dan het gemiddelde oppervlak voor de jaren 1979-2000. Het is met name zorgwekkend dat er vanuit alle sectoren van het Arctische Bekken een dramatische terugloop van het ijsdek wordt gemeld, terwijl in eerdere jaren alleen bepaalde delen werden getroffen. Misschien is dat hoe een omslagpunt eruit ziet.

Maar waarom is het zeeijs op de Noordpool zo belangrijk? Zoals het volgende hoofdstuk laat zien zijn symbolische soorten als de ijsbeer en de zeehond zonder dat ijs gedoemd om uit te sterven. Maar de gevolgen zullen ook dichter bij huis toeslaan, ver weg van het ooit bevroren noorden. Zoals Ted Scambos, hoofdonderzoeker van het Amerikaanse National Snow and Ice Data Center in Colorado verklaart: "Zonder het ijsdek over de Noordelijke IJszee staan ons grote veranderingen in het weer op aarde te wachten."

Deze grote veranderingen zijn onvermijdelijk door de manier waarop het klimaat werkt. Ons weer op de gematigde breedtegraad wordt grotendeels bepaald door het contrast tussen de kou aan de Noordpool en de hitte rond de evenaar. De reden waarom Groot-Brittannië het hele jaar door regen krijgt, is dat het ligt op de onstabiele grens tussen deze concurrerende luchtmassa's, het zogeheten 'polaire front'. Ook de noordoosterstormen die 's winters op de Amerikaanse oostkust beuken worden door dit temperatuurverschil veroorzaakt. Maar door het opwarmen van de Noordpool zal dit verschil kleiner worden, en zal de zone waarin dat optreedt zich naar het noorden verplaatsen, omdat de stijgende temperaturen de klimaatgordels op aarde in de richting van de polen trekken. In Groot-Brittannië kan het in streken als Cornwall en Wales, die het meest te lijden hebben van stormachtig winterweer, straks wel eens weken en maanden achter elkaar windstil zijn, in een klimaat dat over het geheel veel droger is. Alleen Schotland blijft waarschijnlijk voor onbepaalde tijd natter weer houden. En zoals hoofdstuk 3 laat zien is het resultaat in het westen van de Verenigde Staten waarschijnlijk ook droogte – maar dan op een schaal die we in de menselijke geschiedenis nog niet hebben meegemaakt.*

Evenmin zijn deze voorspelde veranderingen slechts gissingen: ze zitten er al aan te komen. Satellietmetingen van de laatste 30 jaar laten duidelijk zien dat de straalstromen op beide halfronden in de richting van de polen 1 breedtegraad smaller zijn geworden. Deze hoog gelegen windgordels vormen smalle corridors van snel bewegende lucht bovenin de troposfeer, en markeren de grenzen tussen de verschillende luchtmassa's. Hun geleidelijke verschuiving laat zien dat de typische klimaatzones op aarde zich als reactie op de wereldwijd stijgende temperaturen al zijn gaan verplaatsen.

Toch, alles waar we tot nu toe getuige van zijn geweest, is nog maar het begin. Zoals één groep wetenschappers onlangs waarschuwde: "Het Arctische systeem beweegt zich naar een nieuwe toestand, die buiten het kader van de recente geschie-

---

* Nvdv: Het KNMI bracht half augustus 2008 het nieuwe *Klimaatrapport* uit. Daaruit blijkt dat Nederland twee keer zo snel opwarmt als het wereldgemiddelde. De oorzaak daarvan is niet duidelijk. Over te verwachten extreme neerslag is met dit rapport geen uitsluitsel te geven. Zoals het KNMI het uitdrukt: 'de trend klinkt nog niet door de ruis heen'. Oftewel de grilligheid van de neerslag is zo groot dat een trend moeilijk is vast te stellen. Intussen is ook het *rapport van de Deltacommissie* verschenen dat de zwakke plekken aanwijst die ons bij extreme scenario's fataal kunnen worden. Later komt de regering nog met een *Nationaal Waterplan*.

denis van de aarde valt." Zoals de komende hoofdstukken laten zien, zullen zich op deze nieuwe, ijsvrije Noordpool extreme warmteniveaus voordoen, niet te vergelijken met wat de noordelijke poolgebieden de afgelopen miljoenen jaren hebben meegemaakt.

Gevaar in de Alpen

Toen de Engelsen Craig Higgins en Victor Saunders op 15 juli 2003 om 4 uur 's middags de Hörnli-hut verlieten, hadden ze geen idee dat ze aan het eind van de dag deel zouden zijn van de grootste reddingsoperatie die er ooit op het icoon van Zwitserland, de Matternhorn, heeft plaatsgevonden. De bestijging begon eenvoudig; de twee klimmers werkten zich langs drie rotswanden naar boven, waarna steile platte stenen hen omhoog leidden naar een klein bivak halverwege de Hörnli-kam. Om 6 uur waren Higgins en Saunders net bij de tweede hut aangekomen, toen een enorme steenlawine de oosthelling van de berg kwam afdenderen. Terwijl de stenen hen om de oren vlogen, zochten ze dekking achter het gebouw. Als ze verstandig waren geweest hadden de twee klimmers op dat moment rechtsomkeert gemaakt, en waren ze zo snel mogelijk weer afgedaald. Maar bergen doen iets raars met mensen en de beide Britten zetten door.

Drie uur later stond de berg opnieuw te schudden; een zelfde soort gigantische puinregen kletterde naar beneden, dit keer vanaf de noordhelling. Kort daarna was het voor de derde keer raak, en dit keer was het de Hörnli-kam zelf die het begaf. Een Zwitserse berggids ontsnapte op een haar na, toen de grond vlak voor hem begon af te brokkelen. Hij had geen enkele hoop dat hij de gevaarlijk onstabiele zone zou kunnen oversteken, en riep via de radio om hulp. Daarop waren twee helikopters van Air Zermatt vier uur lang bezig om gestrande klimmers van de kam af te plukken en terug te vliegen naar de basishut. "We klommen langzaam naar beneden", wist Saunders zich te herinneren, "en al die tijd zagen we aan de rookpluim van stof en aan de terugkomende helikopters dat er een enorme reddingsoperatie aan de gang was." De twee Britse klimmers beseften dat ook zij in de val zaten, en sloten zich aan bij de rij wachtenden die voor de terugkeer naar veiliger oorden was ontstaan.

Die dag werden er negentig mensen gered, en het is een wonder dat er geen doden of gewonden bij zijn gevallen – een eerbetoon aan de professionaliteit van de Zwitserse berggidsen en hulpdiensten. De berg bleef daarna nog dagenlang afgesloten, terwijl experts probeerden vast te stellen hoe groot de kans was dat er nog meer steenlawines zouden komen. In feite waren vallende stenen niet het enige gevaar in het gebied. Op dezelfde dag dat het Matterhorn-drama zich afspeelde braken er enorme brokken ijs af van een gletsjer boven het nabijgelegen vakantieoord Grindelwald. Toen die vervolgens in een rivier stortten, ontstond er golf van twee meter hoog die de berg af kwam zetten. De politie kwam direct in actie en slaagde erin het toeristengebied af te zetten, net voordat de massa rots en modder langs kwam donderen.

Toen hij over de twee bijna-rampen hoorde twijfelde de glacioloog Wilfried Häberli geen moment over de oorzaak. "De Matterhorn wordt door permafrost bij elkaar gehouden", liet de wetenschapper aan de Universiteit van Zürich aan verslaggevers weten. Maar Zwitserland had zojuist zijn warmste hittegolf ooit beleefd. Die zomer was door de intense hitte alle winterse sneeuw al veel eerder weggesmolten dan normaal, en zodoende begonnen de permafrost en de gletsjers zelf af te smelten. Wanneer dat proces eenmaal inzet, waarschuwde Häberli, "gaat er water stromen, en beginnen er grote stukken rots van de berg af te breken".

In de Alpen blijft de meeste grond boven zo'n 3.000 meter het hele jaar rond bevroren, en, zo zegt Häberli, door de permafrost wordt deze op zijn plaats gehouden. Maar in de zomer van 2003 kwam de smeltzone op maar liefst 4.600 meter hoogte te liggen – hoger dan de top van de Matterhorn, en bijna zo hoog als de top van de Mont Blanc, de hoogste berg van West-Europa. En terwijl de klimmers op de Matterhorn die 15e juli met geluk veilig beneden kwamen, waren er die snikhete zomer minstens vijftig andere klimmers minder fortuinlijk; de meesten kwamen door vallend gesteente om het leven.

Häberli, een expert met wereldfaam op het gebied van permafrost, schreef met een aantal anderen vervolgens een wetenschappelijk artikel over de gevolgen voor de Alpen van de hete zomer van 2003. Met zijn collega's rekende hij uit dat de dooi, die tijdens die hittegolf was opgetreden, alles overtrof wat de bergen in de recente geschiedenis ooit meegemaakt hadden, en dat daarom de meeste steenlawines plaatvonden in de heetste maanden, namelijk in juni, juli en augustus. Ze constateerden tevens dat de dooi van 2003 tot een halve meter verder in het gesteente was doorgedrongen dan enige dooiperiode in de afgelopen twintig jaar.

Verrassend genoeg deden de ergste steenlawines zich niet voor op zonnige hellingen waar de directe hitte het grootst was, maar op noordhellingen in de schaduw, waar de hoge luchttemperatuur de berg binnendrong. De studie concludeert veelzeggend dat het bij een verdere wereldwijde opwarming van één graad onvermijdelijk is dat de permafrost in de Alpen nog meer achteruitgaat. "Wijd verspreide steenlawines en geotechnische belastingen van de menselijke infrastructuur zijn waarschijnlijk terugkerende consequenties van opwarmende permafrost in rotswanden, die wordt veroorzaakt door voorspelde klimatologische veranderingen," zo waarschuwen Häberli en zijn collega's. "De extreme zomer van 2003 en het effect daarvan op de permafrost in de bergen zijn te beschouwen als een eerste manifestatie van deze voorspellingen".

Wanneer berghellingen ontdooien en achteruitgaan, lopen hele steden en dorpen in de Alpen en andere bergstreken het risico om vernietigd te worden. Sommige steden, zoals Pontresina in het oosten van Zwitserland, zijn al begonnen met het bouwen van aarden bolwerken om zich te beschermen tegen dodelijke aardverschuivingen vanaf de smeltende hellingen erboven. Maar veel andere plaatsen zullen onbeschermd en onvoorbereid blijven – totdat het ergst denkbare werkelijkheid wordt, en de dood met een daverende klap van boven af toeslaat, plotseling en zonder waarschuwing. In een warmer wordende wereld gaan er van gebergtes overigens nog meer gevaren uit. In de hierop volgende hoofdstukken is te zien dat er net zo serieus een einde dreigt te komen aan de kostbaarste hulpbron in het leven – water.

De kikkers van Queensland aan de kook

Niemand kan de Australische autoriteiten ervan beschuldigen dat zij hun verantwoordelijkheid om het regenwoud in de Queensland Wet Tropics te beschermen niet serieus nemen. Bezoekers moeten op ieder moment op de wandelpaden blijven. Brandstof voor kooktoestellen moet van buitenaf worden ingebracht, omdat kampvuren de delicate kringloop van voedingsstoffen in het bos zouden kunnen verstoren. Ieder plukje mos, blad of twijgje is beschermd: het verwijderen van levende materialen vormt een misdrijf. Honden en katten zijn verboden, net als zeep, tandpasta en zonnebrandcrème, voor het geval dat deze chemische stoffen in het water terechtkomen en daar het waterleven aantasten. En het is beslist *niet* toegestaan om aan lianen door de bomen te slingeren.

Er zijn goede gronden voor deze intensieve aandacht voor natuurbescherming. De plek wordt sinds 1988 erkend als UNESCO World Heritage Site en herbergt zevenhonderd plantensoorten die nergens anders op aarde te vinden zijn. In het ecosysteem van de Wet Tropics leven vele soorten die unieke overblijfselen vormen van de oeroude regenwouden die ooit, 120 miljoen jaar geleden, op het supercontinent Gondwana groeiden. Veel van de varensoorten die hier nu nog worden aangetroffen werden ooit afgegraasd door dinosaurussen. Wonderbaarlijke vleesetende planten – zoals de bekerplant, of zonnedauwsoorten – steken uit de bodem. Pythons slingeren in de takken, terwijl skinken en gekko's over rotsblokken rennen en langs boomstammen omhoog klauteren. Dertien zoogdiersoorten, waaronder boomkangoeroes en ringstaartopossums, zijn eveneens uniek in dit Wet Tropics-gebied. Alles bij elkaar vinden een kwart van de kikkers, eenderde van de zoetwatervissen en bijna de helft van de vogels van Australië hier hun habitat – en dat alles op 1 procent van het continent.

Er is echter één bedreiging waarover de Australische autoriteiten geen macht hebben, en die zij zelfs éénstemmig en actief hebben genegeerd. Deze komt niet van wilde varkens of reuzenpadden, en zelfs niet van duizend slingerende, rotzooi makende, tandenpoetsende mensen. Deze bedreiging speelt mee nu het klimaat dat het bos in stand houdt – met op sommige plekken een jaarlijkse neerslag van een verbijsterende 8 meter – langzaam aan het opwarmen is. Het blijkt dat het Queensland Wet Tropics regenwoud een van de plekken op aarde is die het gevoeligst zijn voor klimaatverandering. Een opwarming van slechts één graad zal verwoestende gevolgen hebben voor de diversiteit en het leefgebied van soorten.

De reden daarvoor zit hem in de ongewone topografie van het Wet Tropics-gebied. Anders dan het Amazonewoud, dat een enorm, vlak bekken bedekt tot waar het tegen de oostelijke flanken van de Andes oploopt, groeit het regenwoud in Queensland op heuvelachtig terrein. Deze ondergrond strekt zich uit vanaf het witte strand dat de oceaan omzoomt, tot op hoogtes van 1.500 meter, en soms meer. Veel van de soorten die uniek zijn voor dit gebied komen alleen boven bepaalde hoogtes voor. Zo bestaat er een ringstaartopossum die alleen boven 800 meter hoogte aan te treffen is, en leven veel vogels, reptielen en kikkers uitsluitend bovenin de bergen. Met het opwarmen van het klimaat schuiven de temperatuurzones steeds verder de hellingen op. Daardoor worden deze soorten in steeds kleinere habitat-eilandjes geduwd, totdat zij uiteindelijk helemaal nergens meer kunnen leven. Net als de soorten op de Noordpool zullen zij letterlijk van de planeet af worden gedrukt.

Dr. Steve Williams van de School of Tropical Biology aan de James Cook University waarschuwt al jaren voor de gevaren voor het Wet Tropics regenwoud van zelfs kleine veranderingen in het klimaat. Op zijn onderzoeksreizen leidt Williams teams van Earthwatch-vrijwilligers, en zo heeft hij 652 tellingen van vogels gedaan, 546 van reptielen en 342 van kikkers; daarnaast heeft hij op verschillende momenten zo'n 50.000 vallen gezet om 's nachts kleine zoogdieren in te vangen. Gewapend met stapels gegevens hierover draaide hij een computerweergave van het gebied in een veranderend klimaat, en bekeek hij de resultaten om te zien wat er zou gebeuren. Zelfs met maar één graad temperatuurstijging waren de gevolgen al dramatisch. In het bijzonder zouden 63 van de 65 soorten die in het model gestopt waren eenderde van hun cruciale leefgebied kwijtraken. Eén soort smalbekkikker, die zich niet voortplant via donderkopjes maar eitjes legt in de vochtige bodem, zal volgens de voorspelling volledig uitsterven. En wanneer de opwarming nog verder doorzet, lopen de snelheden waarmee de biodiversiteit wordt uitgehold dramatisch op. In William's woorden zorgt dat bij elkaar voor "een milieuramp van mondiaal belang".

Overigens zijn het niet alleen diersoorten die hier de gevolgen van zullen ondervinden. Een vergelijkbaar onderzoek door David Hilbert van CSIRO Tropical Forest Research Centre gaf aan dat één graad opwarming de oppervlakte hooglandregenwoud zou halveren, en daarmee het leefgebied van vele van de bovengenoemde zeldzame soorten van de kaart zou vegen. Zolang de regio veel regen blijft krijgen, zullen de regenwouden als zodanig niet uit Queensland verdwijnen, maar zonder deze kostbare relicten van een oeroud supercontinent zal de wereld van vandaag onmetelijk veel armer zijn. Bovendien zal de Australische overheid, die meer dan tien jaar heeft geweigerd om de wereldwijde opwarming serieus te nemen, hebben gefaald in haar internationale plicht om een UNESCO World Heritage Site te beschermen.

Op slechts een paar kilometer van het schitterend witte strand aan de kust van Queensland ligt nog een bedreigde World Heritage Site: het Great Barrier Reef. Dit is het grootste en meest ongerepte koraalrif van de hele wereld, een enorme onderzeese muur van koraal, die met zijn 2.300 strekkende kilometers langs de noord-oostkust van Australië het grootste natuurlijke object op aarde vormt. Als één van de meest spectaculaire en diverse ecosystemen op de planeet vormt het rif het leefgebied voor 1.500 soorten vis, 359 soorten hard koraal, 175 soorten vogels en meer dan 30 soorten zoogdieren. Het is één van de laatste toevluchtsoorden voor de dugong (zeekoe) en herbergt zes van de zeven soorten bedreigde zeeschilpadden ter wereld.

Maar de oceanen rond het Great Barrier Reef zijn aan het opwarmen, zoals overal op de planeet, en dat dreigt dit unieke ecosysteem op een spoor van aftakeling te zetten waarvan het niet meer zal kunnen herstellen. Koraalriffen zijn in feite de uitwendige skeletten die door miljarden piepkleine koraalpoliepjes worden aangemaakt, wanneer zij calciumcarbonaat uitscheiden in de vorm van takken, waaiers en bollen. Deze onderdelen groeien dan in de loop van duizenden jaren aan elkaar tot een rif. Op elke poliep groeien algen, hele kleine plantjes die in symbiose leven met hun dierlijke gastheer. Beide partijen varen daar wel bij; het koraal krijgt de suikers die de algen aanmaken door licht via fotosynthese in energie om te zetten, terwijl de algen voedingsstoffen halen uit de afvalproducten van de poliep. Maar deze knusse relatie kan alleen bestaan onder de juiste aquatische omstandigheden. Boven de drempelwaarde van 30°C waarop het koraal nog warmte verdraagt worden de algen verjaagd, en sterft het 'verbleekte' koraal snel af, tenzij er snel weer kouder water bijkomt.

Koraalverbleking is zonder twijfel een recent fenomeen, dat in oceanen over de hele wereld pas sinds 1980 waargenomen is. Wetenschappers hebben diep in koraalriffen geboord en geen enkele aanwijzing gevonden dat zulke periodes zich de afgelopen millennia al eerder hebben voorgedaan. Maar sinds het door mensen veroorzaakte broeikaseffect de oceanen warmer is gaan maken, worden de koraalriffen op aarde met steeds grotere regelmaat getroffen door periodes van verbleking – met verwoestende gevolgen. In 1998 deed zich de eerste massale koraalverbleking op het Great Barrier Reef voor. Sindsdien is de situatie steeds verder verslechterd. In 2002 trad er opnieuw grootschalige verbleking op. Dit keer was 60 tot 95 procent van alle onderzochte riffen in het hele mariene park in zekere mate verbleekt. Van een klein aantal riffen, vooral dichtbij het strand, in het heetste water, was vrijwel niets meer over.

Ik had het geluk dat ik in de zomer van 2002 op het Great Barrier Reef was, op bezoek bij het onderzoeksstation van de University of Queensland op Heron Island. Het was een angstaanjagend efficiënt instituut. Ik was nog maar een paar minuten van boord van de catamaran uit Grahamstown of ik kon een witkapnoddy-stern en een dunbekpijlstormvogel uit elkaar houden. Ik ontdekte ook dat de naam Heron Island niet helemaal klopte; de witte vogel in kwestie is om precies te zijn een oostelijke rifreiger. Het was er oogverblindend mooi: "een volière met daaromheen een aqarium", zoals een van de onderzoekers het treffend wist uit te drukken. Geelbandrallen scharrelden als tamme kippen in het rond, de onderzoekshutten in en uit. (Twee studentes hadden er één geadopteerd en Sheryl genoemd.) Al snel kreeg ik de man in het oog voor wie ik werkelijk gekomen was; doelgericht beende hij over het terrein, met zijn duikpak tot aan zijn middel afgepeld. Ove Hoegh-Guldberg was duidelijk iemand die net zo lief in als uit het water was. Een van zijn favoriete verhalen ging over de keer dat zijn vinger klem kwam te zitten in de kaken van een reusachtige mossel, en hij het beest los van de ondergrond moest rukken om niet zelf te verdrinken in het opkomende tij. Bij terugkeer werd hij vervolgens door een parkwachter uitgescholden omdat hij een beschermde soort beschadigd had.

Hoegh-Guldberg schreef in 1999 een artikel waarin hij voor het eerst wereldwijd onder de aandacht bracht dat het voortbestaan van koraalriffen door verbleking wordt bedreigd; het werd een mijlpaal. Nadat hij in verschillende delen van de wereld de tolerantiegrens van koraal voor warmte had bepaald, paste hij die toe in een model voor de stijging van zeewatertemperaturen in de loop van de 21e eeuw. De uitkomsten vielen zelfs hem rauw op zijn dak. Hij ontdekte dat met minder dan één graad wereldwijde opwarming in de atmosfeer de zeeën rond 2020 zoveel warmer zullen zijn geworden, dat 1998 met zijn massale verblekingen op het Great Barrier Reef een 'normaal' jaar zal zijn. Aangezien een ernstig verbleekt koraalrif zo'n 30 jaar nodig heeft om te herstellen, zullen jaarlijkse verblekingsrondes het ecosysteem verwoesten. "Het Great Barrier Reef", zo schreef Hoegh-Guldberg in zijn artikel, "zal daardoor veranderen in een levensgemeenschap die wordt gedomineerd door andere organismes, zoals zeewieren, niet door rif-vormende koralen". Andere koraalrif-ecosystemen, van de Cariben tot Thailand, zouden dan op dezelfde manier veranderd zijn. Wanneer de koraalriffen aan hun einde komen, zal het met één van 's werelds grootste schatkisten van biodiversiteit voorgoed gedaan zijn.

Met dit barre scenario in ons hoofd gingen we diezelfde middag dat ik op Heron Island aankwam samen ergens snorkelen. Plassend door het ondiepe water verstoorden we een enorme school pelsers, die zich *en masse* omdraaiden en verder richting strand schoten. Wat verderop lagen een stuk of zes grote pijlstaartroggen lui te wapperen, daar waar de hardere wind voor genoeg golfslag zorgde om van het snorkelen een riskante onderneming te maken. Om de zoveel tijd sloeg er een golf over de luchtpijp van m'n snorkel heen, zodat ik ineens een slok zout water binnenkreeg. Ove was er niet van onder de indruk, en we lagen een poosje te watertrappen terwijl hij koraal aanwees dat was aangetast.

"Zie je dat felle rood en blauw? Dat is dus verbleekt. Het is ironisch dat je de mooiste kleuren krijgt als het verbleekt is." Het vertakkende koraal was er vaak het slechtst aan toe; hele gebieden waren spierwit gebleekt. Op sommige plekken waren alleen de toppen van de onderwater-geweien verbleekt, terwijl elders de hele structuur was aangetast. Maar slechts een minderheid had de gezonde bruinige kleur die aangaf dat de symbiotische algen er hun werk nog deden.

"Hoe groot is de kans dat het weer herstelt?", proestte ik terwijl ik weer een golf binnenkreeg.

"Wanneer het van nu af aan koud blijft zal het meeste zich waarschijnlijk wel herstellen", antwoordde hij. "Maar een deel ook niet. En als de temperatuur binnenkort weer omhoog gaat, zal veel hiervan vermoedelijk afsterven."

Het werk van Hoegh-Guldberg is aangevuld door een recenter onderzoek dat een iets optimistischer voorspelling doet. Het werk in de Caraïbische en Indische oceaan door Andrew Baker en zijn collega's, dat later in *Nature* is gepubliceerd, geeft aan dat koralen zich wellicht beter kunnen aanpassen dan eerst werd gedacht. Daarmee zouden zij zich dus ook minder makkelijk volledig laten uitroeien. De onderzoekers bestudeerden koraalgemeenschappen die in 1998 verbleekt waren, om te zien in hoeverre zij zich hadden weten te herstellen. Tot hun verrassing bleek dat op alle door hen onderzochte plekken het type symbiotische algen in het koraal was vervangen door een versie die beter tegen warmte kan. Met een hogere drempel voor warmte-stress kunnen aangetaste riffen in de toekomst misschien warmere zeeën overleven zonder volledig af te sterven, zo suggereerden de wetenschappers.

Maar Ove Hoegh-Guldberg is het daar niet mee eens. Zelfs met een grotere warmtetolerantie van andere algen, zo stelt hij, wordt de oceaantemperatuur voor de meeste koralen nog steeds te hoog om in te overleven. Met zijn mede-auteurs gebruikte hij de laatste computermodellen en rif-analyses om de frequentie van verbleking over de komende tientallen jaren opnieuw te voorspellen. En hun uitkomsten bevestigden de eerdere, pessimistische analyse. Tegen het jaar 2030 zullen de meeste koraalriffen ter wereld elke 3 tot 5 jaar met ernstige verbleking te maken krijgen, en tegen het jaar 2050 zal het om het jaar raak zijn.

Een recentere golf van verbleking, die in 2003 toesloeg in de Caraïbische Zee, lijkt dat te onderstrepen. Die zomer werden er in dat gebied hogere watertemperaturen geregistreerd dan wat er in 20 jaar aan satellietgegevens ooit gemeten is. Dat waren trouwens dezelfde temperaturen die het orkaanseizoen van 2005 zo dodelijk maakten; de orkaan Katrina trof New Orleans in 2005, na over deze zelfde, ongewoon warme oceanen te zijn getrokken. En het waren temperaturen die in een atmosfeer zonder de huidige lading broeikasgassen vrijwel uitgesloten zouden zijn. De uitwerking daarvan op het Caraïbische koraal was rampzalig. Volgens onderzoek door duikers was van het koraal bij de Britse Maagdeneilanden 90 procent verbleekt, bij de Amerikaanse Maagdeneilanden 80 procent, bij de Nederlandse Antillen 85 procent, bij Trinidad en Tobago 66 procent en bij de Franse Antillen 52 procent. Sommige riffen kunnen zich de komende jaren misschien nog wel herstellen, maar voorspellingsmodellen geven aan dat rond het midden van de eeuw ook in dit gebied om het jaar verbleking van die orde van grootte op zal treden. De Amerikaanse National Oceanic and Atmospheric Administration (NOAA) publiceerde in de zomer van 2008 het eerste wereldwijde verblekingsoverzicht.

In elk geval zijn er maar heel weinig koraalriffen op de wereld in zo'n conditie dat zij de uitdaging van klimaatverandering kunnen aangaan. Directe menselijke invloeden – door rioollozingen, overbevissing en uitspoeling vanuit landbouwgronden – hebben koraalriffen over de hele wereld al gereduceerd tot schaduwen van hun eerdere ongereptheid. In totaal is ongeveer 70 procent van de koraalriffen ter wereld dood, dan wel stervende. Voor de mondiale biodiversiteit is dat een ramp op een haast onvoorstelbare schaal. In termen van de levendigheid en de diversiteit die zij herbergen, worden zij alleen door de regenwouden overtroffen; wereldwijd verschaffen koraalriffen beschutting en voedsel aan eenderde van al het leven in de oceanen, waaronder 4.000 soorten vissen.

Intussen worden niet alleen de riffen als zodanig bedreigd maar ook de organismen die ze bouwen. Een artikel van de mariene bioloog Kent Carpenter met zijn collega's gepubliceerd in *Science* in juli 2008 concludeert dat tenminste eenderde van de zoöxathellate rifbouwende koraalsoorten dreigt uit te sterven vanwege koraalverbleking, ziektes die horen bij heter water en directe verstoring door de mens.

Het rif van Heron's Island mag misschien goed beheerd worden, datzelfde kan niet gezegd worden van koraalriffen elders in de Stille Oceaan. Op dezelfde reis waarop ik Ove Hoegh-Guldberg opzocht snorkelde ik ook langs de zogeheten Koraalkust van Fiji, in één van de weinige openingen die ik kon vinden tussen de 5-sterren hotels en luxe vakantieoorden die inmiddels het hele gebied hebben overwoekerd. In plaats van levendig gekleurde riffen die ritselen van de papegaaivissen en tandbaarzen, trof ik hopen puin aan: de uit elkaar gevallen overblijfselen van koraal die somber opdoemden in de drabbige oceaan. Het leek de hordes zonnebaders op het strand niets te kunnen schelen, maar voor mij was de ervaring een deprimerende *reality check*. De Koraalkust van Fiji is onkwetsbaar voor klimaatverandering, zo moest ik concluderen, want hij is al dood.

Een andere plek van biodiversiteit – en eveneens een World Heritage Site die wordt bedreigd door wereldwijde opwarming – is de Cape Floristic Region in Zuid-Afrika. Dit gebied bestrijkt een enorme boog langs de kust rond Kaapstad, en buiten de tropische regenwouden om herbergt het de grootste concentratie hogere plantensoorten ter wereld. Op de onheilspellend rotsige bodems en in het droge mediterrane klimaat groeien er 9.000 verschillende planten, waarvan er meer dan 6.000 nergens anders ter wereld voorkomen. De meest symbolische planten in het gebied zijn de protea's of suikerbossies. De Koningsprotea, met zijn enorme zonnebloemachtige hoofd, heeft zijn titel van Zuid-Afrika's nationale bloem zonder meer verdiend. Het gebied is overigens allerminst ongerept. Ooit zwierven er leeuwen en neushoorns door dit heuvelland, waar nu wijngaarden en rooibosthee-plantages de laatste wilde stukken binnendringen.

Volgens een onderzoeksteam van het Zuidafrikaanse National Biodiversity Institute zouden ook kleine veranderingen in het klimaat een verwoestende uitwerking hebben op de nog bestaande kerngebieden van protea's en andere inheemse soorten. Het wetenschapsteam gebruikte het model van het Britse Hadley Center om klimaatveranderingen in de regio tot 2020 te simuleren, en stelde vast dat eenderde van de protea-soorten bedreigd zou zijn, terwijl er vier volledig zouden uitsterven.

Ook in Noord-Amerika zou één graad klimaatverandering een bedreigde diersoort over de rand naar uitsterving kunnen duwen; een die schattig, en aaibaar is. Volgens het Wereldnatuurfonds zijn fluithazen – kleine, hamsterachtige diertjes met ronde oortjes en lange snorharen – de eerste zoogdieren die door klimaatverandering in gevaar komen. Fluithazen leven in rotsspleten hoog in de bergen in het westen van de Verenigde Staten en Zuidwest-Canada. Ze zijn niet alleen bekend omdat ze zo schattig en aaibaar zijn, maar vanwege hun agrarische activiteiten. Deze kleine verwanten van het gewone konijn maaien gras, leggen het in de zon te drogen en slaan het dan voor de winter op in typische 'hooibergen' bovenop de rots. (Als charismatische diersoort hebben fluithazen zelfs hun eigen cult-achtige aanhangers: kijk op www.pikaworks.com voor alles van fluithaasmuziek tot fluithaasmuismatten.)

Fluithazen zijn schuwe beestjes die nooit meer dan een kilometer van hun nest afdwalen. Met het opwarmen van het klimaat beginnen zij steeds verder geïsoleerd te raken, op steeds kleinere geografische eilanden, omdat de tempertuurzones omhoog schuiven, richting de bergtoppen. Er staan al plekken in de Verenigde Staten te boek waar ze lokaal zijn uitgestorven. Zoals ecoloog en fluithaas-enthousiasteling Dr. Erik Beever stelt: "We zijn getuige van de eerste voorbeelden in onze tijd, waarin de wereldwijde opwarming er blijkbaar aan bijdraagt dat een Amerikaans zoogdier lokaal uitsterft, op plekken die dwars door een hele ecoregio liggen."

Het is al een cliché om het te hebben over de 'kanarie in de kolenmijn' wanneer het gaat over gevolgen van het klimaat voor de natuur. Maar één diergroep illustreert dit punt beter dan alle andere: de amfibieën. Met hun vochtige huid en hun eerste levensfasen in het water zijn kikkers, salamanders en padden extra kwetsbaar voor veranderingen in hun omgeving. En het is dan ook een amfibie – de gouden pad uit Costa Rica – die vaak wordt genoemd als het eerste bekende geval van uitsterving door klimaatverandering.

Volgens de onderzoeker en schrijver Tim Flannery was hij ooit het 'kroonjuweel' van het Monteverde Cloud Forest in Costa Rica. In 1987 werd deze lichtgevende, oranje amfibie er nog met honderden tegelijk waargenomen, verzameld rond poelen in het bos, klaar om te paren. Maar er waren toen al signalen dat er gevaar dreigde: de herpetoloog Marty Crump, die getuige was van deze laatste wilde paringsdans van gouden padden, zag ook hoe de eitjes die daar het gevolg van waren, achterbleven in de opdrogende poelen. Slechts 29 donderkopjes haalden het eind van de eerste week, terwijl er 43.500 eitjes lagen te verdrogen en te rotten. Het jaar daarop vond Crump niet meer dan één enkel, solitair mannetje, en een jaar later, in 1989, dook datzelfde mannetje opnieuw op. Die dag, 15 mei 1989, was de laatste keer dat iemand een gouden pad zag. Uiteindelijk werd hij in 2004 bijgeschreven op de lijst van uitgestorven soorten. De doodsoorzaak lijkt te zijn geweest dat de mist die het bos voedt met kleine druppeltjes uit de vochtige wolken, in zijn geheel is opgetrokken. Met de opwarming van de lucht in de bergen kwam de onderkant van de wolken domweg boven het bos te liggen, zodat de broedpoelen van de gouden pad daaronder droogvielen.

Dit gedenkwaardige dier mag dan de eerste zijn geweest, maar het is al niet meer de enige amfibie die door de stijgende temperatuur is uitgestorven. Overal in de tropen zijn de kikkerpopulaties in elkaar geklapt. Van de 110 tropische Amerikaanse soorten boomkikkers zijn er meer dan 100 verdwenen, zelfs in schijnbaar ongerepte bossen die ver van de directe menselijke verstoring af liggen. Niemand weet precies waarom. Sommige biologen wijten het aan zogeheten schijnschimmels, die in nieuwe gebieden beginnen op te komen en populaties plotseling zouden kunnen uitdunnen. Anderen schuiven het op mysterieuze ziektes, die vooralsnog onontdekt en ongeïdentificeerd zijn gebleven. Maar over één ding zijn de experts het in grote lijnen eens. Stijgende temperaturen spelen een centrale rol in de epidemische uitsterving, hetzij door nieuwe ziektes te helpen zich te verspreiden, hetzij door amfibieënpopulaties onder druk te zetten en vatbaarder voor uitsterving te maken. In deze specifieke moordzaak mag het wapen dan nog ter discussie staan, maar wie de dader is, is duidelijk.

Nergens lijkt het veilig te zijn. Eén graad opwarming zal ernstige gevolgen hebben voor sommige van de meest unieke ecosystemen ter wereld. Dat verzwaart de biodiversiteitscrisis, die om hele andere redenen dan de klimaatverandering inmiddels een heel eind op weg is. Door de alsmaar uitdijende zones van menselijke invloeden worden kwetsbare wilde soorten naar de marges geduwd en geïsoleerd in steeds kleinere stukjes van hun natuurlijke leefgebied. Door weg te trekken of hun gedrag te veranderen zullen zij zich nooit snel genoeg kunnen aanpassen aan de veranderende temperaturen.

Terwijl koraalriffen een cruciale rol spelen als bescherming van de kust tegen stormen en als bakermat van de visserij, kan niemand hard maken dat fluithazen, suikerbossies en boomkikkers van wezenlijk belang zijn voor het welvaren van de wereldeconomie. Hun waarde is intrinsiek, niet financieel. Maar de wereld wordt er een stuk armer op als zij er eenmaal niet meer zullen zijn.

Orkaanwaarschuwing in het zuiden van de Atlantische Oceaan

Met alle krantenkoppen over tropische orkanen die de Verenigde Staten treffen is er één storm geweest die als geen enkele andere de wetenschappelijke wereld overrompelde.* Het was niet Katrina, die New Orleans verwoestte en meer dan duizend mensen het leven kostte. Het was niet Rita, nog een monster van de 5e categorie, die delen van de stad opnieuw onder water zette, amper een maand nadat Katrina toesloeg, of Gustav, die in september 2008 de autoriteiten deed besluiten de bevolking van New Orleans te evacueren. Het was ook niet de orkaan Wilma, die binnen één enkele dag van een onbeduidende tropische storm uitgroeide tot de zwaarste wervelstorm die er ooit in het Atlantische bekken genoteerd is. Nee, de storm die de voorspellers werkelijk op hun hoofd liet krabben deed zich een jaar eerder voor, in 2004. En zij sloeg toe in een deel van de wereld waar geen orkanen voor zouden moeten komen. Zij heette Catarina, en trof de oostkust van Brazilië.

Als standaard wetenschappelijke wijsheid geldt dat tropische orkanen zich alleen kunnen formeren bij een zeewatertemperatuur boven de 26,5°C. En behalve warme oceanen moet voor de vorming van tropische stormen ook de 'windschering' laag zijn. Anders kan deze zijwind op grote

---

* Nvdv: Een tropische orkaan heet in Amerika hurricane, in Azië taifoon en hier ook wel cycloon. Zo'n wervelstorm kan honderden kilometers in doorsnee zijn. In een tropische orkaan ontstaan de wervelingen van onderaf, in tegenstelling tot de tornado.

hoogte de maalstroom van een aangroeiende storm horizontaal onthoofden. Zoals elke weerman ons kan vertellen komen deze omstandigheden alleen voor in de tropen in de Noord-Atlantische Oceaan. Nog nooit is er een orkaan in de Zuid-Atlantische Oceaan geregistreerd – tenminste, vóór maart 2004. Waarachtig, toen er op 20 maart 2004 voor de Braziliaanse kust een vreemde draaikolk van wolken ontstond, konden lokale meteorologen hun ogen niet geloven. Een orkaan in de Zuid-Atlantische oceaan was zo onvoorstelbaar dat velen van hen nog altijd weigerden om de term 'orkaan' in de mond te nemen toen Catarina – compleet met stortregens en windsnelheden van 150 km per uur – vlakbij de stad Torres aan land kwam, 30.000 huizen vernielde en een aantal mensen doodde. Veel van de slachtoffers hadden nagelaten om een schuilplaats te zoeken toen de storm al op de kust kwam afdenderen, omdat ook zij weigerden te geloven dat orkanen in Brazilië mogelijk waren.

In het onvermijdelijke meteorologische post-mortem leek het er inderdaad op dat de storm een buitenissigheid was, iets wat hen die eronder geleden hadden maar één keer in hun leven kon overkomen. Vreemd eraan was dat de zeewatertemperatuur niet ongewoon hoog was geweest toen hij aan kracht begon te winnen. In plaats daarvan kreeg Catarina in feite een opsteker van een zeldzame combinatie van andere atmosferische factoren. Die zorgden ervoor dat de werveling in de storm heel weinig meekreeg van de dodelijke windschering, die in de Zuid-Atlantische Oceaan normaal gesproken verhindert dat er cyclonen ontstaan. Het beeld is complex, maar roept overduidelijk een vraag op: zal de wereldwijde opwarming behalve door het opwarmen van de zee en daarmee het vergroten van de kans op het ontstaan van wervelstormen, ook vaker de omstandigheden scheppen die tropische orkanen in nieuwe gebieden aan kracht laten winnen, zoals in de Zuid-Atlantische Oceaan?

Over deze vraag bogen zich vanuit Australië twee meteorologen, Alexandre Bernardes Pezza en Ian Simmonds, toen zij Catarina forensisch fileerden, en daarover in augustus 2005 publiceerden in het tijdschrift *Geophysical Research Letters*. Zij trokken een voorzichtige conclusie, die niettemin een alarmerend vooruitzicht inhield: het leek er inderdaad op dat de warmer wordende atmosfeer eerder voor het soort omstandigheden zorgt waaronder Catarina op zo'n ongebruikelijke plek kon ontstaan. "Daarom", schreven zij, "zijn er aanwijzingen dat Catarina in verband staat met verandering in de luchtcirculatie op het zuidelijk halfrond, en dat zich in de toekomst, onder warmere mondiale omstandigheden, vaker cyclonen in de Zuid-Atlantische Oceaan zouden kunnen voordoen."

Als zich met een wereldwijde opwarming van tot nu toe slechts 0,8°C al een orkaan heeft kunnen formeren, kan een extra graad opwarming de kans op wervelstormen in dit kwetsbare gebied in de toekomst wel eens flink vergroten. Niet alleen zullen de Brazilianen vaker de luiken moeten sluiten, en misschien grote stukken van hun dicht bevolkte kust evacueren, maar ook zullen de diensten die orkanen voorspellen naar een heel nieuw oceaanbekken moeten worden uitgebreid.

Het orkaanseizoen van het jaar daarop, 2005, bracht eveneens een verrassing, die suggereert dat Brazilië niet het enige gebied is dat in onze wereldwijd opgewarmde toekomst tropische cyclonen in het oog moet houden. Op 9 oktober 2005 verscheen er een nieuwe tropische storm op 800 kilometer ten zuidoosten van de Azoren, in het oostelijke deel van de Atlantische Oceaan, die snel aan kracht won en de status van orkaan bereikte terwijl hij voorbij het Portugese eiland Madeira raasde. Orkaan Vince zwakte gelukkig af voordat hij bij het Spaanse Huelva aan land kwam, maar schreef wel geschiedenis als de eerste tropische cycloon waar Europa ooit mee te maken heeft gehad.

Zoals gezegd kunnen tropische stormen zich volgens de conventionele wijsheid alleen formeren boven het warmere water duizenden kilometers ten zuidwesten van het Iberische schiereiland. Op het moment van schrijven zijn de meteorologen nog bezig om uit te zoeken welke combinatie van omstandigheden voor Vince verantwoordelijk is geweest, maar zoals gezegd is het duidelijk wat dit kan betekenen: met een steeds snellere wereldwijde opwarming vormt de bestaande deskundigheid over de kraamkamers van orkanen niet noodzakelijkerwijs een goede leidraad voor de toekomst. Er zouden zich nog wel eens veel meer orkaanexperts op het hoofd kunnen krabben voordat zij uiteindelijk toegeven dat niet alleen Brazilië, maar nu ook Europa kwetsbaar is voor deze vervaarlijke stormen.

Inmiddels zijn er zelfs al aanwijzingen hoe dit zich zou kunnen voordoen. Spaanse en Duitse klimatologen die gesimuleerde stormen observeerden in een computermodel, publiceerden in 2007 een artikel, waarin zij opperden dat het hele Middellandse Zee-gebied binnenkort in de vuurlinie kan komen te liggen, aangezien de watertemperatuur er oploopt tot een niveau waarop waarachtige tropische cyclonen worden ontketend – in een regio waar zij zich nog nooit hebben vertoond. Het grootste aantal virtuele cyclonen deed zich voor op het heetste stuk van de Middellandse Zee, tussen Italië en Libië, en wanneer zij zich eenmaal hadden geformeerd, hielden deze krachtige stormen een week aan, of nog langer. Een van de computer-orkanen ontstond in het oostelijk deel van de Middellandse Zee, en bewoog zich toen naar het westen, helemaal tot aan de zuidkust van Frankrijk – dit tot de verbijstering van de toekijkende onderzoekers. Een andere storm vormde een smal, symmetrisch oog met hevige stortregens, net zoals tropische cyclonen dat doen. De ooit zo vredige kusten van Spanje tot aan Cyprus worden in een wereldwijd opgewarmde toekomst bedreigd door cyclonen die aan land komen. Dat idee moet één van de meest opmerkelijke voorspellingen zijn die ooit uit de wereld van de klimaatmodellen is komen rollen.

Maar inmiddels komen er ook uit de echte wereld aanwijzingen dat de kenmerken van orkanen aan het veranderen zijn nu de oceanen overal ter wereld warmer worden. Eén van de grootvaders van de natuurkunde van tropische cyclonen, Kerry Emanuel van het Massachusetts Institute of Technology, publiceerde kort geleden een artikel in *Nature* dat zijn eigen academische storm ontketende. De gebruikelijke visie houdt in dat de wereldwijde opwarming vooralsnog te klein is om een meetbaar effect op tropische cyclonen te hebben. Emanuel bekeek de gegevens opnieuw en concludeerde, in tegenspraak daarmee, dat wervelstormen wel degelijk al heviger aan het worden zijn, en ook langer duren, en dat dit grotendeels te danken is aan watertemperaturen die oplopen door de wereldwijde opwarming. De index voor stormintensiteit was de laatste 30 jaar ook niet zomaar een paar procent omhoog gegaan, maar is feitelijk verdubbeld: een veel grotere stijging dan door zowel theorie als modelstudies was voorspeld.

Sindsdien zijn Emanuel's gegevens en methodes weliswaar betwist – in een academische discussie die te technisch is om hier te analyseren – maar het is vermeldenswaard dat zijn conclusies worden gestaafd door een tweede publicatie, dit keer in *Science*, door een team experts van het Georgia Institute of Technology in Atlanta. Zij analyseerden veel van dezelfde orkaangegevens, die de afgelopen dertig jaar door vliegtuigen, satellieten en schepen zijn verzameld. Dit onderzoeksteam kwam een aanzienlijke stijging op het spoor van zowel het aantal als het percentage wervelstormen van de zwaarste categorieën 4 en 5, en dat ondanks een algemene daling van het aantal cyclonen.

Net als Emanuel bekeek dit team gegevens van zowel de Stille als de Atlantische Oceaan, om zo een mondiaal beeld op te kunnen bouwen. En hoewel zij een andere statistische maatstaf hanteerden, constateerden zij net als hij dat de zwaarste stormen zich tussen 1970 en 2004 in aantal bijna verdubbeld hadden. Het team uit Georgia concludeerde hieruit dat het onwaarschijnlijk is dat de toename van het aantal orkanen in categorie 4 en 5 voortkomt uit natuurlijke klimaatcyclussen, maar juist samenhangt met de temperatuurstijgingen in de tropische oceanen.

Het orkaanseizoen van 2005 brak alle Atlantische records, en schreef duizend doden, 1 miljoen daklozen en 200 miljard dollar schade op zijn conto. Een jaar later probeerden twee gezaghebbende klimatologen het pleit te beslechten of de wereldwijde opwarming nu wel of niet had bijgedragen aan de serie rampzalige wervelstormen. Zonder twijfel hadden de hoge temperaturen van het zeewater – de hoogste ooit gemeten – dat jaar bijgedragen aan de hevigheid van Katrina, Wilma, Rita en de andere orkanen in 2005. Maar Kevin Trenberth en Dennis Shea zetten complexe wiskunde in om erachter te komen hoeveel van het Atlantische warmte-alarm aan wereldwijde opwarming toe te schrijven is, en hoeveel aan natuurlijke cyclussen. Hun conclusie zou ons wakker moeten schudden: meer dan de helft van de extra warmte was het gevolg van menselijke invloeden. Zoals velen destijds al vermoedden was Katrina slechts voor een deel een natuurramp.

Zinkende atollen

Ik vind het vreselijk om het zo botweg te stellen, maar het Stille Zuidzee-eiland Tuvalu is hoogstwaarschijnlijk niet meer te redden. Het oceaanstelsel lijkt op een fluitketel die langzaam aan de kook raakt; wanneer de omstandigheden veranderen vertoont het een hele lange reactietijd, zodat de zeespiegel nog eeuwen lang gestaag zal blijven stijgen, zelfs als alle uitstoot van broeikasgassen morgen zou stoppen. Zoals ik in *Het nieuwe weer* al heb opgetekend, heeft Tuvalu nu al regelmatig te maken met overstromingen die het gevolg zijn van eerdere stijgingen van de zeespiegel. Die extra stijging in alle oceanen op aarde zal de doodsklok luiden voor deze fascinerende, levendige eilandsamenleving.

Tuvalu is met zijn luttele 9.000 inwoners in feite één van de kleinste van de vijf atolstaten die binnenkort niet meer zullen bestaan. De andere zijn de grote zuster van Tuvalu, de atolgroep Kiribati, met een bevolking van 78.000, de Marshalleilanden met 58.000 mensen, het piepkleine Tokelau (2.000 inwoners; een afhankelijk gebiedsdeel van Nieuw-Zeeland) en de Malediven, de grootste en dichtst bevolkte van alle eilandgroepen, met 269.000 inwoners. Samen met de mensen die worden verjaagd uit de kustgebieden van andere eilanden die geen atol zijn, zitten we zo al op een half miljoen mensen die plotseling van hun cultuur en oorsprong gescheiden zullen worden, en een nieuw thuis moeten zien te vinden. Nieuw Zeeland heeft aarzelend aangeboden om een klein aantal bewoners van Tuvalu op te nemen, maar andere landen hebben zichzelf nog niet als vluchtplaats opgeworpen, laat staan al die rijke landen die om te beginnen het grootste deel van het probleem veroorzaakt hebben.

Alleen als zich een reusachtige orkaan of vloedgolf zou voordoen, zullen de atolstaten een radicaal en dramatisch einde kennen; anders niet. Anders wordt het een dood door duizend wondjes, door een steeds verder uitgehold vermogen van elke staat om zichzelf in stand te houden, waarbij jonge mensen het vertrouwen in de toekomst kwijtraken en oude mensen terugvallen in troostrijke dromen over het verleden. Elk stukje strand dat verloren gaat, elke moestuin die door zout water wordt overspoeld, elke kokospalm die ondergraven wordt en in de golven tuimelt zal het onvermijdelijke tolgeld verhogen. Tientallen jaren voordat het laatste stukje koraal onder water verdwijnt zal de sociale dienstverlening afbrokkelen, zullen kinderen emigreren, scholen sluiten, en zal het weefsel van een land uit elkaar beginnen te vallen.

Het wordt nauwelijks onderkend en grotendeels over het hoofd gezien. Bedenk, wanneer de hierna volgende hoofdstukken in dit boek zich ontvouwen, dat de atolstaten, beetje bij beetje, steeds verder onder water komen te staan.

oo

Twee graden

China's dorstige steden

Wie in het noorden van China de trein van Hohhot naar Lanzhou neemt, komt door een vreemd gebied, een zwaar geërodeerde woestenij. Steile geulen en rotswanden verdringen zich rond de spoorlijn die zich een weg door een smal rivierdal baant. Op veel plekken zijn grotten in de rotswand uitgehakt. Het is duister wat hun geschiedenis precies is; misschien werden ze gebruikt door zwervers, of door mensen die uit de stad waren verjaagd, of zelfs door communistische dissidenten die in de jaren '30 de arme boeren opstookten om tegen de nationalisten in opstand te komen. Een prozaïscher verklaring is dat ze door spoorarbeiders zijn uitgehakt, toen zij zwoegden om het spoor door dit koude, winderige en ongastvrije niemandsland te leggen.

Dit woeste land vormt de rand van het Chinese lössplateau, een gigantisch gebied van honderden meters diep samengeperst stof, in de loop van duizenden jaren afgezet door stofstormen en harde winden die vanuit de Gobiwoestijn in Mongolië kwamen aanbulderen. Het mag in dit gebied dan misschien niets worden met de akkerbouw, de veehouderij of wat dan ook – afgezien van grotten uithakken – deze droge hoogvlakte is een schatkist voor paleoklimatologen. Zij gebruiken de uitstekend bewaarde lagen stof en zand voor het reconstrueren van schommelingen in de klimaten die lang geleden heersten in het hele noorden van China.

Het was met dit doel voor ogen dat een team Chinese wetenschappers uit Lanzhou in 1999 naar vier plekken op het lössplateau trok. Daar boorden ze meer dan dertig meter diep de compacte bodem in, haalden hun coupes voorzichtig naar boven en sleepten ze terug naar het laboratorium. Het materiaal waar het onderzoek op uit was, zat onderin elke coupe: een laag prehistorische bodem, 'paleosol' in het jargon, die dateerde uit het Eemien-interglaciaal, de warmere periode vóór het begin van de laatste ijstijd. De weergegevens die in deze onheilspellende, roodbruine laag bewaard waren gebleven, zouden niet alleen aanwijzingen over het verleden blijken te bevatten, maar ook over de toekomst.

Net als Afrika en het Indiase subcontinent kent het noorden van China een jaarlijkse moessoncyclus. 's Zomers komt er vochtige lucht vanaf de oceaan binnen, die in het zuiden voor zware regenval zorgt. 's Winters draait het patroon om, en jagen er harde winden uit het noorden, ijskoud en beladen met stof. De wetenschappers uit Lanzhou gebruikten ingewikkelde technieken om de grootte van stofdeeltjes te meten en bewerkten magnetische gegevens uit het materiaal van de paleosol. Zo kwamen ze op basis van hun bodemmonsters tot bepaalde conclusies over veranderingen die 129.000 jaar geleden optraden in de kracht van de moesson, toen het Eemien-klimaat geleidelijk warmer werd. Omdat de oceanen warmte erg langzaam absorberen, zo bleek, reageerde de droge wintermoesson veel sneller op de veranderende omstandigheden dan de zomermoesson. Het gevolg was dat op continentale schaal een periode van droogte en stofstormen optrad, voordat de zomermoesson ver genoeg in het binnenland was doorgedrongen om enige regenval van betekenis op het lössplateau te kunnen brengen.

Zou zo'n mechanisme zich in een twee graden warmere wereld kunnen herhalen? Onderzoek aan sedimenten in de bodem van de Stille Oceaan geeft aan dat de temperatuur op het hoogtepunt van het Eemien wereldwijd ongeveer 1 °C hoger lag dan nu. Dat maakt deze periode tot een zinvolle analogie voor een warmer klimaat in de toekomst, zeker omdat de regionale temperatuur op een groot continent als Azië een graad of wat boven het mondiale gemiddelde zou hebben gelegen. Misschien deed het Chinese moessonklimaat er

129.000 jaar geleden wel langer over om van koud en droog over te schakelen naar warm en nat, zoals sommige onderzoekers geloven. Dan zou dat op een mogelijke oorzaak van de droogtes en stijgende temperaturen wijzen die het noorden van China de laatste jaren hebben getroffen. Terwijl het zuiden van China in een warmer wordend klimaat dus meer overstromingen kan verwachten, zou het door de traagheid van de oceaan wel eens veel langer kunnen duren voordat de zomermoesson met zijn regen het verdroogde noorden bereikt. In een China dat door twee extremen wordt verscheurd, zal de landbouw onvermijdelijk klappen krijgen. Steden als Beijing en Tianjin zullen hun tekort aan water blijven houden, zeker nu de economische groei maar doorgaat en ondergrondse waterlagen worden leeggepompt. De Chinese overheid is begonnen met de aanleg van een enorm waterleidingproject, bedoeld om miljarden kubieke meters water vanuit de Gele Rivier in het zuiden over te hevelen naar de dorstige steden in het noorden. Maar zelfs met dit mega-project, het grootste dat ooit op de planeet is aangelegd, zullen de kranen niet zonder meer blijven lopen – als het al zal werken, wat velen betwijfelen. Met een chronisch tekort aan water zal China niet alleen moeite hebben om zich een welvarender levensstijl aan te meten, maar evenzeer om zichzelf te kunnen voeden.

Zure oceanen

Broeikasgassen die de laatste honderd jaar zijn vrijgekomen hebben niet alleen het klimaat veranderd, ze zijn ook de omstandigheden gaan beïnvloeden in het grootste van alle leefgebieden, de oceanen. Meer dan de helft van de kooldioxide die vrijkomt als u of ik even op een vliegtuig springen of de airconditioning aanzetten, komt uiteindelijk in de oceaan terecht. Dat mag dan voor de natuur een goeie plek lijken om het te dumpen, maar de chemie in de oceaan is een complex en verfijnd gebeuren. Van nature zijn de oceanen licht alkalisch, zodat veel planten en dieren die in zee leven een kalkschaal kunnen opbouwen.

Wanneer kooldioxide in water oplost vormt het koolzuur, hetzelfde zwakke zuur dat zorgt voor de prikkeling als je koolzuurhoudend water drinkt. Dat is lekker in een glas Spa, maar minder geweldig als het op een gigantische schaal gebeurt in de oceanen over de hele wereld. En die kant gaat het wel degelijk op: de mens heeft de alkaliniteit van de zeeën al met 0,1 pH-eenheden weten terug te brengen. Zoals professor Ken Caldeira van de afdeling mondiale ecologie van Carnegie Institution zegt: “Op dit moment ligt de input van kooldioxide bijna vijftig keer zo hoog als normaal. In minder dan honderd jaar zou de pH van de oceanen maar liefst een halve punt kunnen zakken, van z’n natuurlijke niveau van 8,2 naar rond de 7,7.” Dat lijkt misschien niet veel, maar dat halve punt op de pH-schaal betekent een vervijfvoudiging van de zuurgraad. En omdat de circulatie in de oceanen zo langzaam is, zullen deze veranderingen in de oceanische chemie nog duizenden jaren standhouden, ook al stabiliseert het gehalte kooldioxide in de atmosfeer zich uiteindelijk wel – als de mensheid wakker schrikt van de opwarming die zij veroorzaakt.

Dit snel opkomende terrein van wetenschappelijk onderzoek vormde het onderwerp van een belangrijk rapport van de Royal Society, dat in juni 2005 verscheen. Hierin benoemde men de belangrijkste zaken die steeds meer mariene biologen ’s nachts uit de slaap houden. Helemaal bovenaan staat de mogelijkheid dat zelfs met een relatief lage uitstoot in de loop van deze eeuw (overeenkomend met twee of minder graden temperatuurstijging) na 2050 grote stukken van de Zuidelijke Oceaan en een deel van de Stille Oceaan domweg ‘giftig’ worden voor alle organismen met kalkschalen. En in feite zullen bij een nog hogere uitstoot wereldwijd de oceaan in hun geheel uiteindelijk te giftig worden om kalkhoudend leven in zee nog mogelijk te maken.

De voornaamste levensvormen die daardoor zullen worden aangetast vormen het fundament van de hele voedselketen in de oceaan: plankton. Hoe piepklein ze ook zijn – een paar duizendste millimeter in doorsnee – de individuele planktonorganismen, zoals de coccolithoforen, vormen met hun fotosynthese waarschijnlijk de belangrijkste plantaardige hulpbron op aarde. Ze zorgen voor minstens de helft van de totale primaire productie in de biosfeer – net zo veel als alle op het land groeiende planten bij elkaar. Vaak bloeien ze op zo'n enorme schaal dat ze het oceaanoppervlak groen kleuren en vanuit de ruimte te fotograferen zijn. De plekken waar het fytoplankton echt gedijt, vormen wereldwijd de hoorn des overvloeds van de oceanen; alle hogere soorten, van makreel tot bultrug, zijn er uiteindelijk van afhankelijk. Maar coccolithoforen hebben een kalkstructuur en dat maakt ze buitengewoon kwetsbaar voor de verzuring van de oceaan. Toen onderzoekers de oceanen van de toekomst simuleerden door kunstmatig grote hoeveelheden opgeloste kooldioxide in een Noorse fjord te pompen, zagen ze met verbijstering hoe de structuur van coccolithoforen eerst werd aangetast en vervolgens helemaal uit elkaar begon te vallen.

De verzuring zal ook andere organismes in de oceaan direct raken. Krabben en zee-egels hebben hun schaal nodig om te overleven, terwijl vissenkieuwen uiterst gevoelig zijn voor de chemische samenstelling van het water, net zoals onze longen dat zijn voor die van de lucht. Mosselen en oesters zijn van vitaal belang als economische hulpbron en ook, wereldwijd, als deel van ecosystemen aan de kust. Zij zullen tegen het einde van de eeuw geen sterke schelpen meer kunnen opbouwen, en wanneer het gehalte aan kooldioxide in de atmosfeer ooit de 1.800 ppm* haalt, zullen ze domweg

* ppm is parts per million, delen per miljoen: 1.800 ppm betekent simpelweg dat er op elke miljoen deeltjes lucht 1.800 deeltjes kooldioxide aanwezig zijn, of op elke miljoen liter lucht 1.800 liter kooldioxide.

helemaal oplossen. Tropische koralen, die het met de verbleking toch al moeilijk hebben, zullen door de toenemende verzuring van de oceaan steeds verder worden aangetast. Als je in 2090 over een rif naar zee loopt, verkruimelt het waarschijnlijk onder je voeten. Schepen die vastlopen op koraal, zullen niet meer uit elkaar scheuren maar vermoedelijk door het verzwakte rif heen klieven alsof het een spons is. We kunnen echt nauwelijks overdrijven hoe gevaarlijk dit hele experiment met onze oceanen is. Zoals een mariene bioloog stelt: "Wij nemen een ongelooflijk risico. De chemische toestand van de oceanen over 100 jaar zal zijn gelijke waarschijnlijk niet kennen in de hele geologische geschiedenis, en sleutelorganismes missen vermoedelijk de mechanismes om zich aan de verandering aan te passen."

Fytoplankton is ook voor de mondiale koolstofkringloop van cruciaal belang. Alle plankton bij elkaar vormt de grootste producent van kalk op aarde, die miljarden tonnen koolstof uit de circulatie haalt wanneer hun kalkschalen neerdwarrelen op de oceaanbodem. Daar is niets nieuws aan: in het Krijt-tijdperk is de kalk in de rotsen en duinen van Zuid-Engeland oorspronkelijk ontstaan als kalkrijke modder vanuit ontelbare miljarden dode coccolithoforen. Maar nu de oceanen alsmaar zuurder worden zou dit cruciale onderdeel van de koolstofkringloop op onze planeet wel eens langzaam tot stilstand kunnen komen. Wanneer er minder plankton is om het vast te leggen en aan de cyclus te onttrekken, zal er meer koolstof achterblijven in de oceanen en de atmosfeer, en dat zal het probleem alleen nog maar groter maken.

Fytoplankton wordt ook direct getroffen door de stijgende temperaturen, omdat warm water aan het oppervlak van de oceaan de toestroom afsluit van de opwellende voedingsstoffen, waarvan deze miniplantjes moeten groeien. Net als met de verzuring zijn deze veranderingen vandaag de dag al waarneembaar. In 2006 meldden wetenschappers een terugval in de productiviteit van plankton van 190 megaton per jaar als gevolg van de huidige tendens van opwarming.

Samen brengen deze twee factoren, opwarming en verzuring, een verwoestende dubbelslag aan de productiviteit van de oceaan toe. Zoals Katherine Richardson, professor biologische oceanografie aan de universiteit van het Deense Aarhus, zegt: "Deze zee-organismen verlenen de mensheid een enorme dienst door de helft van de kooldioxide die wij aanmaken te absorberen. Als wij ze van de kaart vegen komt dat proces stil te liggen. We zijn de hele chemische samenstelling van de oceanen aan het veranderen, zonder enig idee van de gevolgen."

Het fytoplankton uitroeien door de oceanen te verzuren is net zoiets als onkruidverdelger spuiten over alle vegetatie ter wereld, van regenwouden en prairies tot de arctische toendra, en het zal al net zulke rampzalige gevolgen hebben. Zoals de woestijnen het land in beslag zullen nemen wanneer de opwarming steeds sneller gaat, zo zullen de mariene woestijnen zich in de oceanen verspreiden wanneer de opwarming en verzuring hun onvermijdelijke tol komen eisen.

Het stijgende kwik in Europa

Onder normale omstandigheden kan het menselijk lichaam goed met een teveel aan warmte overweg. Haarvaten vlak onder de huid stromen vol bloed en stralen zo de extra warmte uit naar de lucht. Zweetklieren pompen vocht naar buiten en lozen warmte door middel van verdamping. Zelfs door te hijgen kan het lichaam warmte afvoeren, terwijl het hart overuren maakt. Tijdens fysieke inspanning kan de normale lichaamstemperatuur van 37°C zonder nadelige gevolgen oplopen tot 38 of 39°C.

Maar de zomer van 2003 was niet normaal en de hittegolf die Europa drie maanden lang bestookte – juni, juli en augustus – zorgde niet voor normale omstandigheden. In Zwitserland klom het kwik op 4 juni al tot boven de 30°C en steeg het op 2 augustus tot een maximum van 41,1°C in het zuidwesten van het land. Dit was het soort verschroeiende temperatuur dat we eerder associëren met de Arabische woestijn dan met het gematigde Midden-Europa. Overal op het continent gingen records aan diggelen; in Groot-Brittannië bereikte de temperatuur voor het eerst de 100° Fahrenheit (bijna 40°C). De stranden waren overal afgeladen met vakantiegangers die genoten van de zomerse warmte, maar in grote steden als Parijs was zich een stille ramp aan het voltrekken.

De eerste symptomen van hittestress stellen vaak niet veel voor. Iemand die het te pakken heeft, voelt zich wat misselijk en duizelig, en raakt misschien gauw geïrriteerd door zijn omgeving. Dat hoeft nog geen noodtoestand te zijn: van een uurtje op een koelere plek liggen en wat water drinken knapt iemand wel weer op, zonder er langdurige verschijnselen aan over te houden. Maar in augustus 2003 waren er in Parijs geen koelere plekken, al helemaal niet voor oudere mensen die in hun bedompte appartementen zaten opgesloten. Het kwaad zat hem niet zozeer in de hoge temperaturen overdag, maar in het feit dat het 's nachts niet voldoende afkoelde om het lichaam de tijd te geven zich te herstellen. Zo stapelden de gevolgen zich op en werd de gevaarlijkste, en vaak dodelijke vorm van hittestress steeds waarschijnlijker: hyperthermie of oververhitting.

Wanneer de temperatuur van het menselijk lichaam eenmaal de 41°C heeft bereikt, begint het systeem voor thermoregulatie het te begeven. Men houdt op te zweten en de ademhaling wordt oppervlakkig en snel. De polsslag loopt op en het slachtoffer kan snel in coma raken. Tenzij er drastische maatregelen worden genomen om de kerntemperatuur van het lichaam omlaag te brengen, ontstaat er zuurstoftekort in de hersenen en beginnen vitale organen uit te vallen. Een paar minuten later kan de dood intreden, tenzij de hulpdiensten het slachtoffer met spoed in de intensive care kunnen krijgen.

Die hulpdiensten slaagden er die zomer van 2003 niet in om de meer dan 10.000 Parijse slachtoffers van oververhitting te redden. Mortuaria kwamen al gauw ruimte tekort toen er elke nacht honderden lijken werden binnengebracht, vooral van ouderen en randfiguren. De crisis veroorzaakte zelfs een politieke rel, omdat de mensen politici en gemeente-ambtenaren ervan beschuldigden meer in hun lange zomervakantie geïnteresseerd te zijn dan in het redden van levens in de hoofdstad. De schattingen lopen uiteen, maar men denkt dat er in heel Europa tussen de 22.000 en 35.000 mensen bezweken zijn.

Daarnaast vormden de hittegolf en de droogte een aanslag voor de landbouwsector. Oogsten ter waarde van 12 miljard dollar gingen verloren, terwijl bosbranden in Portugal voor nog eens 1,5 miljard dollar aan schade veroorzaakten. Het water in grote rivieren als de Po in Italië, de Rijn in Duitsland en de Loire in Frankrijk had nog niet eerder zo laag gestaan, waardoor vrachtverkeer vast kwam te zitten en er tekorten ontstonden voor irrigatie en de opwekking van waterkracht. Giftige algenbloei woekerde in de ontwaterde rivieren en meren. De snelheden waarmee gletsjers in de Alpen afsmolten verdubbelden ten opzichte van het vorige record uit 1998, en sommige gletsjers raakten in de hitte van die ene zomer 10 procent van hun totale ijsmassa kwijt. Zoals in hoofdstuk 1 beschreven staat, veroorzaakte de smeltende permafrost intussen puinlawines in berggebieden zoals bij de Matterhorn.

Het duurde niet lang of er rezen vragen over de mogelijke bijdrage van de mondiale opwarming aan deze ramp. Meteorologen analyseerden hittegolven in het verleden en stelden vast dat die van 2003 buiten de statistieken viel – iets dat eens in de zoveel duizend jaar voorkomt. Volgens een onderzoek van Britse klimatologen is door de wereldwijde opwarming tijdens de 20e eeuw de kans op zo'n hittegolf inmiddels al verdubbeld. Een in 2007 gepubliceerd onderzoek laat zien dat in heel Europa de frequentie van extreem hete dagen in de loop van de vorige eeuw verdrievoudigd is en dat de duur van hittegolven op het vasteland verdubbeld is. De conclusie is grimmig: de hittegolf in de zomer van 2003 was geen natuurramp.

De intensiteit van de hittegolf vertelt ons ook iets over de toekomst. Gemiddeld lagen de temperaturen over het hele vasteland 2,3 °C boven de norm. Betekent dat dan, dat zomers als die van 2003 in de twee-gradenwereld een jaarlijkse gebeurtenis zijn? Daar lijkt het wel op. In het Britse onderzoek van hierboven gebruikten de wetenschappers het computermodel van het Hadley Centre om toekomstige klimaatveranderingen te voorspellen bij toenemende uitstoot van broeikasgassen. Daarbij concludeerden zij dat rond 2040, wanneer de temperatuurstijging in hun model wereldwijd nog onder de twee graden ligt, meer dan de helft van de zomers in werkelijkheid warmer dan die van 2003 zal zijn.

Dat betekent dat extreme zomers na 2040 nog veel heter dan die van 2003 zullen zijn. Ook het dodencijfer zal als gevolg daarvan omhooggaan, misschien tot in de honderdduizenden. Ouderen moeten misschien geëvacueerd worden en maandenlang in gekoelde schuilplaatsen verblijven, terwijl het al steeds gevaarlijker zal zijn om op het heetste moment van de dag buiten te komen. De temperatuur kan oplopen tot hoogtes die vandaag de dag normaal gesproken alleen in Noord-Afrika te beleven zijn, waarbij rivieren en meren verdrogen en de vegetatie op het hele continent verdort. Gewassen die 's zomers regen nodig hebben zullen staan te roosteren op de akkers, en bossen die meer gewend zijn aan koelere luchtstreken zullen sterven en verbranden. Als gevolg daarvan dringen bosbranden in het noorden misschien door tot in nieuwe gebieden en leggen ze van Duitsland tot in Estland de loofbossen in de as.

Opnieuw krijgen we, nu via de zomer van 2003, een glimp te zien van wat er komen gaat. Uit systematische metingen over heel Europa bleek dat de plantengroei met 30 procent was teruggelopen, omdat de fotosynthese omlaag ging als reactie op de verdubbelde stress van hoge temperaturen en verlammende droogte. Vanaf de berkenbossen in Noord-Europa tot de groenblijvende dennen en eiken rond het Middellandse Zeegebied zakte de plantengroei in het hele continent in en kwam vervolgens helemaal stil te liggen. In plaats van kooldioxide uit de lucht op te nemen, begonnen de gestreste planten het af te geven. Europese planten brachten zo'n half miljard ton koolstof in de atmosfeer, een hoeveelheid die gelijk staat aan 12 procent van de totale emissie vanuit fossiele brandstoffen. Deze vorm van positieve feedback (het best te begrijpen als een terugkoppeling die de bestaande ontwikkeling versterkt) is van cruciaal belang. Hij geeft namelijk aan dat met het stijgen van de temperatuur, met name tijdens extreme hittegolven, de uitstoot van kooldioxide vanuit bossen en bodems ook nog eens omhoog gaat en zo de wereldwijde opwarming een extra handje helpt. En als deze uitstoot vanaf het land langdurig aanhoudt en zich op grote stukken van het landoppervlak op aarde gaat voordoen, zou de wereldwijde opwarming wel eens ongecontroleerd kunnen gaan versnellen, zoals het volgende hoofdstuk laat zien.

Tijdens de droge periode die tussen 1998 en 2002 optrad op de gematigde breedtegraden van het noordelijk halfrond zijn we vermoedelijk gevaarlijk dichtbij dat punt gekomen. Toen stonden de planten te verdorren in gebieden die ver uit elkaar lagen, zoals het westen van de Verenigde Staten, Zuid-Europa en het oosten van Azië. Een onderzoek toonde aan dat de uitstoot van kooldioxide die normaal gesproken door planten zou zijn opgenomen, zich in plaats daarvan juist ophoopte in de atmosfeer. Dat verklaarde de abnormaal grote sprongen die het atmosferische kooldioxidegehalte in de jaren daarop liet zien. Door deze sprongen vroegen veel *climate change watchers* zich met het zweet in de handen af of de boel door positieve feedbacks inderdaad al op hol was geslagen. Als antwoord op de droogte en de hitte kwam er uit planten en bodems meer dan een miljard ton extra kooldioxide vrij.

Op het moment van schrijven is de hittegolf van 2003 voor de meesten al een vage herinnering aan het worden, en de 'normale' zomers van de twee jaren daarna zullen een deel van de extra kooldioxide zijn gaan opnemen, die tijdens die dodelijke hitteperiode in de atmosfeer is terechtgekomen.

Maar het is levensgevaarlijk om zoiets te vergeten. De zomer van 2003 was een 'natuurlijk experiment' waarvan de conclusies heel serieus moeten worden genomen. Dit waren niet zomaar gegevens uit een computermodel, dat werkt met aannames en voorspellingen waar we terecht vraagtekens bij kunnen zetten. Dit is waar gebeurd. Bovendien herhaalde de hittegolf van 2003 zich bijna in 2006, en dat geeft aan dat als deze modellen al iets onderschatten, dat wel eens de frequentie en de ernst van toekomstige hittegolven zou kunnen zijn.

Wij zijn gewaarschuwd.

Zonnebrand aan de Middellandse Zee

Mogelijk kwamen de meest veelzeggende beelden van de hete zomer van 2003 uit Portugal. Ongekend grote bosbranden joegen door een landschap dat zo droog was als aanmaakhout, verwoestten boomgaarden, zetten huizen in lichterlaaie en benamen achttien mensen het leven. In totaal werd een oppervlakte bijna zo groot als Luxemburg in de as gelegd. De vuurzeeën waren zo groot dat er rooksluiers vanaf kwamen, die helemaal over de Noordelijke Atlantische Oceaan hingen, en zowel het vuur als de rook was vanuit de ruimte zichtbaar. De branden moeten met name de toeristen hebben aangegrepen die in grote drommen uit Noord-Europa naar het zuiden van Portugal kwamen. Tenslotte komen zij meer om in de zon te liggen, dan om dagenlang rook in te ademen.

Eén onderzoek toont aan dat zulke bosbranden een steeds gewoner verschijnsel gaan worden voor vakantiegangers in Zuid-Europa en het Middellandse Zeegebied. Simulaties van klimaatverandering laten zien dat de regio droger en heter wordt naarmate de subtropische droogtegordel vanaf de Sahara opschuift naar het noorden. In de twee-gradenwereld staan alle landen rondom de Middellandse Zee twee tot zes extra weken met riciso op bosbranden te wachten. Daarbij zullen de gebieden die iets verder van de kust het binnenland in liggen het zwaarst getroffen worden, omdat de temperaturen daar het hoogste zijn. Noord-Afrika en het Midden-Oosten zullen vrijwel het hele jaar in de categorie 'brandgevaarlijk' vallen.

Deze branden zullen door verschroeiend hete temperaturen worden aangedreven. Het aantal dagen waarin het kwik boven de 30°C zal uitkomen loopt in Spanje, Zuid-Frankrijk, Turkije, Noord-Afrika en de Balkan naar verwachting op met vijf tot zes weken. Het aantal 'tropische nachten' waarin de temperatuur niet onder de 20°C komt gaat een hele maand omhoog, en de hele regio kan een extra vier zomerweken verwachten. Tevens wordt er een verdubbeling voorspeld van wat het onderzoek 'extreem hete dagen' noemt, terwijl gebieden rondom de Middellandse Zee kunnen uitzien naar drie tot vijf extra weken met 'hittegolven', gedefinieerd als dagen met een temperatuur boven de 35°C. Eilanden als Sardinië en Cyprus ontspringen de dans een beetje omdat de zee voor wat afkoeling zorgt.

Droogte zal de hoge temperaturen nog verergeren, waarbij sommige gebieden ten zuiden van de Middellandse Zee het wellicht met eenvijfde minder neerslag zullen moeten doen. Ook Spanje en Turkije zullen het flink te verduren krijgen, terwijl er meer naar het noorden gemiddeld 10 procent minder neerslag zal vallen en daarmee gepaard het aantal droge dagen met twee tot drie weken omhoog gaat. In Zuid-Frankrijk, Italië, Portugal en Noordwest-Spanje verwacht men dat het tot een volle maand langer droog kan blijven. Bovendien zal de seizoensgebondenheid van de neerslag veranderen en kiekeboe met de landbouw gaan spelen. Het vooruitzicht voor Zuid-Frankrijk en Spanje is bijvoorbeeld dat het droge seizoen drie weken eerder begint en twee weken eerder afloopt.

Airconditioning is misschien niet altijd een optie. Pieken in de vraag naar stroom gaan zich dan in het droogste deel van het jaar voordoen, wanneer het water in de reservoirs toch al laag staat. Wanneer waterkrachtcentrales daardoor gaan haperen, kan dat juist op het hoogtepunt van een hittegolf tot stroomuitval leiden. Toeristen, met name de ouderen onder hen, zullen er vanwege het risico op een zonnesteek weg moeten blijven; mensen uit het Middellandse Zeegebied zelf gaan 's zomers dan misschien liever naar Noord-Europa, op zoek naar koelte. Men zal van levensstijl moeten veranderen en misschien meer leefgewoontes moeten overnemen vanuit het Midden-Oosten en Noord-Afrika, om de hitte beter het hoofd te bieden.

Watergebrek zal rond de hele Middellandse Zee een voortdurend probleem worden, vooral omdat sommige van de droogste kustgebieden in Spanje en Italië ook tot de dichtstbevolkte streken behoren. Rijke Duitsers en Britten die met het idee spelen om in Spanje van hun pensioen te gaan genieten, kunnen maar het beste blijven zitten waar ze zitten. In een zinderende hitte en met weinig fris water om het hoofd koel te houden lokt de zon uiteindelijk misschien niet meer zo sterk. De massale beweging van de afgelopen tientallen jaren van mensen uit het noorden van Europa richting Middellandse Zee kan in de twee-gradenwereld wel eens andersom komen te liggen. Wanneer Saharaanse hittegolven de Mediterranee eenmaal overspoelen, zal men zich uiteindelijk massaal verdringen om weg te komen uit streken die door de temperatuur nauwelijks meer bewoonbaar zijn.

Het koraal en de ijskap

In 1998 maakten drie Canadese geologen een reis naar de Kaaimaneilanden. Niet om er te zonnebaden of geld wit te wassen – twee activiteiten waar de eilanden terecht beroemd om zijn – maar om onderzoek te doen aan een wonderlijk hoog kalksteenplateau in de buurt van Rogers Wreck bij het eiland Grand Cayman. Het plateau, dat onder geologen bekend staat als de Ironshore Formation, is ongeveer 20 meter dik en bevat lagen met koraal van honderdduizenden jaren oud. De formatie prikkelde de wetenschappelijke interesse van de Canadezen; als zij het koraal namelijk heel precies zouden kunnen dateren, zou de mate waarin het nu boven de zeespiegel uitsteekt hen helpen een mysterie te ontraadselen over de manier waarop de zeespiegel in het verleden is veranderd.

Tropische koraalriffen ontstaan in ondiepe zeeën, dus als oud koraal nu boven water ligt, zijn er maar twee verklaringen mogelijk: of het land is omhoog gekomen, of de zeespiegel is gedaald. Na minutieus onderzoek kwamen de drie wetenschappers – Jennifer Vezina, Brian Jones en Derek Ford van de afdeling Earth and Atmospheric Sciences van de University of Alberta – tot hun conclusie. Daarin sloten zij uit dat het land zou zijn opgetild, maar kwamen zij tot de slotsom dat de zeespiegel tijdens het afgelopen Eemien-interglaciaal vele meters hoger lag dan nu.

Deze conclusie sloot aan bij andere onderzoeken van over de hele wereld, die eveneens aangaven dat de zeespiegel tijdens het Eemien, 125.000 jaar geleden, 5 tot 6 meter boven het huidige niveau heeft gelegen. Destijds was de temperatuur wereldwijd ongeveer 1°C hoger dan nu (al lag die bij de noordpool wat hoger, vanwege het aanjagende effect aan de polen).* Dit roept opnieuw een vraag op: waar kwam al dat extra water vandaan?

De eerste verdachte was het ijsveld van West-Antarctica. Glaciologen vermoedden al lange tijd dat dit gevoelig kon zijn voor kleine temperatuurveranderingen en in totaal bevat het veld genoeg ijs om de zeespiegel wereldwijd vijf meter hoger te leggen. Daarom waarschuwde een artikel in *Nature* al in 1978 dat het ijsveld een "dreigende rampspoed" vormde. Zoals hoofstuk 4 uit de doeken zal doen, is deze

* De opwarming is wereldwijd niet overal gelijk. Als het gemiddeld 2°C warmer wordt, is dat aan de noordpool ergens tussen de 3,2 en 6,6°C en aan de evenaar juist beduidend minder.

waarschuwing vandaag de dag nog veel dringender. Pogingen om de teloorgang van het ijsveld in een model te stoppen liepen echter op niets uit en in 2000 werd er een hele nieuwe kandidaat aangewezen die een aandeel in de zeespiegelstijging zou hebben gehad: Groenland.

In zijn drie kilometer dikke massa bevat de ijskap van Groenland voldoende water om de zeespiegel wereldwijd maar liefst zeven meter omhoog te brengen en toen wetenschappers de ijskernen uit de top van het ijsveld bestudeerden kwamen ze tot een verrassende slotsom. Groenland is tijdens het Eemien inderdaad aanzienlijk gekrompen. Zoveel zelfs, dat het grootste deel van de landmassa in het zuiden en het westen duizenden jaren lang volledig ijsvrij is geweest. En recentelijk zijn er zowaar aanwijzingen gevonden dat er op Groenland ooit bossen groeiden op plekken die nu twee kilometer onder het ijs liggen. Overigens zou dit in een vroeger en iets warmer interglaciaal dan het Eemien geweest kunnen zijn. In elk geval zou de ijskap uit het Eemien, met een lagere top, steilere hellingen en een aanzienlijk ingekorte omtrek, destijds wereldwijd hebben bijgedragen aan een 4 tot 5,5 meter hogere zeespiegel. Samen met kleinere bijdragen van Antarctica en andere gletsjers, plus wat thermische uitzetting van het zeewater, leek dit de hoge zeespiegels te verklaren.

Het onderzoek deed een aantal academische voorhoofden fronsen, maar de volle betekenis ervan begon pas een paar jaar later door te dringen. Terugkijkend komt dit misschien als een verrassing. Het bevatte duidelijk bewijs dat er in een klimaat dat 1 à 2 graden warmer is dan nu, voldoende Groenlands ijs zou smelten om kuststeden over de hele wereld onder water te zetten – steden met tientallen miljoenen inwoners. En het was trouwens ook geen eenmalige zaak: recenter werk bevestigt dat de bijdrage van Groenland aan een hogere zeespiegel in het Eemien inderdaad ergens tussen de 2 en de 5 meter heeft gelegen.

Weliswaar concludeerde het rapport van het Intergovernmental Panel on Climate Change (IPCC) uit 2001 dat het

Groenlandse ijsveld onder hogere temperaturen uiteindelijk zou smelten, maar dat zou een kwestie van eeuwen, of zelfs van millennia zijn. In de voorspellingen van de zeespiegelstijging die in de 21e eeuw op 9 à 88 centimeter uitkwam, is maar een hele kleine bijdrage van Groenland verwerkt. Zoals dat gaat met waarschuwingen, werd deze niet verschrikkelijk urgent gevonden. De meeste mensen hebben er al moeite mee om zich druk te om wat er over 100 jaar gebeurt; ze bekommeren zich niet of hun verre nazaten in het jaar 3000 wel eens natte voeten zouden kunnen krijgen.

Er was één man die er anders over dacht, en dat was niet bepaald een of andere geitenwollensokkenfiguur waar men toch niet naar hoefde te luisteren. De nieuwe waarschuwing kwam van James Hansen, de NASA-wetenschapper wiens verklaring tegenover het Amerikaanse Congres in de hete zomer van 1988 zoveel indruk maakte dat de wereldwijde opwarming voor het eerst op de internationale agenda werd gezet. Hansen schreef een artikel, in zijn typerende recht-door-zee stijl, waarvan de titel luidde: "Kunnen wij de tijdbom van de wereldwijde opwarming onschadelijk maken?" Het werd later gepubliceerd in *Scientific American* en stelde de cruciale vraag: "Hoe snel zullen ijsvelden op de wereldwijde opwarming reageren?" Het artikel was kritisch over de verzekering van het IPCC dat het smelten van de ijskappen zelfs in een snel opwarmende wereld heel geleidelijk zou gaan – woorden waarvan Hansen meende dat die de urgentie van onze situatie verbloemden.

In plaats daarvan wees Hansen erop dat een mondiale temperatuurstijging van meer dan 1°C de ijskappen op de polen voldoende uit hun evenwicht zou kunnen brengen, om het zeeniveau veel verder omhoog te brengen dan de luttele 50 cm in het jaar 2100 die het IPCC als de meest waarschijnlijke optie beschouwt. Tegen het einde van de laatste ijstijd schoot de zeespiegel bijvoorbeeld elke twintig jaar een meter omhoog, over een periode van vierhonderd jaar, waarbij tropische koraalriffen in Hawaii verdronken en laag gelegen kusten onder water kwamen te staan. Deze dramatische overstroming, die door wetenschappers 'Meltwater Pulse 1a' is genoemd, deed zich 14.000 jaar geleden voor, toen de gigantische ijsvelden van de laatste ijstijd eindelijk afbrokkelden en plaats maakten voor het warmere Holoceen.

Wat eerder is gebeurd, kan opnieuw gebeuren, redeneerde Hansen, met name nu de atmosfeer inmiddels bol staat van de broeikasgassen, die voor het klimaat veel meer gevolgen hebben dan de minieme veranderingen in de baan van de aarde die de overgang van ijstijd naar interglaciaal bepalen. Net als in het verleden zouden toekomstige veranderingen in de ijsvelden wel eens – in Hansen's woorden – "explosief snel" kunnen zijn.

Niettemin kreeg Hansen weinig steun, althans tot het jaar daarop, toen een team Europese modellenschrijvers de kritische drempel voor het smelten van Groenland van een heus cijfer voorzag: 2,7°C. Dat was bovendien geen cijfer voor de *wereldwijde* opwarming, maar voor de *regionale* opwarming. Omdat de noordpool sneller opwarmt dan de aarde als geheel, zal dit omslagpunt op Groenland eerder worden bereikt dan gemiddeld wereldwijd; vanwege de versterking aan de pool, zo meldde een tweede onderzoeksteam, warmt Groenland 2,2 maal zo snel op als de rest van de wereld. Wanneer we het ene cijfer door het andere delen, zou de uitkomst in kuststeden over de hele wereld de alarmbellen moeten laten afgaan: Groenland zal onomkeerbaar aan het smelten slaan wanneer de mondiale temperatuurstijging eenmaal iets meer dan 1,2°C bedraagt.

Dat is het slechte nieuws. Het goede nieuws is dat het Groenlandse ijsveld volgens dit onderzoek maar heel langzaam, over duizenden jaren, inkrimpt tot een kleiner soort eiland. Met meer opwarming – regionaal bijvoorbeeld tot 8°C, als de uitstoot van broeikasgassen onverminderd door gaat – zal het ijsveld over de komende duizend jaar voor het grootste deel verdwijnen. Dat zou de mensheid nog steeds ruim voldoende tijd geven om zich voor te bereiden op de overstroming van de volle 7 meter, hoewel laag gelegen gebieden al veel eerder onder water zouden komen te staan.

Bovendien zal een deel van de afsmelting worden goedgemaakt door toenemende sneeuwval, die ervoor zorgt dat het ijs in het midden dikker wordt. Ook dat is een gevolg van stijgende temperaturen, omdat een warmere atmosfeer meer waterdamp kan bevatten. Veel van Antarctica en het binnenland van Groenland staan te boek als een 'poolwoestijn', omdat het er domweg te koud is om voor sneeuwval van enige betekenis te zorgen. Er zijn nu al aanwijzingen dat er zich op stukken van het Groenlandse ijsdek boven de hoogtelijn van 1.500 meter sneeuw en nieuw ijs aan het ophopen zijn; volgens één studie met 6 cm per jaar. Er is zelfs al gesuggereerd dat een dikker ijspakket op Groenland de stijgende zeespiegel zou kunnen compenseren.

Maar aanwijzingen uit de echte wereld spreken deze optimistische scenario's weer tegen en geven aan dat James Hansen het achteraf wel eens bij het rechte eind gehad kan hebben. De modellen waarop de voorspellingen over het smelten van het Groenlandse ijs gebaseerd zijn, werken met schattingen van het verschil tussen het water dat door afsmelting verloren gaat en het ijs dat aangroeit door toekomstige sneeuwval. Bij de dynamiek van een ijskap komt echter wel wat meer kijken dan alleen sneeuw en smeltwater. Er stromen voortdurend enorme hoeveelheden ijs vanuit het centrum van Groenland naar gigantische gletsjers; deze schuiven vervolgens door fjorden naar zee en zakken vandaar als ijsbergen in het water. Deze gletsjers kunnen de stabiliteit van het ijsveld in korte tijd beïnvloeden, maar in de modellen wordt er niet werkelijk rekening met ze gehouden. "De gangbare modellen behandelen het ijsveld alsof het gewoon een ijsklontje is dat daar ligt te smelten, en wij komen erachter dat het helemaal niet zo simpel is", zegt Ian Howat, een expert op het gebied van de Groenlandse gletsjers.

Met name is het zo dat wanneer het aan de oppervlakte verder afsmelt, er hele rivieren naar beneden duiken door verijsde putten, zogeheten *moulins*, tot op het gesteente onder het ijsveld. Dit smeltwater werkt vervolgens als een smeermiddel onder het ijs, waardoor de gletsjers nog sneller in de richting van de zee worden afgevoerd. Zoals één glacioloog aan *Nature* liet weten: "Langs de kust slinken alle gletsjers als gekken en ze verplaatsen zich ook sneller dan zou moeten. Veranderingen in gebieden aan de kust zullen zich heel snel landinwaarts verspreiden." Toen Byron Parizek en Richard Alley, twee glaciologen aan Penn State University in de Verenigde Staten, een eerste poging deden om het smeltwater als smeermiddel op te nemen in een ijsveldmodel, bleek dat dit de ijskap op Groenland inderdaad dunner maakte en meer bijdroeg aan het stijgen van de zeespiegel.

Waarnemingen met gps in de praktijk maken iets minder somber. Een onderzoek van het Instituut voor Marien en Atmosferisch onderzoek van de Universiteit Utrecht (IMAU) dat juli 2008 verscheen in *Science* rapporteert dat – ook al was de snelheid waarmee het ijs bewoog als reactie op extra ondergronds smeltwater soms zelfs het viervoudige – bekeken over een periode van 17 jaar de snelheid juist wat afnam. Dit suggereert dat het smeermiddel-effect van smeltwater zich zou beperken tot korte periodes en weinig gevolgen heeft op de tijdschaal van tientallen jaren.

Niet alleen de ijskap, ook de Groenlandse gletsjers veranderen veel sneller dan iemand had verwacht. De grootste wegstromende gletsjer op de hele landmassa, Jacobshavn Isbrae, gelegen in het zuidwesten, is zo groot dat hij in zijn eentje al een meetbaar effect heeft op het mondiale zeespiegelniveau. Van de stijging die optrad in de 20e eeuw nam hij 4 procent voor zijn rekening. Sinds 1997 is deze gigantische ijsrivier elk jaar 15 meter dunner geworden. Maar dat niet alleen, zijn bewegingssnelheid is tussen 1997 en 2003 meer dan verdubbeld, wat aangeeft dat er een grotere hoeveelheid Groenlands ijs de zee in wordt gezogen. En om deze abnormale verandering als het ware te benadrukken is het drijvende ijsveld van Jacobshavn Isbrae nu bijna helemaal uit elkaar gevallen tot een armada van ijsbergen langs de kust.

Ten oosten van de ijskap heeft ook een tweede gletsjer al dramatische veranderingen ondergaan. Een onderzoeksteam uit de Verenigde Staten onder leiding van Ian Howat bestudeerde aan de hand van satellietfoto's het gedrag van de Helheim-gletsjer tussen 2000 en 2005. Tot hun verbijstering ontdekten zij niet alleen dat het ijs sneller was gaan stromen, maar ook dat de gletsjer meer dan 40 meter dunner was geworden en zich een aantal kilometer dieper in de fjord had teruggetrokken. Ongeveer de helft van de slinking wordt veroorzaakt door afsmelting aan de oppervlakte; de laatste jaren zijn er steeds grotere delen van Groenland boven het vriespunt komen te liggen en is de ijsvlakte 's zomers bespikkeld met duizenden blauwe smeltwaterpoelen. Maar de rest hangt samen met de verhoogde stroomsnelheid van het ijs tot de ijzingwekkende snelheid van 11 kilometer per jaar.

Deze snellere stroming brengt meer ijs het dal in en maakt de gletsjer dunner, net zoals een elastiek dunner wordt als je het uitrekt. Door dit proces, dat inmiddels is overgenomen door gletsjers op de hele ijskap, worden miljarden tonnen meer ijs in de Noordelijke Atlantische Oceaan gedumpt en stijgt de zeespiegel nog verder. Volgens Howat heeft de slinking een "kritiek punt" bereikt, waarop "de dynamiek van de gletsjer drastisch is gaan veranderen". Zijn conclusie is vernietigend: "Als andere gletsjers op Groenland net zo reageren als de Helheim, dan zou dat de tijd waarin het Groenlandse ijsveld kan worden weggevaagd gemakkelijk kunnen halveren."

Andere onderzoekers zijn het met hem eens. In december 2005 sprak dr. Gordon Hamilton van de University of Maine op de herfstconferentie van de American Geophysical Union en daarbij maakte hij ook melding van "zeer dramatische veranderingen" in de Kangerdlugssuaq-gletsjer in het oosten van Groenland. Binnen één enkel jaar, tussen april 2004 en april 2005, verdubbelde deze enorme gletsjer zijn snelheid en trok zich tegelijkertijd bovendien 4 kilometer terug. Helheim en Kangerdlugssuaq hebben nu de snelheid verdubbeld waarmee zij samen ijs in de oceaan dumpen, van 50 tot 100 kubieke kilometers per jaar. Als andere grote gletsjers ook die kant op beginnen te gaan, zo waarschuwde dr. Hamilton, dan kon dat op Groenland wel eens "de stop eruit trekken".

De nieuwste gegevens laten echter zien dat nog niet alles verloren is. In maart 2007 rapporteerden Ian Howat en zijn collega's in het tijdschrift *Science* dat uitkomsten van hun laatste onderzoek iets geruststellender zijn. Hoewel zowel de Helheim- als de Kangerdlugssuaq-gletsjer in 2004 inderdaad met dubbele snelheid aan massa was kwijtgeraakt, zoals eerder werd gemeld, waren ze twee jaar later, in 2006, terug op een niveau dat weer wat normaler leek. Niettemin doen Martin Truffer en Mark Fahnestock in een artikel in *Science* van maart 2007 hun uiterste best om duidelijk te maken, dat deze meest recente verandering "niet betekent dat [de gletsjers] weer stabiel zijn". Beslist niet: "De vraag blijft of de veranderingen van de laatste vijf jaar het systeem als geheel kwetsbaarder hebben gemaakt." Het is zonneklaar dat deze reusachtige ijsrivieren beestachtig complex zijn en dat wetenschappers er nog een hele kluif aan hebben om ze te doorgronden.

Maar hoe individuele gletsjers zich ook gedragen, satellietstudies van de hele ijskap van Groenland geven wel degelijk aan dat er grote veranderingen voor de deur staan. Wetenschappers die werken aan het satellietprogramma GRACE (Gravity Recovery and Climate Experiment) meldden in november 2006 dat er grote verliezen zitten aan te komen. Terwijl het ijsdek in de jaren '90 de meeste tijd vermoedelijk in evenwicht was, raakte het tussen 2003 en 2005 elk jaar ongeveer 100 miljard ton ijs kwijt, genoeg om de zeespiegel wereldwijd 0,3 millimeter omhoog te brengen.

In ieder geval zet James Hansen zijn strijd voort om de wereld wakker te schudden voor de dreiging van smeltende ijskappen en hij maakte op karakteristieke wijze korte metten met pogingen van de regering Bush en van zijn bazen binnen NASA om hem de mond te snoeren. Toen de PR-afdeling van NASA hem opdroeg om geen lezingen meer te geven en niet meer met journalisten te praten zonder dat het materiaal eerst door hen was goedgekeurd, liep Hansen met het verhaal rechtstreeks naar de pers, wat in alle Amerikaanse media leidde tot beschamende koppen over "censuur bij NASA". Zelfs in gewichtige wetenschappelijke tijdschriften staan zijn publicaties inmiddels vol met krachttermen als "gevaarlijk" en "overstroming". Daarmee negeert hij de gangbare conventie dat wetenschappers zichzelf muilkorven met emotieloos jargon. Eén artikel dat Hansen in mei 2007 samen met vijf andere gezaghebbende auteurs publiceerde, waarschuwt in de samenvatting botweg dat "recente uitstoot van broeikasgassen de aarde gevaarlijk dicht bij een dramatische klimaatverandering brengen, die wij niet meer onder controle zouden kunnen krijgen en die grote gevaren voor mensen en andere levende wezens inhoudt". Een duidelijke vaststelling van de feiten, maar wel één waarop in de academische wandelgangen vermoedelijk met een frons is gereageerd.

Hansen's bewering dat de ijsvelden overal op aarde wel eens veel sneller in elkaar zouden kunnen storten dan het IPCC aangeeft, heeft echter wel degelijk een stevige natuurwetenschappelijke basis. Ter verklaring van de snelle verbrokkeling van ijsvelden die in de echte wereld tegen het einde van de laatste ijstijd plaatsvond, schetst hij een proces dat hij de 'albedo-flip' heeft genoemd. Iets dat, als het zich vandaag zou herhalen, de overgebleven ijskappen veel sneller de genadeklap zou kunnen toebrengen dan de conventionele voorspellingen aangeven. Deze albedo-flip werkt verontrustend eenvoudig. Als sneeuw en ijs smelten, worden ze nat en daarmee wordt het oppervlak donkerder zodat het meer zonlicht kan absorberen. Hierdoor stijgt de temperatuur nog sneller en dat leidt dan tot nog meer afsmelting: een klassiek geval van een positief feedbackmechanisme. De albedo-flip is volgens Hansen de reden dat de desintegratie van de ijsvelden wel eens "explosief snel" zou kunnen zijn en niet in een statig proces dat pas na duizenden jaren tot ontknoping komt. En aangezien grote stukken van Groenland en West-Antarctica 's zomers inmiddels al liggen te baden in het smeltwater, suggereert Hansen dat dit 'trigger-mechanisme' van donkere, natte sneeuw vandaag de dag sowieso al meespeelt.

Maar hoe snel zou de zeespiegel dan kunnen stijgen? Het IPCC-rapport uit 2007 oppert slechts 18 tot 59 centimeter voor deze eeuw – geruststellende cijfers voor wie dichtbij de kust woont. Er staat echter een kanttekening bij, waarin wordt toegegeven dat onzekerheden over de reactietijd van ijsvelden dit cijfer omhoog zouden kunnen brengen. Maar het zegt niet hoevéél hoger en in de wetenschappelijke gemeenschap heeft niemand anders het aangedurfd om daar een schatting van te maken. Niemand behalve alweer James Hansen, wiens eerdere waarschuwing uit 1988 aangeeft dat hij over een opmerkelijk vooruitziende blik beschikt. In een artikel getiteld 'Wetenschappelijke terughoudendheid en de zeespiegelstijging', in 2007 gepubliceerd in het gratis online tijdschrift *Environmental Research Letters*, leest hij zijn collega's de les omdat zij het zichzelf wel erg gemakkelijk hebben gemaakt en hebben geweigerd om ook maar iets te zeggen dat misschien "niet helemaal zou blijken te kloppen". "Naar mijn mening", zo stelt hij, "is er voldoende informatie om er zo goed als zeker van te zijn, dat het *business as usual*-scenario van het IPCC over de klimaatgevolgen op de tijdschaal van een eeuw tot een rampzalige zeespiegelstijging van meerdere meters zal leiden." Hij wijst erop dat als de snelheid waarmee de ijsvlaktes smelten elke tien jaar verdubbelt – wat een serieuze mogelijkheid is – de resulterende zeespiegelstijging in 2100 op 5 meter zal uitkomen.

Misschien moeten de waarschuwingen van James Hansen dus wat serieuzer genomen worden en dan met name zijn bezorgdheid dat de snelheid van afsmelting en de stijging van de zeespiegel in de komende eeuw dramatisch omhoog zouden kunnen schieten. Eén vroege waarschuwing is er al afgegeven. De zeespiegel stijgt momenteel met 3,3 millimeter per jaar – veel sneller dan de 2,2 millimeter die in het IPCC-rapport voorspeld is. Als, zoals volgens Hansen aannemelijk is, de snelheden van het afsmelten die tegen het einde van de laatste ijstijd optraden deze eeuw weer terug gaan komen, dan zou het hele ijsdek van Groenland binnen 140 jaar verdwenen kunnen zijn. De geografie van de kusten op de wereld zou er dan radicaal anders uitzien. Miami zou helemaal verdwijnen, net als het grootste deel van Manhattan. Het centrum van Londen, Antwerpen en de Randstad zouden onder water komen te staan. Ook Bangkok, Bombay en Shanghai zouden hun grondgebied grotendeels kwijtraken. Alles bij elkaar zou de halve mensheid naar hoger gelegen gebied moeten verhuizen en intussen zouden landschappen, gebouwen en monumenten die meer dan duizend jaar het middelpunt van de beschaving zijn geweest, geleidelijk door de zee worden verzwolgen.

Laatste halte voor ijsberen

Niet iedereen vindt de transformatie van de noordpool een slechte zaak. Zelfs nu het water van de smeltende Groenlandse ijsvlaktes afgutst, zou de klimaatverandering bovenin de wereld sommige mensen wel eens heel rijk kunnen maken. Pat Broe hoopt dat hij één van hen zal zijn. Als Amerikaanse ondernemer kocht Broe in 1997 de in verval geraakte Canadese haven van Churchill voor het vorstelijke bedrag van 7 dollar. Voor de minder dan duizend inwoners van dit kleurloze stadje is het leven hard geweest – ook al heeft het zichzelf omgedoopt tot "Wereldijsbeerhoofdstad".

Maar volgens Broe gaan ze er binnenkort een enorme klapper maken. Met het smelten van het poolijs zou het onaanzienlijke Churchill een belangrijk knooppunt kunnen worden op de lucratieve scheepsroutes die tussen Azië, Europa en Noord-Amerika zullen opengaan, door wateren die tot nu toe permanent bevroren zijn geweest. En dat is maar goed ook, want tegen de tijd dat deze vaarroutes in gebruik genomen zijn, moet de Wereldijsbeerhoofdstad op zoek naar een andere reden van bestaan, om de doodsimpele reden dat het ijs met ijsberen en al zal verdwijnen.

Dat het terugtrekken van de ijskap op de noordpool door de wereldwijde opwarming een nieuwe goudkoorts naar olie zal ontketenen, is geen grap. Deze zal nog meer fossiele brandstoffen op de wereldmarkt brengen die, eenmaal opgestookt, het probleem van klimaatverandering onvermijdelijk nog groter zullen maken. Volgens sommige schattingen ligt een kwart van de nog niet ontdekte wereldvoorraden gas en olie onder de Noordelijke IJszee, in gebieden waarin volgens de historische opvatting niet geboord kon worden vanwege de enorme ijsschotsen die er ronddrijven. Nu al worden er grote investeringen gedaan om deze economisch waardevolle hulpbron uit te baten. De Noorse regering geeft miljarden dollars uit om in de haven van Hammerfest, in het hoge noorden, een centrale voor vloeibaar aardgas te bouwen, en sinds de ontdekking van een gigantische gasbel in het Russische deel van de IJszee – geschat op het dubbele van de totale Canadese voorraad – vechten oliebaronnen elkaar op een onsmakelijke manier de tent uit om die toch maar samen met de Russische oliegigant Gazprom te mogen exploiteren. In de woorden van een energie-analist die in de *New York Times* werd aangehaald, is deze nieuwe stormloop op de Noordpool "het grote gevecht in een koud klimaat".

Op internationaal niveau zijn Canada, Denemarken, de Verenigde Staten, Noorwegen en Rusland als landen aan de Noordelijke IJszee druk in gevecht om de rechten op grondstoffen in 'hun' deel van de zeebodem vast te leggen. In augustus 2007 ondernam een Russische expeditie een wel heel brutale operatie landjepik. Deze stuurde een duikboot onder het ijs, plantte een roestvrije metalen vlag op de zeebodem, 4.000 meter onder de Noordpool en claimde daarmee het hele gebied en al zijn rijkdommen aan fossiele brandstoffen voor het moederland. "We zijn blij dat we een Russische vlag op de zeebodem hebben kunnen planten en het kan me niets verdommen wat een paar buitenlanders ervan vindt", verklaarde Artur Chilingarov, leider van de expeditie, uit de hoogte toen hij in Moskou als held ontvangen werd, compleet met champagne en gezwollen taal van Kremlin-gezinde jeugdorganisaties. En de onbedoelde ironie werd tot onwaarschijnlijke hoogtes opgestuwd toen de zegevierende Chiligarov vervolgens, onder begeleiding van een militaire fanfare, een grote knuffelijsbeer kreeg uitgereikt, het symbool van de Poetin-gezinde partij Verenigd Rusland, waarvan hij afgevaardigde is. Het Amerikaanse State Department was echter bestudeerd onaangedaan: "Een metalen vlag, een rubberen vlag of een beddelaken op de oceaanbodem... heeft geen enkele juridische status", liet een woordvoerder aan Reuters weten. "Je kunt niet zomaar overal op de wereld vlaggen planten en zeggen 'Dit is ons grondgebied'", klaagde de Canadese minister van Buitenlandse Zaken geërgerd, Rusland ervan beschuldigend zich te gedragen als een vijftiende-eeuwse koloniaal.

Tegen dit soort harteloze economische geldingsdrang kunnen echte ijsberen niet op. De ijsbeer, *Ursus maritimus*, zit met een navelstreng aan de zee vast. Volwassen ijsberen brengen het grootste deel van hun leven op het ijs door, op jacht naar zeehonden en andere prooidieren, en kunnen jaarlijks duizenden kilometers over de poolzeeën afleggen. In elk opzicht zijn het buitengewone dieren. Met twee bontlagen over 10 centimeter spek raken ijsberen praktisch geen warmte kwijt, ook niet bij de allerlaagste temperaturen. Gelukkig maar, want soms moet een beer naast een ademgat dagenlang stil liggen wachten, voordat hij vijf seconden de kans krijgt om een zeehond te grijpen.

IJsberen die in de ijsvrije zomer ergens op het land stranden gaan magere tijden tegemoet, waarin er alleen bessen, zeewier, oude karkassen en menselijk afval te eten is. Hoe vroeger het ijs in de lente in stukken breekt, hoe minder kans de beren hebben om vóór de magere zomermaanden hun reserves aan te vullen. Eén wetenschappelijk onderzoek heeft al laten zien dat ijsberen in Hudson Bay in jaren waarin het ijs vroeger opbreekt in slechtere conditie zijn. Er worden minder welpen geboren en er overleven er ook minder. Het is duidelijk wat dit betekent: het terugtrekkende ijs kan voor ijsberen alleen maar slecht nieuws zijn, ook al is het goed nieuws voor oliemaatschappijen en pragmatisch aangelegde Amerikaanse ondernemers.

Maar minder pakijs is nu precies wat elke afzonderlijke voorspelling in petto heeft. Weliswaar verschillen de modellen onderling over wanneer het permanente zomerijs nu precies van de pool verdwenen zal zijn, maar over de richting van de verandering bestaat geen onenigheid. Een onderzoek van NASA-wetenschapper Josefino Comiso keek specifiek naar de hoeveelheid ijs die er in een twee-gradenwereld zou kunnen overblijven. En hij concludeerde dat er ten noorden van Canada, Alaska en Siberië misschien al in 2025 enorme stukken water ijsvrij zullen zijn. Op sommige plaatsen zal dan nog wel het hele jaar ijs liggen, maar elke zomer wordt de oppervlakte daarvan kleiner en kleiner. Hierdoor zouden de ijsberen op een steeds kleiner stuk tussen het noorden van Groenland en de Noordpool bij elkaar gedreven worden, of op het land terechtkomen en daar verhongeren. De Arctic Climate Impact Assessment kwam in 2004 tot de onheilspellende slotsom: “Het is moeilijk voor te stellen dat de ijsbeer als diersoort zou overleven in een scenario met nul pakijs in de zomer.”

IJsberen zijn trouwens niet de enige soort die hierdoor getroffen zou worden. De ringelrob, of kleine zeehond, vormt hun voornaamste bron van voedsel, en brengt ook zijn hele leven op of onder het pakijs door. En ook walrussen hebben ijs nodig in de buurt van land, in ondiepe zee; zij duiken van stukken pakijs af om voedsel op de bodem te zoeken. Als de overblijvende gebieden met pakijs vorbij de rand van het continentale plat afdrijven, wordt de zee voor walrussen te diep om nog voedsel te kunnen vinden. En ook deze veranderingen zijn al realiteit aan het worden; in Alaska meldden jagers die op open zee werken, dat wanhopige walrussen bij hen aan boord probeerden te klimmen, omdat ze hun witte boten aanzagen voor stukken van het verdwenen drijfijs.

In feite zal met het stijgen van de temperatuur en het achteruitgaan van het pakijs de hele voedselkringloop veranderen, van het plankton dat in zee de primaire producent vormt, tot de vissen, vogels en zoogdieren. Op het land gaan rendieren massaal de hongerdood tegemoet wanneer er in plaats van sneeuw ijskoude regen gaat vallen, die de planten die zij afgrazen inpakt in een dikke laag ijs. Sommige vogelsoorten, zoals de keizergans, zullen volgens voorspellingen meer dan de helft van hun leefgebied kwijtraken. Ook zoetwatervissen als de beekridder, de vlagzalm en de snoek zullen door het warmere water achteruitgaan. Hoewel warmte-minnende soorten er voordeel van hebben en verder naar het noorden zullen trekken, zullen noordpool-soorten die aan de kou zijn aangepast in hun bestaan worden bedreigd en misschien niet aan uitsterving kunnen ontkomen.

Ook het landschap zelf zal veranderen. Een recent onderzoek simuleerde de invloed van een wereldwijde opwarming van 2°C op vegetatietypes op de Noordpool en daaruit bleek dat de toendra vrijwel helemaal verdwijnt en steeds verder naar de noordkust van Alaska, Canada en Siberië wordt gedrukt, terwijl de bossen oprukken. Zelfs op Groenland zullen bomen gaan groeien. De koude toendra met mossen en korstmossen zal vrijwel geheel uitsterven, waarbij de laatste stukjes zich alleen nog op de hoogste bergtoppen en de meest noordelijk gelegen eilanden in leven zullen weten te houden. De grens van de permafrost trekt zich honderden kilometers naar het noorden terug en door het ontdooien van de bodem zullen bossen, gebouwen en berghellingen hun stabiliteit verliezen.

En opnieuw is de 'arctische aanjager' van de wereldwijde opwarming de boosdoener. Deze houdt in dat een temperatuurstijging van wereldwijd 2°C tegen het jaar 2050 op de noordpool tot een opwarming leidt van ergens tussen de 3,2 en 6,6°C. De snelheid van die verschuiving zou *minimaal* een halve graad per tien jaar zijn en maximaal anderhalve graad. Zo'n snelle opwarming slaat niet alleen alles dat de regio de laatste honderdduizenden jaren heeft meegemaakt, maar gaat bovendien het tempo te boven waarin planten, dieren en ook mensen zich kunnen aanpassen. Ze zullen allemaal moeten vechten om de komende eeuw te overleven.

Door het opwarmende klimaat zullen arctische volken, die natuurlijk net als de rest van ons deel uitmaken van de uiterst talrijke *homo sapiens*, als soort beslist geen gevaar lopen. Op cultureel niveau zullen zij echter wel bedreigd worden. Zoals een Canadese krant opmerkte mogen de Inuit dan wel twintig woorden voor sneeuw hebben, maar in het geval van 'klimaatverandering' en 'broeikasgas' schiet hun vocabulaire tekort. Ze hebben overigens wel een woord voor 'gek weer': *uggianaqtuq*, wat zoveel wil zeggen als 'onverwacht gedrag'.

Het gaat echter om veel meer dan woorden. Leefwijzen die duizenden jaren afhankelijk zijn geweest van de voorspelbare afwisseling van seizoenen zullen ernstig uit evenwicht raken wanneer de winter hier zijn greep verslapt en de traditionele voedselbronnen verdwijnen. Zoals opperhoofd Gary Harrison in december 2005 in Montreal op de VN-conferentie over klimaatverandering zei: "De inheemse bewoners van het noordpoolgebied worden bedreigd door het uitsterven, of de catastrofale achteruitgang van hele populaties vogels, vissen en zoogdieren, inclusief soorten als rendieren, zeehonden en vissen die voor onze voedselzekerheid van levensbelang zijn. De klimaatverandering dreigt ons onze rechten te ontnemen – onze rechten om onszelf in leven te houden zoals we dat duizenden jaren hebben gedaan."

Anders dan planten en dieren kunnen de menselijke inheemse inwoners van het arctische gebied terugvechten. De Inuit-leidster Sheila Watt-Cloutier diende onlangs een petitie in bij de Inter-American Commission on Human Rights, waarin zij namens alle Inuit eist om te worden verlost van "schendingen die voortkomen uit de wereldwijde opwarming, die het gevolg is van handelingen en nalatigheden van de Verenigde Staten". Onder de ondertekenaars waren ook bewoners van Shishmaref, het dorp in Alaska dat ik bezocht voor *Het nieuwe weer*, om daar te zien hoe het verdwijnende pakijs de gemeenschap in zijn bestaan bedreigt doordat de kust er steeds sneller erodeert.

Het 130 pagina's tellende document wijst erop dat de gevolgen van de klimaatverandering "de fundamentele mensenrechten van de Inuit schenden, die worden beschermd door de Amerikaanse Verklaring inzake de Rechten en Plichten van de Mens, en andere, internationale instrumenten. Deze omvatten hun rechten op de baten van cultuur, op bezit, op gezondheid, leven, lichamelijke integriteit, veiligheid en een middel van bestaan, en op een woonplaats, vrije beweging, en onschendbaarheid van de woning." De Inuit zijn niet als vele anderen op de wereld het contact met hun omgeving kwijtgeraakt en zij weten wat er op het spel staat.

Zomer in India

We kunnen echter rustig stellen dat er in het huidige India maar weinig mensen zijn die, anders dan de Inuit, zich ook maar iets aantrekken van de wereldwijde opwarming. Eén van de uitzonderingen, Rajendra Pachauri, de huidige voorzitter van het Intergovernmental Panel on Climate Change, heeft als vooraanstaand figuur zijn stem laten horen om het bewustzijn over de dreigende klimaatverandering te vergroten. Maar zelfs hij krijgt met de harde werkelijkheid te maken. "Het is duidelijk, dat het voor het Indiase publiek onaanvaardbaar is om op dit moment dingen te doen die duur zijn en onze economische groei afremmen, alleen om de uitstoot van broeikasgassen te verminderen", zo gaf Pachauri onlangs toe.

Als één van de weinige Indiërs die nog steeds Gandhi's bijnaam citeren – "*Be the change you want to see in the world*" – onderscheidt Pachauri zich mede omdat hij nadenkt over dingen, terwijl het hele land zich blindelings op de jacht naar rijkdom heeft gestort. Met miljoenen tegelijk koopt de succesvolle middenklasse auto's, koelkasten en airconditioners, en intussen stijgt India's uitstoot met 3 procent per jaar en zal het olieverbruik volgens de verwachting in 2010 zijn opgelopen tot 1,8 miljoen vaten per dag. In 2001 ging India Japan voorbij als de nummer vier van de grootste olieverbruikers ter wereld. Maar bij zulke enorme cijfers vertrekt de Indiase overheid geen spier. "Op geen enkele manier hoeft iemand te verwachten dat landen als India de komende 20 tot 25 jaar hun uitstoot zullen beperken", liet S.K. Joshi, een hogere ambtenaar van het ministerie van milieu Reuters onlangs weten.

Joshi moet de vergadering in september 2005 hebben gemist die zijn eigen ministerie had georganiseerd, samen met het Britse Department of Environment, Food and Rural Affairs, waarin een aantal van de voor India voorspelde gevolgen van de wereldwijde opwarming werden geschetst. Studies in opdracht van beide regeringen voorzien bij twee graden opwarming een daling van de landbouwproductie van zowel tarwe als rijst op het grootste deel van de landbouwgronden, namelijk die welke niet geïrrigeerd worden. Ook worden er verschuivingen in de verschillende bostypes verwacht, inclusief grootschalige bossterfte, met name in de traditionele bossavannes. Dat zou ontstellende gevolgen hebben voor de 200.000 dorpen die in, of in de buurt van het bos liggen, en die voor het levensonderhoud van hun inwoners daarvan grotendeels afhankelijk zijn.

Het onderzoek bevestigt een eerdere studie, die in 2001 werd gepubliceerd, en bij een wereldwijde opwarming van twee graden aanzienlijke gevolgen voor de landbouwsector in India voorspelde. De tarweproductie in de noordelijke staten Haryana, Punjab en westelijk Uttar Pradesh zou het ergst worden getroffen. Sommige staten als West-Bengalen zouden erop vooruit gaan, maar in mindere mate. Per saldo zou het hele land 9 procent minder opbrengsten hebben. Voor een land met een groeiende bevolking zouden de consequenties voor de voedselzekerheid dus zonder meer ernstig zijn.

Deze veranderingen worden versterkt door bredere meteorologische verschuivingen die eveneens samenhangen met de stijgende temperaturen. Daaronder zijn een intensivering van de moesson en steeds ernstiger overstromingen. Bovendien kan India te maken krijgen met een toestroom van vluchtelingen, omdat haar buurlanden ook zo hun klimaatproblemen hebben. Het dichtbevolkte buurland Bangladesh zal buitenproportioneel te lijden hebben van de sterkere moesson. Het land krijgt elk jaar al tweeëneenhalve meter neerslag, waardoor 30 tot 70 procent van zijn grondgebied onder water komt te staan, zelfs in het huidige 'normale' klimaat. Wanneer er nog zwaardere buien in nog hardere stormen gaan vallen, zullen in de moessontijd miljoenen mensen door overstromingen van huis en haard worden verjaagd. En als hun huizen herhaaldelijk wegspoelen, is dat misschien wel voorgoed en worden ze gedwongen om ergens anders heen te trekken.

Al kan het van jaar tot jaar enorm verschillen, de totale hoeveelheid neerslag die in India tijdens de moessontijd valt, is volgens wetenschappelijk onderzoek de laatste vijftig jaar ongeveer op hetzelfde niveau gebleven. Maar de wereldwijde opwarming heeft al wel invloed; deze drijft de frequentie van zware stortbuien op en brengt het aantal zachtere regenbuien in de moessontijd omlaag. Een groter deel van de jaarlijkse neerslag valt in hevige onweersbuien en grote overstromingen komen nu al vaker voor; de komende tientallen jaren zal die frequentie nog verder stijgen. Dit soort regen valt nadat de hemel zonder veel waarschuwing ineens openbreekt. Plotselinge overstromingen veroorzaken vaak aardverschuivingen en spoelen huizen en dorpen weg wanneer rivieren buiten hun oevers treden, soms al binnen een paar minuten nadat een wolkbreuk is begonnen. Met nauwelijks enige waarschuwing voor een aanstormende ramp, krijgen de mensen minder tijd om zichzelf en hun familie in veiligheid te brengen. Zodoende zal met de snelheid van de wereldwijde opwarming ook het dodencijfer van overstromingen wel omhoog gaan.

Ook in Nepal zal veel water een probleem gaan vormen, al is dat water dan afkomstig van een heel ander soort bron. Hoog in de Himalaya liggen de machtige gletsjers te smelten en het smeltwater dat zij produceren heeft de neiging om te blijven staan achter de muren van het puin dat achterblijft wanneer het ijs zich terugtrekt. Daarbij onstaan talloze nieuwe gletsjermeren, die achter hun onstabiele wanden enorme hoeveelheden water bevatten. Wanneer die scheuren, kunnen er rampzalige modderstromen op gang komen, die de rivierdalen in denderen en soms over een afstand van 200 kilometer alles op hun pad wegvagen. In 1985 stortte zich een 10 meter hoge muur van water vanuit een gebarsten gletsjermeer naar beneden in de rivieren Bhote Koshi en Dudh Koshi, vernielde een waterkrachtcentrale, 14 bruggen en 30 huizen, en ondermijnde bij Lukla de Everest-landingsbaan. Een onderzoek in 2000 vond 20 van zulke meren die ieder moment voor een overstroming zouden kunnen zorgen en in de twee-gradenwereld zal dat aantal nog aanzienlijk hoger komen te liggen.

De afsmelting in de bergen zal echter op de lange termijn voor een verraderlijker, maar veel ernstiger effect gaan zorgen. Wanneer de gletsjers bijna overal verdwijnen en alleen op de allerhoogste toppen overblijven, zal hun smeltwater niet langer de reusachtige rivieren voeden, die de honderden miljoenen inwoners van het Indiase subcontinent van onontbeerlijk drinkwater voorzien. Het gevolg zal watergebrek en honger zijn, waardoor de hele regio gedestabiliseerd zal raken, zoals het volgende hoofdstuk laat zien. En dit keer zal niet India, Nepal of Bangladesh het epicentrum van de rampspoed zijn, maar het van kernwapens voorziene Pakistan.

Het smeltpunt van Peru

Domweg door hun omvang en hoogte zullen de immense Himalaya-gletsjers niet binnen de kortste keren verdwenen zijn. Voor de kwetsbaarder ijsvelden in de Andes geldt echter een andere realiteit. Hier heeft de wereldwijde opwarming over de afgelopen dertig jaar de oppervlakte die door gletsjers is bedekt al met een kwart teruggebracht. Lonnie Thompson, de klimaat-pionier die ijskernen uit de top van de Kilimanjaro haalde, is ook jaren aan het boren geweest op de unieke Quelccaya-ijskap in de bergen van Oost-Peru. Toen hij er in 1976 voor het eerst in het ijs boorde, vond Thompson duidelijke jaarlaagjes die teruggingen tot 1.500 jaar geleden. Maar toen hij er begin jaren '90 terugkeerde, waren de bovenste en jongste lagen al vernietigd door langsstromend smeltwater. Somber stelde hij vast dat de robuuste berg die meer dan duizend jaar permanent bevroren was geweest, nu aan het afsmelten was.

De Peruviaanse hoofdstad Lima ziet er niet uit alsof het voor zijn drinkwater van de hooglanden afhankelijk is. Lima ligt op de kale kuststrook van het land en de dichtsbijzijnde bergen zijn volstrekt desolate woestenijen van rots en zand, waarop nog geen sprietje gras in leven blijft, laat staan een hele stad. Hoe kan het dan dat Lima overleeft in één van de droogste woestijnen ter wereld? In elk geval niet door de regen: de onbeduidende 23 millimeter neerslag per jaar valt uitsluitend in de vorm van een koude motregen, die onmiddellijk verdampt zodra de zon zich laat zien. Nee, het antwoord komt in beeld als je de snelweg volgt, die langs het diepe dal van de rivier de Rimac het binnenland in loopt. De zongeroosterde bergwoestijn gaat al snel over in grasland en vervolgens in besneeuwde toppen, waarvan sommige uitstijgen boven de 5.500 meter – hoog genoeg om mij door middel van hoogteziekte een bijna-doodervaring te geven toen ik er onbezonnen in de buurt kwam, zoals ik in *Het nieuwe weer* onthuld heb. Deze verijsde bergen vormen de watertorens van Lima – natuurlijke voorraden in de lucht. Zij laten de Rimac het hele droge Andes-seizoen stromen, zelfs als er hoog in de bergen weinig sneeuw of regen valt.

Vreemd genoeg is er, voor zover ik weet, nooit onderzoek gedaan naar de vermoedelijke gevolgen van twee of meer graden wereldwijde opwarming voor de gletsjers die Lima in leven houden. Andere afwateringsgebieden in de Peruviaanse Andes zijn echter wel nauwkeurig bestudeerd, zoals van de Rio Santa. Deze voert het water af van de Cordillera Blanca-keten, waarin ook de 6.768 meter hoge Huascarán ligt, de hoogste top van Peru, waar Lonnie Thompson één van zijn ijsboringsavonturen beleefde. Volgens een Oostenrijks-Peruaans hydrologisch onderzoek is de Rio Santa in het droge seizoen voor zijn afwatering vrijwel geheel afhankelijk van gletsjerwater. Benedenstrooms van het hooggebergte wordt het rivierwater in de spectaculaire Canyon del Pato door hydro-elektrische turbines gevoerd en daarbij produceert het 5 procent van de landelijke stroomvoorziening. Op de verder zo droge kustvlakte bevloeit het bovendien aanzienlijke akkergebieden van maïs, meloenen en suikerriet. Ook de inwoners van de kuststeden Chimbote en Trujillo (meer dan een miljoen) zijn voor hun drinkwater afhankelijk van de Santa.

Tegen het jaar 2050 zullen de gletsjers in de Cordillera Blanca echter met 40 tot 60 procent geslonken zijn, zo voorspelt een tweede onderzoek door twee van dezelfde auteurs. Hun model voorziet dat de afsmelting van de gletsjers tegen die tijd met bijna de helft zal zijn teruggelopen, wat de aanvoer van water tijdens het droge seizoen drastisch zal verminderen. In dat stadium zullen de Peruviaanse autoriteiten voor een paar moeilijke beslissingen komen te staan. Moeten ze water in die paar kunstmatige meren laten lopen om de opwekking van waterkracht op peil te houden? Of moet er water worden opgeslagen zodat de voorraden voor de stad niet opraken? Tegen die tijd zal de landbouwproductie op een laag pitje staan en enorme werkloosheid veroorzaken, terwijl de geïrrigeerde kustvlaktes opnieuw de woestijn worden die ze ooit zijn geweest.

De vroege geschiedenis van Peru verbergt wellicht een paar geheimen in dezelfde trant. Vanaf Trujillo langs de kust naar het noorden ligt de Jequetepeque-vallei, de plek waar de grote pre-Columbiaanse culturen van de Moche (200–800 AD) en Chimu (1100–1470 AD) bestonden, die beide enorme oppervlaktes bebouwden op de nu woeste valleibodem. Ook bouwden ze netwerken van irrigatiekanalen en aquaducten om het schaarse water uit de veraf gelegen bergen aan te voeren en trokken windschermen op in de woestijn om te voorkomen dat de wandelende duinen hun akkers en huizen zouden bedelven. Beide beschavingen wisten de overstromingen het hoofd te bieden die samenhingen met de periodieke komst van El Niño en leerden zelfs om nog één of meer oogsten te halen van de natte stukjes land die het overstromingswater achterliet.

Maar tegen droogte waren ze niet opgewassen. Hogerop in de loop van de Jequetepeque zijn geen gletsjers en daarom is de rivier voor een regelmatige aanvoer geheel aangewezen op de regen die in de hooglanden valt. Een deel van de aanvoer in het droge seizoen wordt gebufferd door meertjes en moerassen, die net als ijs het water doorgaans langzaam afgeven. Maar als de regens te lang uitblijven, droogt de rivier op en komen de mensen zonder water te zitten – zonder drinkwater en zonder water voor hun gewassen. Kort geleden vonden archeologen duidelijke aanwijzingen dat de terugkerende noodsituaties die de Chimu- en Moche-volken overrompelden direct met droogte te maken hadden. Wanneer de regen uitbleef en de rivier opdroogde, barstte de hel volledig los. Het gevolg was een jammerlijke puinhoop van oorlog, migratie en uiteindelijke instorting van de samenleving.

De huidige stedelijke samenlevingen zijn uiteraard heel anders dan de stelsels die de Chimu en de Moche in elkaar hadden gezet. Op haar hoogtepunt telde de hele Moche-beschaving, verspreid over verschillende kustvalleien, slechts rond de half miljoen mensen. Vandaag de dag heeft Lima er ongeveer 8 miljoen, eenderde van Peru's totale bevolking, verspreid over een enorm gebied; velen van hen schrapen een bestaan bij elkaar in de straatarme sloppenwijken die zich uitzaaien in de heuvels rondom de stad. De Moche hadden dan wel kanalen en aquaducten, maar ze hadden nooit kunnen dromen van het soort infrastructuur voor water die in een stad vandaag de dag als normaal wordt beschouwd. Toen ik in 2002 in Peru was, ging ik langs bij het hypermoderne gebouw van SEDAPAL, het drinkwaterbedrijf van Lima, aan de rand van de stad. Ondanks SEDAPAL's voortdurende financiële problemen draaide de boel gewoon door en werd er vanuit reusachtige overdekte reservoirs, die eruit zagen als Olympische zwemhallen, kristalhelder water naar verschillende delen van de stad gepompt.

Maar SEDAPAL heeft een probleem. Het smeltwater waarvan de Rimac afhankelijk is, is afkomstig uit de bergketen Cordillera Central in het binnenland en deze is lager dan de veel meer vergletsjerde Cordillera Blanca; zelfs de hoogste pieken halen maar net de 5.500 meter. De gletsjers zijn er maar klein, en deze worden niet gevoed door uitgestrekte sneeuwvlaktes. SEDAPAL heeft reservoirs gebouwd om regen op te vangen in het natte seizoen, maar geschikte plekken zijn er daarvoor maar weinig, net als financiële middelen.

Het is moeilijk voor te stellen dat er in de twee-gradenwereld überhaupt nog gletsjers in de Cordillera Central zouden zijn. Zelfs de ruwste berekening die iedereen zo kan maken laat zien dat er onheil dreigt. Een vuistregel is dat elke graad temperatuurstijging de vorstgrens 150 meter hoger legt. Als we dus het mondiale gemiddelde naar de Andes extrapoleren, zal de vorstgrens – en daarmee de gletsjer – zich 300 meter naar boven hebben teruggetrokken. Op dit moment komen gletsjers alleen boven de 5.000 meter voor, dus dan zal er alleen nog boven de 5.300 meter ijs te vinden zijn. Dat betekent dat tegen de tijd dat de temperatuur wereldwijd twee graden hoger ligt er alleen op de allerhoogste toppen nog hele kleine vergletsjerde stukjes over zijn. En in feite is de situatie nog ernstiger dan zo'n ruwe berekening aangeeft. Dankzij een grilligheid in de atmosferische natuurkunde stijgt de temperatuur in de bergen namelijk boven het wereldwijde gemiddelde. Het komt erop neer dat de temperatuur sneller stijgt naarmate je hoger in de atmosfeer komt. (Een onderzoek uit 2008 in het tijdschrift *Geophysical Research Letters* bevestigt dat de positieve feedback van smeltend ijs die geldt voor de polen, ook van toepassing is op bergen – waar de sneeuw zich terugtrekt is er minder weerspiegelend oppervlak en vindt verdere opwarming plaats.) In de tropische Andes stijgt de temperatuur nu al twee keer zo snel en dat komt nog eens bovenop de snelle afsmelting die al gaande is. Er is maar één conclusie mogelijk: de natuurlijk watertorens van Lima zijn tot opdroging gedoemd.

Overigens is Lima niet de enige grote stad in de regio die grotendeels van smeltwater afhankelijk is. Ook Peru's buurlanden Ecuador en Bolivia overleven dankzij het smeltwater van hun vergletsjerde bergen. Quito, de hoofdstad van Ecuador, krijgt op dit moment een deel van zijn drinkwater van een gletsjer op een nabij gelegen vulkaan, de Antisana genaamd – waarop, zoals elders in de Andes, het ijs snel aan het slinken is. Al deze landen zijn ook voor hun stroomvoorziening afhankelijk van water in de bergen en als de rivieren in toekomstige droge seizoenen droog vallen, zal de bevolking lijden onder langdurig tekortschietende stroomvoorziening en zullen er alternatieve bronnen gevonden moeten worden, misschien door fossiele brandstoffen te gebruiken.

Hoe moeten de inwoners van een stad als Lima hiermee omgaan? De ervaring leert dat de armsten het eerst getroffen worden. De rijken kunnen het zich misschien veroorloven om duur, gebotteld water te kopen, dat per vrachtwagen van veraf wordt aangevoerd, water dat per pijpleiding vanuit de bergen wordt gehaald, of misschien uit een ontziltingsinstallatie wordt geperst die voor de armen te duur zou zijn. Ook de landbouw zou eronder lijden en daardoor zouden in het hele kustgebied honderdduizenden mensen werkloos raken. En als er langdurig tekort aan water zou ontstaan, raken de straten van Lima misschien wel leeg, in een vreemd soort omgekeerde migratie. In plaats van naar de stad te komen, gaan mensen misschien wel terug naar hun bergdorpen, waar nog wel water is en waar ook nog gewassen te verbouwen zijn. De invloed van de stad zou sterk afnemen en de helft van Peru's bevolking die nu in de woestijn leeft zou gedwongen zijn om de bergen in te trekken – er vanuit gaand dat er ruimte en landbouwgrond voor hen te vinden zou zijn. Daarbij zullen waarschijnlijk onder vluchtelingen grote onlusten ontstaan en wijdverbreide conflicten tussen verschillende gebruikers van het water als van de rivier nog slechts druppelend stroompje over is. Het geografische plaatje van de beschaving van het Peruviaanse kustgebied zal er heel anders uitzien als de hoge Andes-gletsjers er eenmaal niet meer zijn.

Zon en sneeuw in Californië

Omdat het buiten Alaska geen gletsjers heeft zou de Verenigde Staten kunnen denken dat het immuun is voor de watercrisis waar Peru mee te maken krijgt. Maar daarin heeft ze ten enen male ongelijk. Kleine en grote steden langs de hele Amerikaanse westkust zijn in grote mate afhankelijk van bevroren water in de bergen – al is het dit keer niet van gletsjerijs, maar van sneeuw in de winter. In de grote rivierbekkens in Californië, Washington en Oregon ligt in de lente en het begin van de zomer veel meer water opgeslagen in het sneeuwdek dan in kunstmatige stuwmeren. Die sneeuw fungeert als een natuurlijke voorraad, waarin de neerslag in de winter wordt vastgehouden en in de drogere maanden van het jaar, wanneer de sneeuw geleidelijk smelt, langzaam wordt afgegeven. Maar als de mondiale en regionale temperaturen de komende decennia omhoog klimmen, zal er 's winters in de Sierra Nevada en de Rocky Mountains steeds vaker regen vallen, en geen sneeuw. Dat is niet zomaar slecht nieuws voor de ski-industrie, dat is slecht nieuws voor iedereen die 's zomers zijn kraan wil opendraaien en er fris water uit wil zien stromen.

Zelfs in het huidige klimaat staat de watervoorziening in het droge westen van de VS op springen. Ondanks al zijn stuwdammen en irrigatiekanalen is de rivier de Colorado leeggezogen tegen de tijd dat hij de Golf van Californië bereikt; de meeste tijd komt er geen druppel water bij zee aan. (Wat ooit een productief wetland-ecosysteem was met moerassen, vogels en vissen is als gevolg daarvan vrijwel geheel vernietigd.) Het water van de Colorado wordt niet slechts gebruikt om golfbanen in Las Vegas te bevloeien; het voorziet ook grote delen van Zuid-Californië en Arizona van drinkwater en waterkracht. Er zijn tussen verschillende staten al gevechten over uitgebroken: in augustus 2005 ging men in Salt Lake City de straat op om te protesteren tegen een plan van de Southern Nevada Water Authority om grondwater voor Las Vegas via 800 kilometer pijpleiding naar het zuiden te pompen.

Het water van de San Joaquin wordt afgetapt om in Californië de vruchtbare akkers van de Central Valley te irrigeren en langs zijn natuurlijke bedding haalt de rivier maar net de zee. Zoals een journalist van Associated Press stelde: "Waar het eens ritselde van de koningszalmen, wordt de rivierbedding nu bewoond door hagedissen en tumbleweeds en staat hij soms jaren achter elkaar droog." De rivier voedt nu geen zalmen meer, maar sinaasappelbomen: 80 procent van de Amerikaanse handsinaasappels worden in deze staat geteeld. En met grote steden als Los Angeles en Sacramento die voor hun water allemaal afhankelijk zijn van een netwerk van pijpleidingen en kanalen is de hydrologie van Californië eerder het reusachtige werk van een loodgieter, dan een stelsel van natuurlijke rivierdalen.

Maar hoe uitgekookt de staats-wateringenieurs ook mogen zijn, wanneer de wereld warmer blijft worden, gaan ze het nog heel moeilijk krijgen om de botsing tussen een snel groeiende bevolking en een tanende watervoorziening te voorkomen. Een belangrijk recent onderzoek, dat in 2004 in het tijdschrift *Proceedings of the National Academy of Sciences* verscheen, voorspelde dat het sneeuwdek in de twee-gradenwereld eenderde tot driekwart kleiner zal worden. In Los Angeles zal de frequentie van hittegolven vier keer zo hoog komen te liggen, terwijl verlammende droogtes 50 procent vaker zullen voorkomen, wat de vraag naar het schaarse water zal opdrijven. Doordat het sneeuwdek in de Sierra Nevada slinkt en de afsmelting eerder begint en dus eerder in de lente smeltwater produceert, zal er voor 85 procent van de Californiërs – zowel sinaasappelboeren als stadsbewoners – minder oppervlaktewater beschikbaar zijn.

De veranderingen zouden overigens niet tot Californië beperkt blijven. Een tweede onderzoek voorspelt ook voor Oregon en Washington een afname van het sneeuwdek, dat in de Rocky Mountains en het Kustgebergte met 20 tot 70 procent minder wordt. Meer regen en een eerdere afsmelting verhogen tevens de kans op overstromingen in de winter, zelfs wanneer er 's zomers tekort aan water komt doordat er minder smeltwater is. Bergachtige gebieden als de California Coastal-keten en de Sierra Nevada zullen het meest te lijden hebben van de toegenomen overstromingen. Verder naar het noorden, in het stelsel van de Columbia-rivier, betekenen de vervroegde smeltwaterpieken dat waterbeheerders moeten gaan kiezen om water op te slaan in reservoirs om 's zomers waterkracht te kunnen opwekken, of om het de rivier in te laten stromen om te voorkomen dat de zalm uitsterft. Bij die onaangename keuze tussen het licht aanlaten of de zalm tevreden houden, is het niet moeilijk voor te stellen waar de meeste mensen voor zouden stemmen.

Daar komt bij dat de bossen in droge zomers kurkdroog worden en steeds meer gevaar lopen in vlammen op te gaan. In het noorden van de Rocky Mountains, het Grote Bekken en de Sierra Nevada kan het seizoen voor bosbranden, dat nu al jaarlijks zijn dodelijke tol eist, wel eens twee tot drie weken langer worden. Onheilspellend concludeert het onderzoek: "Aan de huidige aanspraak op waterhulpbronnen in grote delen van het westen zal onder de voorspelbare toekomstige klimaatsomstandigheden niet kunnen worden voldaan, laat staan aan die van een grotere bevolking en een grotere economie".

In het vorige hoofstuk zagen we hoe het westelijke binnenland van de Verenigde Staten, van Nebraska tot aan Texas, te maken zou kunnen krijgen met een rampzalige droogte die vele malen erger is dan de Dust Bowl in de jaren '30, zelfs als de temperatuur maar een heel klein beetje extra omhoog gaat. In die jaren van de Dust Bowl vormden staten aan de Stille Oceaan, zoals Californië, een toevluchtsoord voor diegenen die door de droogte ontheemd waren geraakt. Maar in de twee-gradenwereld krijgen deze vluchthavens ook zelf te maken met kritieke watertekorten. De veranderingen in het sneeuwdek betekenen niet dat uitsluitend golfbanen en ski-oorden in het stof zullen bijten. Ze zetten vraagtekens bij het vermogen van de hele regio om grote steden en landbouwgebieden in stand te houden. Wanneer de wereldwijde opwarming eenmaal begint te schrijnen zal Californië niet langer de 'gouden' staat zijn.

Voedsel voor acht miljard mensen

Hoe ernstig de watercrisis ook mag worden, het is uiterst onwaarschijnlijk dat er in het westen van de Verenigde Staten iemand door de wereldwijde opwarming zal verhongeren. Sommige delen van het continent zullen wellicht zelfs profiteren van een beter groeiklimaat. Bovendien kan Amerika als het rijkste land ter wereld zijn koopkracht op de wereldvoedselmarkt inzetten om ervoor te zorgen dat zijn inwoners voorlopig zelfs de ergste droogtes overleven.

Uiteraard is dat alleen maar waar, zolang er voedsel op de wereldmarkt te koop is, en in de twee-gradenwereld zullen voedselproducerende gebieden het steeds moeilijker krijgen om zich aan te passen aan een warmer klimaat. Intusssen zullen de landen die er het meest onder lijden en geen enorme koopkracht hebben, onherroepelijk afglijden naar structurele hongersnood en crisis. Door een wrede ironie zitten daar veel landen tussen die het minst aan de klimaatverandering hebben bijgedragen.

Toch is er wel wat goed nieuws. Het centraal-noordelijke deel van de Verenigde Staten, inclusief staten als Indiana, Illinois, Ohio, Michigan en Wisconsin, zal een steeds belangrijker gebied voor wintertarwe worden. Op dit moment is het er vanwege de lage temperaturen in het koude seizoen maar een marginaal gewas, maar met warmere winters is een verdubbeling van de oogst te verwachten. De maïsteelt in Noord-Dakota en Minnesota zal sprongen gaan maken, terwijl het hele noordelijke deel van het land een verhoging van de aardappelteelt kan verwachten, tenminste als de regen betrouwbaar blijft. Citrustelers in staten als Florida lijden in het huidige klimaat soms grote verliezen doordat het er af en toe heel koud is, maar zij zullen beter af zijn omdat de vorst minder vaak zal optreden. Aan de andere kant van de Atlantische Oceaan zal Groot-Brittannië weliswaar nog geen citroenen gaan telen, maar het zal wel met toenemend succes suikermaïs, zachtfruit zoals aarbeien, en populaire groentes als uien en courgettes weten te oogsten. Wanneer de winters zachter en natter worden, zal wintertarwe het goed gaan doen, net als warmteminnende peulvruchten als witte bonen (de traditionele *baked bean*), die in het zuiden van Engeland wel eens een hoofdgewas zouden kunnen worden. Veel van deze gewassen profiteren misschien ook van het bemestende effect van een atmosfeer met meer kooldioxide en over heel Europa zullen warmteminnende gewassen als zonnebloemen en sojabonen veel verder naar het noorden kunnen groeien. Misschien verspreiden tarwe en maïs zich wel in nieuwe gebieden in het westen van Rusland en het zuiden van Scandinavië.

Maïs is een van de hoofdvoedselgewassen op de wereld en in veel ontwikkelingslanden is het van essentieel belang voor zowel het familie-inkomen als de voedselzekerheid. En dat is waar de problemen beginnen. In Midden- en Zuid-Amerika, het gebied waar maïs door de vroegere Maya's voor het eerst als voedselgewas werd verbouwd, worden overal verliezen verwacht, behalve in Chili en Ecuador. Deze verliezen zijn misschien te compenseren door toekomstige technische verbeteringen, maar kleine boeren die met hun familie moeten leven van hun eigen opbrengst zullen zich minder gemakkelijk kunnen aanpassen dan grote, gemechaniseerde bedrijven.

Ook het overgrote deel van Afrika zal volgens verwachting met aanzienlijk kleinere oogsten te maken krijgen. In 29 Afrikaanse landen wordt een grotere kans op mislukking van de oogst en op hongersnood voorzien. Landen als Burkina Faso, Swaziland, Gabon en Zimbabwe, die nu al kwetsbaar zijn voor honger, zullen tot de zwaarst getroffene behoren. Alleen Afrikaanse landen die over hooglanden beschikken, zoals Lesotho en Ethiopië, kunnen hogere opbrengsten verwachten in gebieden die voor een behoorlijke maïsteelt nu te koud zijn. Door de klimaatverandering kan maar liefst driekwart van de bevolking van Mali het risico lopen honger te lijden, tegen eenderde nu, terwijl in Botswana tot eenderde van de oogst aan maïs en sorghum verloren gaat door gebrek aan regen. In Congo, dat in de zone rond de evenaar ligt en in een warmere wereld meer neerslag kan verwachten, kan de voedselproductie toch nog afnemen omdat boeren een echt droog seizoen nodig hebben om hun land af te branden voor het volgende jaar.

Ook de Verenigde Staten zullen er gevolgen van ondervinden. In het zuidoosten van Amerika kan de opbrengst van sojabonen met de helft teruglopen doordat er 's zomers minder neerslag valt terwijl er zinderende temperaturen heersen;

voor sorghum geldt een aanslag van dezelfde orde. En hoewel hogere temperaturen de landbouw in Canada nieuwe mogelijkheden zullen bieden, zullen traditionele voedselbronnen als suikeresdoorn en zalm er in een twee-gradenwereld bij inschieten. Ook vispopulaties zullen er aan beide kanten van de Atlantische Oceaan onder lijden; terwijl de zalmpopulaties in Canada teruglopen, zal de kabeljauw in de Noordzee door het warmere water volledig worden weggevaagd, tenzij er een totaalverbod op de visserij wordt ingesteld.

In de gevoelloze loterij van de wereldwijde opwarming hangt het er vanaf waar je woont of je te eten krijgt. Als dat in een rijk land is, waar het toch wel blijft regenen, zul je geen honger hoeven te lijden, ook al moeten traditionele gerechten als *fish and chips* met hun tijd mee zien te gaan. Maar als dat in de droge subtropen is, wordt het leven steeds wisselvalliger.

Natuurlijk komt er in de huidige wereld ook al hongersnood voor, ook al is er in mondiale zin voor iedereen genoeg te eten. Zoals de klacht van hulporganisaties luidt, is niet alleen droogte, maar ook armoede het probleem. Maar als er één ding zeker is, dan is het dat de kans op hongersnood groter wordt in een wereld waarin er om te beginnen al niet genoeg te eten is. Door toenemende concurrentie om afnemende opbrengsten zullen in de magere jaren de prijzen op de wereldmarkt de pan uit rijzen. In de twee-gradenwereld zal de stabiliteit van voedselprijzen ervan afhangen of gebieden in het noorden snel genoeg voor nieuwe gewassen worden ontsloten om verloren gegane landbouwgebieden in hetere, drogere streken in het zuiden te vervangen.

Met noeste planning en aanpassing hoeft de wereld niet zonder meer tot ernstige voedseltekorten te vervallen. Wanneer de temperatuur echter meer dan twee graden hoger wordt, zal het steeds moeilijker worden om massale verhongering te voorkomen, zoals de komende hoofdstukken laten zien. Eerst miljoenen, en dan miljarden mensen komen voor een hevige overlevingsstrijd te staan, omdat de stijgende temperaturen het steeds moeilijker maken om voldoende voedsel te verbouwen.

Dode zomer

De meeste lezers zullen inmiddels wel tot de conclusie zijn gekomen dat twee graden wereldwijde opwarming – mits onaangename verrassingen uitblijven – voor het grootste deel van de mensheid waarschijnlijk wel te overleven is. Daar ben ik het mee eens. Helaas geldt dit niet voor een groot deel van de natuurlijke biodiversiteit: de planten en dieren die deze planeet met ons delen. Door de aanhoudende bevolkingsgroei en economische activiteit zijn ecosystemen inmiddels toch al gefragmenteerd en gemarginaliseerd, en het lijkt erop dat de klimaatverandering een hele zware wissel zal gaan trekken op wat er nog van de natuur over is.

De bedreiging van symbolische soorten als de fluithaas is al genoemd in het voorgaande hoofdstuk, net als van extra kwetsbare ecosystemen als koraalriffen en het Queensland Wet Tropics regenwoud. In de twee-gradenwereld zullen die allemaal nog veel verder achteruitgaan. De majestueuze suikerbossies van Zuid-Afrika zullen grote stukken van hun leefgebied kwijtraken en tegen het jaar 2050 zou tien procent uitgestorven kunnen zijn. In het regenwoud in Queensland zal ongeveer eenderde van alle soorten een flink eind op weg zijn naar hun ondergang wanneer de temperatuur de twee graden aantikt. In alle gevallen zijn luide protesten te verwachten wanneer geliefde soorten aan hun einde komen. Maar wie zal er een traan laten voor de Monteverde boomkikker uit Costa Rica, de Canadese gekraagde lemming, de Hawaïaanse honingkruiper of voor al die andere duizenden minder bekende soorten, die in hun bestaan bedreigd worden omdat de wereldwijde opwarming ze achterlaat in een klimaatzone die niet meer aansluit bij hun behoeften?

Gezien de druk waaronder de natuur door alle menselijke activiteit toch al staat, had de klimaatverandering niet op een slechter moment kunnen komen. Los van welke verandering in het klimaat dan ook, bevinden we ons nu al in wat door biologen de zesde massale uitsterving op aarde is genoemd – de vijfde was de uitroeiing van de dinosaurussen en de helft van al het andere leven, die optrad op de overgang van het Krijt naar het Tertiair. Door de gecombineerde menselijke druk van het verlies aan leefgebied, de jacht, de vervuiling, het gebruik van hulpbronnen en de introductie van zich snel verspreidende soorten in nieuwe gebieden, zijn natuurlijke soorten al 100 tot 1000 keer zo snel aan het uitsterven als er in de loop van de evolutie normaal gesproken op de achtergrond verloren gaat. In het meest omvattende onderzoek naar de gezondheid van de aarde dat ooit is gedaan, de Millennium Ecosystem Assessment van de Verenigde Naties, kwamen 1.360 experts uit 95 landen bij elkaar. Zij concludeerden dat van de ecosystemen waarvan mensen afhankelijk zijn maar liefst tweederde op dit moment achteruitgaat, of niet duurzaam wordt gebruikt. En op basis van veel verschillende breed opgezette studies is het duidelijk dat de natuur nu al onder de klimaatverandering lijdt. Eén daarvan keek naar 100 verschillende soorten over de hele wereld en ontdekte dat deze elke tien jaar gemiddeld 6 kilometer in de richting van de polen waren verhuisd en 6 meter omhoog de berg op. Sommige vlindersoorten hebben hun leefgebied al 200 kilometer verlegd. Ook wordt het eerder lente; vogels leggen hun eieren eerder, kikkers hun kikkerdril en boomknoppen springen eerder open. Een tweede wereldwijde analyse kwam duidelijke klimaatgerelateerde veranderingen tegen in leefgebied en gedrag van honderden soorten, van mosselen tot zoogdieren en van grassen tot bomen.

Velen van ons zijn dit soort veranderingen al in onze eigen leefomgeving op gaan merken. De appelbomen in de boomgaard in mijn buurt waren bijvoorbeeld zo onverstandig om eind oktober 2006 in bloei te schieten, nadat temperaturen die voor de tijd van het jaar veel te hoog waren, hen wijs hadden gemaakt dat de lente al was aangebroken. Daarnaast heb ik ook gemerkt dat er vreemd genoeg geen vogels waren; maandenlang is het in de tuin bijna helemaal stil geweest. In een paar jaar tijd is het Engelse weer dramatisch veranderd. Uit mijn kindertijd herinner ik mij bijvoorbeeld dat het met Halloween vroor dat het kraakte, maar dit jaar is de temperatuur zelfs begin november nog niet onder nul geweest. De bomen in het stukje bos tussen ons terrein en het Oxford-kanaal vlak daarachter bleven vastberaden donkergroen, tot twee maanden nadat de herfstkleuren hadden moeten verschijnen. Vrijwel elke lezer zal nu wel zelf zulke anekdotische observaties hebben.

Voor natuurlijke soorten is het van cruciaal belang hoe snel de temperatuur omhoog gaat. Een stijging van 2°C over duizend jaar betekent niet meer dan 0,02°C over elke tien jaar; een langzame verandering waaraan – gesteld dat er verder niets verandert – de meeste soorten zich waarschijnlijk wel zullen weten aan te passen. Maar als dezelfde verandering zich over een periode van 50 jaar zou voltrekken – dus met 0,4°C per tien jaar, wat een veel waarschijnlijker scenario is – dan zouden de gevolgen rampzalig zijn. Je zou kunnen denken dat mobiele soorten zoals vlinders zich als reactie op temperatuurveranderingen gemakkelijk ergens anders heen kunnen verplaatsen. Maar uit onderzoek van professor Jeremy Thomas naar het Engelse blauwtje bleek dat deze zich met de gletsjerachtige snelheid van 2 kilometer per tien jaar naar nieuw leefgebied verspreidt, terwijl andere insecten zoals loopkevers zich met een tiende van die snelheid verplaatsten. Wanneer ze voor hun verplaatsing over tien jaar 30 kilometer zouden moeten halen om de verschuivende temperatuurzones bij te houden, oftewel 3 kilometer per jaar, dan komen deze sedentaire soorten duidelijk in de problemen. Net als planten met wortels, uiteraard, die zich fysiek al helemaal niet kunnen verplaatsen, en dus afhankelijk zijn van de verspreiding van hun zaden om als populatie geleidelijk te verkassen. Voor veel boomsoorten in het bos ligt de bovengrens van de verspreidingssnelheid van hun zaden bij minder dan een kilometer per jaar. Sneller kan het bos zich dus niet verplaatsen en daarom zal het al gauw worden ingehaald door het snel veranderende klimaat.

Temperatuurstijging is natuurlijk niet de enige variabele; de grootste bedreiging voor de beukenbossen bij mij in Oxford in de buurt is niet zozeer warmte, maar droogte. Wanneer ecosystemen uit elkaar getrokken worden, verdwijnt de synchronisatie tussen soorten die fijn op elkaar afgestemd waren. In Nederland is over de afgelopen twintig jaar de populatie van de bonte vliegenvanger met 90 procent gedaald, omdat het moment waarop hun jongen uit het ei kruipen niet meer samenvalt met het begin van de lente. Tegen de tijd dat hun hongerige jongen het meeste voedsel nodig hebben, is de rupsenpopulatie waarvan ze het moeten hebben al over zijn top heen, en de vogelbabies hongeren dan ook langzaam dood.

Soorten zijn geëvolueerd om bepaalde ecologische niches te vullen en deze kunnen verdwijnen wanneer andere soorten uitsterven of migreren. Ook zijn dieren en planten doorgaans in hoge mate aangepast aan hun geografische leefgebied. Zo zullen kalkgraslanden bijvoorbeeld niet met veel succes naar het noorden kunnen verhuizen, als de ondergrond in koelere luchtstreken overal uit klei of graniet bestaat. Nog zo'n probleem is de fragmentatie van leefgebieden: steden, agrarische monocultuur-'woestijnen' en grote snelwegen vormen onoverbrugbare obstakels voor de migratie van soorten. In Zuid-Engeland durft de schuwe zevenslaper al geen open veld over te steken, laat staan dat hij op zijn vermeende verhuizing naar het noorden door de drukke straten van Birmingham zou gaan hollen. Als gevolg daarvan wordt door de klimaatverandering de hele basis van plaatsgebonden natuurbescherming twijfelachtig. Het is volstrekt zinloos om een plek tot natuurreservaat te verklaren als alle soorten die er leven de komende decennia naar het noorden moeten vluchten om te voorkomen dat ze uitsterven.

Al deze vragen richten zich op het klimatologische 'kader' waarin soorten leven en dit idee verschaft ons tegelijk de benadering voor wat wel eens één van de belangrijkste wetenschappelijke artikelen kan blijken te zijn die ooit zijn geschreven. In een onderzoek dat in 2005 in *Nature* werd gepubliceerd, maakten de ecoloog Chris Thomas en zo'n vijftien andere experts bekend dat volgens hun modellen meer dan eenderde van alle soorten "tot uitsterving zal zijn veroordeeld" tegen de tijd dat de temperatuur in 2050 wereldwijd twee graden is gestegen. "Ruim een miljoen soorten zou als gevolg van klimaatverandering met uitsterven bedreigd kunnen worden", liet Thomas de pers weten.

Daaronder zou de betoverend blauwe *western jewel butterfly* te vinden zijn, die voorkomt in Zuid-West Australië; de hoekkop-agame, een spectaculaire gekraagde hagedis uit het bedreigde regenwoud in de Queensland Wet Tropics; de helft van de huidige 163 boomsoorten die nu op de Braziliaanse Cerrado-savanne groeien; in Europa tussen de 11 en 17 procent van alle plantensoorten en een kwart van de vogelsoorten, waarvan de rode wouw, heggemus, kuifmees, de Schotse kruisbek en de zwarte spreeuw bovenin de lijst staan; de rookwangzakrat en de Jico hertmuis uit de vlakke Chihuahuan-woestijn in Mexico; en 60 procent van de soorten die op dit moment in het beroemde Kruger National Park in Zuid-Afrika leven – om er maar een paar te noemen.

Het is de moeite waard om even stil te staan bij de werkelijke betekenis van deze voorziene mondiale slachting. Als een beklemmende echo uit recente onschuldige tijden doet het artikel van Thomas en zijn collega's mij denken aan *The Origin of Species* van Charles Darwin, maar dan omgekeerd. Terwijl Darwin in zijn werk de theorie uiteenzette over de evolutie van soorten in de loop van de tijd, brengt het artikel in *Nature* uit 2004 hun voorspelde ondergang in kaart. Als Darwin het vandaag de dag geschreven had, dan had hij het wellicht *The End of Species* genoemd.

Sta eens stil bij de gedachte dat levende soorten, die er miljoenen jaren over gedaan hebben om op deze planeet te evolueren, binnen één enkele generatie mensen voorgoed vernietigd zouden kunnen worden. Dat het leven met al zijn fascinerende uitbundigheid zo snel zou zijn uit te wissen en zo deprimerend definitief. Zoals de bioloog Edward O. Wilson suggereerde zou de volgende eeuw wel eens een 'Eeuw van Eenzaamheid' kunnen worden, waarin de mensheid haast moederziel alleen rondloopt op een verwoeste planeet. Als eerbetoon aan Rachel Carson, die met haar boek *Dode Lente* (*Silent Spring*) het hedendaagse natuur- en milieubewustzijn op gang bracht, noem ik dit onze 'Dode Zomer' – een eindeloze hittegolf zonder kwinkelerende vogels, zoemende insecten en al die andere eigenaardige en wonderlijke geluiden die ons onbewust gezelschap houden.

Moeten wij dat lot aanvaarden? vraagt Wilson. Moeten wij bewust de levende geschiedenis van de aarde uitwissen? "Verbrand dan ook de bibliotheken en kunstgalerieën maar", zo gelast hij, "maak brandhout van de muziekinstrumenten, pulp van de partituren en wis Shakespeare, Beethoven, Goethe en de Beatles ook maar uit, want die kunnen allemaal opnieuw geschapen worden, of althans heel goed nagemaakt." Maar dat geldt niet voor de hoekkop-agame of voor de gouden pad; de eerste wordt ernstig bedreigd, en de tweede is al voor altijd uitgestorven, dankzij de klimaatverandering.

Het verloren gaan van biodiversiteit is overigens bepaald niet alleen een esthetische kwestie. Terwijl ik net als vele anderen aanvoel dat de natuur en haar biodiversiteit een intrinsieke waarde hebben, die losstaat van hun nut voor ons mensen, is de hele menselijke samenleving uiteindelijk afhankelijk van natuurlijke ecosystemen. Dat mag dan nieuws zijn voor de gemiddelde stedeling die voor de tv eens lekker aanvalt op een kant-en-klaar maaltijd, maar dat maakt het nog niet minder waar. Van vis tot brandhout, de overvloed van de natuur schenkt ons voedsel, onderdak, warmte en kleding. De bodem zou ongeschikt voor landbouw zijn als de bacteriën de organische stof daarin niet zouden afbreken. Gewassen zouden niet in het zaad schieten als ze niet door bijen werden bestoven. We zouden de lucht niet kunnen inademen als bomen en plankton niet voor fotosynthese zouden zorgen. Water zou ondrinkbaar zijn als het niet door bossen en wetlands zou worden gezuiverd. Veel van de medicijnen waarmee we onze levensduur oprekken werden in eerste instantie samengesteld uit natuurlijke stoffen uit planten en dieren, en ongetwijfeld zijn er daarvan nog veel meer te ontdekken. Het leven reguleert zelfs de kringloop van voedingsstoffen op aarde; als organismes in de oceaan niet in de loop van miljoenen jaren de overtollige koolstof in krijt en kalksteen hadden vastgelegd, dan zou onze bewoonbare planeet lang geleden in een soort Venus zijn veranderd, waar gloeiende oppervlaktetemperaturen van 500°C heersen – hoog genoeg om lood te smelten – dankzij een ongastvrije atmosfeer die voor 96 procent uit kooldioxide bestaat.

Sommige van de functies die ecosystemen nu vervullen zijn door technologie te vervangen, zoals veel economen wellicht zullen suggereren. Denk maar aan hydrocultuur: het vervangen van een natuurlijke bodem door een synthetisch materiaal waarin wortels kunnen groeien, plus een cocktail van chemicaliën. Maar de ecologie is zo'n gecompliceerd netwerk, dat we veel levende interacties die zich in ecosystemen afspelen überhaupt niet kunnen begrijpen, laat staan dat we ze op een of andere manier zouden kunnen herontwerpen of vervangen. Wetenschappers hebben ooit geprobeerd om in de woestijn van Arizona vanuit het niets een verzegelde, levende wereld na te bouwen, bijgenaamd *Biosphere 2*. Dat is ze niet gelukt. Toen het gehalte kooldioxide in de afgesloten broeikassen opliep, moeten de bewoners van *Biosphere 2* – happend naar adem – wel hebben nagedacht over de lessen die ze leerden. Functionerende ecosystemen kunnen niet kunstmatig worden nagebouwd. Het leven houdt ons in leven en wij zijn het op eigen risico aan het vernietigen.

ooo

Drie graden

Alle Botswanezen willen hetzelfde

Botswanezen hebben een grote nationale obsessie. Het is niet dansen: de nogal kleurloze hoofdstad Gaborone staat niet bekend om zijn wilde feesten of nachtleven. Het is ook geen sport. In voetbal noch atletiek munt Botswana uit, en vaderlandminnende burgers klagen er vaak over dat het Botswanese volkslied nog nooit ten gehore is gebracht tijdens een huldigingsceremonie van welke belangrijke sportwedstrijd dan ook. Die nationale obsessie kent een lange geschiedenis en was ooit een cruciaal element in de pre-Christelijke religie. Overal in het land duikt zij nog altijd op in alledaagse gesprekken en in de gewoonte van veel mensen om op de heetste zomerdagen in januari en februari verlangend naar de horizon te staren. Het is een obsessie die de vlag zijn blauwe kleur gaf en de nationale munteenheid zijn naam. Het is regen.

Botswanezen houden, in tegenstelling tot Nederlanders en Engelsen, zielsveel van regen (voor de Engelsen kan daar verandering in komen). De Setswana-groet *pula* vraagt letterlijk om regen, op dezelfde manier als de Hebreeuwse groet Shalom om vrede vraagt. In hun hete, stoffige en grotendeels vlakke land kijken de Botswanezen reikhalzend uit naar het moment waarop zwarte wolken zich samenpakken, de hemel openbreekt en dikke regendruppels uiteen spatten op de door de zon verschroeide aarde. Toen Botswana (voorheen Bechuanaland) in 1966 onafhankelijk van Engeland werd, hief de eerste en nog alom gevierde president Sir Seretse Khama zijn hand en schreeuwde: “Laat er regen komen!” Zelden zal iemand de nationale wens zo duidelijk tot uiting hebben gebracht.

Hoewel Botswana voor Afrika best een succesverhaal is, bevindt het land zich aan de rand van het bestaan. Officieel is minder dan 1 procent van het landoppervlak bewerkbaar verklaard en de Kalahariwoestijn domineert het zuiden en het westen van het land. De rivier de Okavango ontspringt niet in Botswana, maar kwijnt er onder de hete zon langzaam weg in een vlak deltagebied met zoutpannen en wetlands vol wild. Diamanten vormen samen met toerisme de hoofdmoot van de economie, maar vee blijft essentieel voor de landbouw en het culturele leven. Het bezit van tienduizend stuks vee maakt op een Botswanees veel meer indruk dan van een chique appartement aan 5th Avenue in New York.

Jammer genoeg voor Botswana geven de lange termijnvoorspellingen niet veel kans op regen. Tegen de tijd dat de wereldwijde opwarming van de aarde drie graden bereikt, zal de droogte in dit land en het grootste deel van zuidelijk Afrika al permanent zijn. Terwijl de gebieden in de tropen en die in de hogere gematigde breedtegraden door overstromingen verdrinken, zullen de subtropen simpelweg doodgaan van de hitte. De zondebok is niet, zoals je zou verwachten, het verschroeide land. Het is de zee. De Indische Oceaan in het oosten warmt in rap tempo op en is medeschuldig aan de droogte die zuidelijk Afrika de laatste jaren heeft getroffen. Het probleem zit hem hierin: boven de warme oceaan ontstaan regenwolken en in plaats van landinwaarts te drijven om de zomerse ellende van Botswana en haar buurlanden te verlichten, storten ze hun wolkbreuken weer vruchteloos in diezelfde oceaan terug. In plaats van de broodnodige regen, krijgt zuidelijk Afrika het bijproduct: neerwaartse winden die tijdens onweersbuien boven de Indische Oceaan zijn opgestegen en waar het vocht al geheel is uitgeperst.

Dit mechanisme wordt bevestigd door computermodellen die huidige en waarschijnlijke klimaatomstandigheden in de toekomst beschrijven. Een team onder leiding van Martin Hoerling van het US National Oceanic and Atmospheric Administration constateerde dat Afrika door de wereldwijde opwarming letterlijk in tweeën wordt gesplitst. De noordelijke helft zal waarschijnlijk een opleving in de neerslag te zien krijgen, terwijl de zuidelijke helft steeds droger wordt. Hoerling's team gebruikte niet slechts één computermodel om tot dit resultaat te komen: hetzelfde mechanisme herhaalde zich in zestig verschillende simulaties, waarbij vijf verschillende modellen werden gebruikt. Wetenschappelijk gesproken zijn hun voorspellingen daardoor zeer betrouwbaar. Volgens de voorspellingen zal zuidelijk Afrika al tegen het jaar 2010 permanent droog zijn, om uiteindelijk 10 tot 20 procent van haar neerslag kwijt te raken. Bepaald een sombere voorspelling.

Cynici mogen dan beweren dat Afrikanen ten zuiden van de Sahara zich goed aan droogte hebben aangepast. Maar de gegevens wijzen erop dat de verdroging in de drie-gradenwereld het menselijke aanpassingsvermogen te boven gaat. En voor mensen die toch al op het randje van overleven zitten, laat het resultaat zich samenvatten in één woord: hongersnood.

Hoe en waar deze ramp zich precies zal voltrekken is niet met enige zekerheid vast te stellen. Een afzonderlijke studie laat echter zien dat Botswana zich in het epicentrum daarvan zal bevinden. Bovendien zullen de buurlanden niet in staat zijn om massale aantallen vluchtelingen uit Botswana op te nemen omdat ook zij de invloed van de droogte zullen ondervinden. De reden is eenvoudig: met 'voldoende' wereldwijde opwarming zal de Kalahariwoestijn – op dit ogenblik voor een groot deel begroeid met savannes en struikvegetatie – opnieuw een extreem droge woestijn worden, compleet met zandstormen en snel teruglopende vegetatie.

Net als de Amerikaanse Hoogvlakten bestaat de Kalahari thans uit 'gestabiliseerde' duinenvelden. Dit zijn zeeën van zand die al heel lang niet meer verstuiven en waar over grote oppervlakten rondtrekkende veehouderij en bestaanslandbouw mogelijk zijn. In dit gebied weten miljoenen mensen zichzelf en hun gezinnen te onderhouden door op kleine akkers die zij met de hand verzorgen, sorghum, gierst, pompoenen en maïs te verbouwen. Voor de leek zijn deze sluimerende duinen niet direct zichtbaar: het landschap lijkt op een glooiend heuvellandschap, een soort bruinere versie van de Engelse South Downs. Maar elke heuvel en vallei vormen een lineaire duin, een aparte landvorm van soms wel tientallen kilometers lang, die deel uitmaakt van een zee van duinen die, net als golven in de zee, door duizenden vierkante kilometers landschap kan lopen. Deze stabiele duinen strekken zich over enorme oppervlakten uit: het Noordelijke Kalahari Duinenveld strekt zich uit tot in het huidige Zambia, Angola en Namibië, terwijl het Oostelijke Kalahari Duinenveld grote delen van Zimbabwe beslaat. Dan is er nog het Zuidelijke Duinenveld dat zich helemaal tot aan de noordgrens van Zuid-Afrika uitstrekt. En daar middenin ligt, hoe kan het ook anders, Botswana.

Er zijn twee redenen waarom die duinen nu stil liggen. Ten eerste, hoe weinig regen er ook valt, het is toch voldoende om de vegetatie in stand te houden. Ten tweede zijn de windsnelheden te laag om het zand over grote afstanden te verwaaien. Daardoor blijven de gigantische duinen op hun plaats. De computersimulatie door David Thomas van Oxford University voorspelde echter dat de grote zandzeeën van de Kalahari waarschijnlijk massaal aan de wandel zullen zijn als de wereldwijde opwarming de drie graden eenmaal heeft bereikt. Ook hierin werden verschillende computermodellen gebruikt, en eerst getest, om na te gaan of deze met terugwerkende kracht het waargenomen klimaat in de regio tussen 1961 en 1990 wisten te 'voorspellen'. Daarin slaagden alle modellen.

Ook al komen deze modellen niet precies overeen met het onderzoek van Hoerling, ook hier doemt het scenario van grootschalige verdroging op. Dit keer niet vanwege de Indische Oceaan, maar doordat hogere temperaturen er in de hele regio voor zorgen dat er meer vocht verdampt uit het landoppervlak en de vegetatie. Op zich is deze verandering niet voldoende om de Kalahariduinenvelden opnieuw in beweging te brengen. De modellen voorspellen echter ook een grote toename in de windsnelheden, tot een verdubbeling in 2040. Hierdoor nemen de erosiekrachten toe waaraan de oude duinen blootgesteld staan. Het Zuidelijke Duinenveld zal het zwaarst getroffen worden, maar na 2040 zal waarschijnlijk in alle noordelijke en oostelijke gebieden, van Botswana, Namibië, Angola, Zimbabwe tot aan Zambia, de duinactiviteit toenemen nog voordat de mondiale opwarming drie graden heeft bereikt.

Als deze wereldwijde opwarmingsdrempel eenmaal bereikt is, zal er volgens de modellen weinig anders meer van de Kalahari overblijven dan gierende zandstormen. Met extreem hoge temperaturen en razende winden zullen zware stormen enorme hoeveelheden zand en stof over de regio verplaatsen, waardoor nieuwe duinen ontstaan en dorpen, middelgrote plaatsen en complete steden als Gaborone zullen worden weggevaagd. Zelfs in de grove resolutie van een computerscherm is het lot van Botswana zonneklaar: na ongeveer 2070 is het hele land bezaaid met 'actieve' duinen.

Thomas en zijn team laten verontrust weten: "Zij zouden aanzienlijke en zelfs catastrofale beperkingen inhouden voor het huidige gebruik van het milieu voor de landbouw." Met andere woorden, een groot deel van het land zal dan niet langer geschikt zijn voor menselijke bewoning. Botswana zoals wij dat nu kennen zal dan verdrinken, niet in water, maar in zand.

De gevaren van het Plioceen

Sceptische lezers kunnen zich afvragen of het verstandig is om teveel geloof aan onderzoeksmodellen te hechten, omdat deze per definitie slechts zo goed zijn als hun menselijke ontwerpers. Ook al worden ze uitgevoerd door supercomputers zoals de Japanse Earth Simulator, een machine zo groot als vier tennisbanen bij elkaar, die 35 triljoen berekeningen per seconde kan maken, dan nog zijn modellen niet in staat om precies weer te geven hoe de aarde op kleine schaal in werkelijkheid werkt, domweg vanwege de enorme complexiteit ervan. Het HadCM3-model van het Hadley Centre bijvoorbeeld, verdeelt de atmosfeer in een mondiaal rooster van 9673 cellen, waarbij op de gematigde breedtegraden vakken ontstaan van ongeveer 300 vierkante kilometer. Hierin zijn de Britse Eilanden nauwelijks te vatten, de Schotse Hooglanden nog minder, laat staan de Cairngorms. De weergave van veranderingen in de hoeveelheid neerslag in de Schotse bergen kan dan ook niet nauwkeurig zijn.

Een oplossing is om een regionaal klimaatmodel met een veel hogere resolutie in het mondiale model in te bedden. Veel van de artikelen waarnaar dit boek tot nu toe heeft verwezen, gaan van dit principe uit. Om orkanen met een krachtig oog van vaak niet meer dan een paar kilometer in doorsnee bijvoorbeeld nauwkeurig te kunnen weergeven, moeten modelontwerpers een regionaal model (met een hoge-resolutie roosterafstand van slechts 9 kilometer) in een mondiaal model laten 'nestelen'.

Voor het grove werk, zoals het berekenen van mondiale gemiddelde temperaturen, doen de huidige modellen het echter prima. Klimaatveranderingen in de vorige eeuw zijn door recente, uiterst krachtige modellen met vrijwel foutloze precisie te simuleren. Hieruit valt te concluderen dat de vergelijkingen voor de reacties van de atmosfeer op het vasthouden van warmte door broeikasgassen de realiteit inmiddels heel dicht zijn genaderd. De evaluatie van modellen is trouwens bepaald geen nattevingerwerk meer. Het achteraf voorspellen van de 20e eeuw is één manier om na te gaan of een model werkt, maar modellen zijn ook op andere periodes te ijken: op het koudste punt van de laatste ijstijd bijvoorbeeld, of op warmere periodes in een nog verder verleden. Wil je als voorspeller van de toekomst geloofwaardig blijven, dan moet je model in staat zijn het verleden nauwkeurig te simuleren.

Hoe dan ook, veel sceptici baseren hun bezwaren op het vermoeden dat er met veel modellen van te voren is gesjoemeld zodat wetenschappers met de 'juiste antwoorden' op de proppen komen om die felbegeerde wereldwijde-opwarmingssubsidie in de wacht te slepen: "Je krijgt eruit wat je erin stopt", luidt het oude adagium. Maar klimaatmodellen hebben wel degelijk een belangrijke basis: zij zijn niet gebaseerd op de subjectieve oordelen van hun makers, maar op de fundamentele wetten van de natuurkunde. Deze te observeren fysische wetten, waaronder alles valt, van convectie in wolkenformaties tot aan de reflectie van pakijs, kunnen niet zomaar door mensen worden aangepast, waar ze politiek gezien ook mogen staan. Modellen doen tenslotte niets magisch. Alles wat ze doen is het oplossen van natuurkundige vergelijkingen. Alle processen van de HadCM3 kunnen in theorie bijvoorbeeld met de hand worden uitgewerkt. Alleen zou het dan eeuwen duren om slechts één model volledig uit te werken. Computers versnellen dus het proces, net zoals zakrekenmachines op school de wiskundeles versnellen.

Er heeft nog nooit iemand beweerd dat computermodellen volmaakt zijn. Ze komen allemaal met een iets ander antwoord op dezelfde vraag en weerspiegelen daarmee hun verschillende ontwerpen. De oorzaak is dat sommige fysische wetten die eraan ten grondslag liggen niet precies bekend zijn. Hoe wolken en de grotere atmosfeer bijvoorbeeld op elkaar inwerken is een onbekende factor, en daarom kan men naar sommige parameters voor wolkenmodellen alleen maar zo goed mogelijk gissen. Evenmin is bekend in hoeverre sulfaat-'aerosols', minuscule vervuilingsdeeltjes die de schuld van 'global dimming' krijgen, de temperatuur omlaag brengen. Modellen vormen echter nuttig gereedschap en bieden een waardevolle kijk op de vermoedelijke toekomstige omstandigheden op onze planeet – iets waartoe de mensheid voorheen nooit toegang had. In tegenstelling tot de orakels die men in de oudheid raadpleegde bieden modellen een manier om de toekomst te voorspellen die niet is gebaseerd op de visioenen van een onzichtbare profetes, maar op meetbare, natuurkundige gegevens.

Naast modellen bestaat er nog een optie om in de toekomst te kijken: achterom kijken naar het verleden. Veel van de case-studies in dit boek tot nu toe zijn gebaseerd op paleo-klimaatonderzoek. Daarin kunnen warmere periodes in de geschiedenis van de aarde nuttige analogieën vormen voor wat ons deze eeuw mogelijk te wachten staat. De vorige hoofdstukken hebben teruggekeken naar het vroege Holoceen, minder dan 10.000 jaar geleden, en het laatste interglaciaal, ongeveer 130.000 jaar geleden. Voor een analogie van de drie-gradenwereld moeten we veel verder terug in de tijd, naar voordat de aarde in haar regelmatige cycli van ijstijden en interglacialen terechtkwam. We moeten tot wel 3 miljoen jaar terug, naar een periode die het Plioceen wordt genoemd.

Het Plioceen is van speciaal belang omdat het op allerlei manieren lijkt op de wereld waarin we nu leven. Mondiaal was de geografie zo ongeveer als nu. Grote bergketens als de Andes en de Himalayas bestonden al op hun huidige hoogtes en de Landengte van Panama had zich nog maar juist gesloten, waardoor het midden van de Atlantische en de Stille Oceaan van elkaar werden gescheiden. De oceaanstromingen die hierdoor ontstonden, bestaan vandaag de dag nog. Zelfs de Britse Eilanden waren toen al door het Kanaal gescheiden van het vasteland, net als tegenwoordig.

Mensen woonden er in Groot-Brittannië echter niet. Onze primaatvoorouders leefden nog uitsluitend in Afrika, en zowaar, het beroemde 'Lucy'-skelet dat in Ethiopië is gevonden, stamt uit het Plioceen. Volgens een recente studie zouden zij en andere menselijke voorouders het bipedalisme (lopen op twee in plaats van vier benen) wel eens hebben kunnen ontwikkelen in de uitgestrekte Oost-Afrikaanse bossen, die daar konden groeien dankzij het warme Plioceen-klimaat.

Deze warmte betekende dat de wereld er klimatologisch, maar ook geografisch heel anders uitzag dan nu. Een aanwijzing over hoe anders die wereld wel niet was, werd in 1995 ontdekt door geoloog Jane Francis, één van de vier vrouwen die ooit de Polar Medal hebben gewonnen, en wel in het bitterkoude Transantarctische Gebergte. Samen met haar Australische collega Robert Hill nam zij een kijkje in lagen gesteente waarvan zij wist dat die uit het Plioceentijdperk dateerden. Tot haar verbazing trof zij hierin gefossiliseerd hout aan en beukenbladeren die in de rotsen bewaard waren gebleven.

Die fossiele bladeren kwamen niet uit weelderige, hoge bossen zoals in Engeland: groeipatronen in het hout wezen uit dat ze afkomstig waren van half-volgroeide struiken die horizontaal over de grond groeiden, waarschijnlijk vanwege het ruige klimaat en de harde winden. Vandaag de dag groeit, behalve op de uiterste noordpunt van het schiereiland, op de Zuidpool nergens vegetatie, en al helemaal niet in het ijzig koude centrum van het continent. De plaats waar de fossielen zijn gevonden, net ten noorden van de Beardmore Glacier in de Dominion Range van het Transantarctisch Gebergte, ligt op slechts 500 kilometer van de Zuidpool, en koestert zich tegenwoordig in een mild klimaat met een temperatuur van gemiddeld -39°C.

Aan de andere kant van de wereld, op de Noordpool, lag net zo'n grote verrassing op ontdekking te wachten. Dit keer was het Noord-Groenland, het stukje droge aarde dat het dichtst bij de Noordpool ligt, waar stokoud Plioceenhout werd gevonden door de Deense geoloog Ole Bennike toen die er in 1997 op bezoek was. Bennike identificeerde sommige stukken als hout van dennen en andere coniferen, in een gebied dat vandaag de dag honderden kilometers ten noorden van de boomgrens ligt. Dit gebied is nu zelfs zo koud dat het grootste gedeelte volledig onbegroeid is, met alleen hier en daar kleine stukjes toendravegetatie die het nog volhoudt op beschutte plekken die in de korte zomer smeltwater krijgen. Het is duidelijk dat zowel de Noord- als de Zuidpool in het Plioceen stukken warmer waren dan tegenwoordig.

Hoeveel warmer dat precies was, wordt duidelijk als we een blik werpen op restanten van planten en insecten die zijn opgegraven uit vroege Plioceen-veenlagen op Ellesmere Island, in het hoge noorden van Canada. Het veen is afkomstig uit een beverpoel en de gevonden resten van planten- en keversoorten duiden op een klimaat met winters die 15°C warmer waren dan vandaag. Een fascinerende verzameling zoogdieren had de pech om uiteindelijk in dit ven te belanden, waaronder een beer, een spitmuis, een veelvraat en zelfs een paardje, allemaal uitgestorven voorouders van de tegenwoordige fauna. Het milde klimaat en de rijke ecologie wijzen op grassige en bosrijke streken met lariksen en berken, en dat op maar liefst 2.000 kilometer ten noorden van de huidige boomgrens. Continentale gletsjers waren op het noordelijk halfrond zelfs helemaal afwezig, waardoor de zeespiegel 25 meter hoger lag dan nu.

Lang heerste er in academische kringen een discussie over de vraag waarom het aan de polen tijdens het Plioceen zoveel warmer was dan nu. Het ene kamp beweerde dat een uitzonderlijk sterke oceaanstroming meer warm water uit de tropen naar de poolzones stuwde. Deze zou wellicht samenhangen met de afsluiting van de zee-engte tussen Noord- en Zuid-Amerika, en zou hebben geleid tot een gelijkmatiger verdeling van oceaanhitte. Tegenstanders beweerden dat een hoger gehalte kooldioxide in de atmosfeer de hele planeet overal min of meer gelijkmatig opwarmde.

De discussie werd pas in 2005 beslecht toen een enorm onderzoek, waarin op supercomputers een model werd gedraaid, gebruik maakte van de chemische analyse van zeebodemsedimenten. Daarmee maakte men een geavanceerde reconstructie van de zeetemperaturen tijdens het Plioceen. Om het kamp van de oceaancirculatietheorie te laten winnen moest het model koelere tropen en warmere polen laten zien. Dat gebeurde niet. In plaats daarvan werden zowel de tropen als de polen warmer en dat strookte met de theorie dat kooldioxide de oorzaak was. Projectleider dr. Alan

Haywood van de British Arctic Survey zei: "Het patroon van zeewatertemperaturen dat wij hebben gevonden wijst ondubbelzinnig naar CO_2 in plaats van naar de oceaanstromingen." Haywood trok de voor de hand liggende conclusie: "Onze bevindingen zijn essentieel om te kunnen begrijpen hoe het klimaat op toekomstige emissies van broeikasgassen kan reageren."

Het gesimuleerde Plioceen bevat duidelijke waarschuwingssignalen voor het heden. Volgens het model van dr. Haywood werden, afhankelijk van de seizoenen, zowel de Noordelijke IJszee als de zeeën rond de Zuidpool tijdelijk ijsvrij. De hoeveelheid winterijs werd ook aanzienlijk minder. Nu fungeert ijs in de poolgebieden als een gigantische spiegel die de zonnewarmte terugkaatst en daarom versterkt het verdwijnen ervan het effect van kooldioxide op de temperatuur op aarde. We kunnen zelfs stellen dat de Noordpool in het Plioceen waarschijnlijk voor het laatst in de afgelopen 3 miljoen jaar zijn ijslaag helemaal is kwijtgeraakt. Daarmee veranderden ook de circulatiepatronen in de oceanen. Waarschijnlijk werd de Atlantische kringloop (besproken in Hoofdstuk 1) tegelijkertijd minder sterk.

Maar hoe hoog was het CO_2-niveau in het Plioceen nu eigenlijk en hoeveel warmer was het daarmee wereldwijd? Een antwoord op die eerste vraag komt mogelijk wederom van fossielen zoals de beukenbladeren die Jane Francis middenop de ijskoude Zuidpool vond. Alle bladeren van planten bevatten minuscule gaatjes, stomata genaamd, die tijdens de fotosynthese kooldioxide binnenlaten en zuurstof laten ontsnappen. Experimenten in broeikassen die met CO_2 waren verrijkt tonen aan dat het aantal stomata per blad verandert met de hoeveelheid koolstofdioxide in de atmosfeer. Veel fossiele bladeren zijn zo goed bewaard gebleven dat hun stomata te tellen zijn en onderzoeken naar de dichtheid van stomata in het Plioceen leveren een onthutsende conclusie op: atmosferische CO_2-concentraties varieerden tussen de 360 tot 400 deeltjes per miljoen (ppm). (Deze maatstaf betekent simpelweg dat elke miljoen liter lucht ongeveer 360 liter koolstofdioxide bevatte. Uitgedrukt in percentages betekent dat een gehalte van atmosferische CO_2 in het Plioceen van 0,036 procent.)

Als u enigszins bekend bent met het vraagstuk van de wereldwijde opwarming, dan komen deze concentraties CO_2 in het Plioceen u vast bekend voor: de concentraties van vandaag zijn 387 ppm en ze nemen jaarlijks met 2 ppm toe. In een artikel in *Geology Today* legt dr. Haywood uit: "De concentratie CO_2 in de atmosfeer tijdens het Plioceen was waarschijnlijk dezelfde als de atmosferische concentraties nu als gevolg van de uitstoot van broeikasgassen." Ook de temperaturen uit die tijd zijn op een rijtje gezet, door gebruik te maken van indirecte meetgegevens uit zee- en landfossielen uit die periode. En hoeveel warmer was het destijds mondiaal? U raadt het al: iets minder dan 3 graden.

Dat leidt tot een voor de hand liggende conclusie: als de huidige CO_2-concentraties tijdens het Plioceen aanleiding gaven tot een mondiale opwarming van drie graden, dan zouden ze dat nu toch ook moeten doen? Misschien, maar dan toch zeker over een langere periode dan een eeuw. Zo duurt het bijvoorbeeld duizenden jaren voordat hogere temperaturen doordringen tot in het diepste duister van de oceaan. En zolang de zeeën warmer blijven worden kan de atmosfeer geen evenwicht bereiken, omdat warmte nog steeds naar beneden wordt doorgegeven. Dat is een voorbeeld van de 'thermische traagheid' van de planeet: door de lange reactietijd van het systeem 'Aarde' zullen de temperaturen altijd achterlopen bij de veranderingen onder druk van zonnestraling of broeikasgassen. Zo heeft een waterketel ook een paar minuten nodig om aan de kook te komen als hij op het vuur wordt gezet.

De opwarming van de aarde in de loop van deze eeuw is het resultaat van een optelsom van uitgestoten broeikasgassen sinds het begin van de industriële revolutie. (Het lijkt ongelooflijk dat kolen die in de eerste stoomtreinen zoals

Stephenson's Rocket werden opgestookt de planeet tot op de dag van vandaag nog steeds opwarmen.) Ook al zouden we de concentratie CO_2 in de atmosfeer met onmiddellijke ingang stabiliseren, dan nog zou het eeuwen duren voordat de aarde op een nieuw hoger niveau weer een thermisch evenwicht zou bereiken. De verwachting dat de huidige hoeveelheden CO_2 op het niveau van het Plioceen morgen al voor hogere Plioceen-temperaturen zouden zorgen, is net zoiets als de verwachting dat een ketel water à la minute kookt.

Het goede nieuws is dat dit erop wijst, dat als we de CO_2-ketel nu snel van het vuur afhalen, we waarschijnlijk nog minstens een eeuw kunnen voorkomen dat de temperatuur drie graden extra aantikt. Aan de andere kant, als emissies in het huidige tempo blijven stijgen, dan zou de mondiale temperatuur al tegen het jaar 2050 de drie graden voorbij kunnen schieten. De keuze is aan ons, en de klok tikt door.

De terugkeer van Het Kindeke Jesus

Een spervuur aan stormen beukt in op de Noord-Atlantische Oceaan. Overstromingen langs de Yangtze zetten Shanghai onder water waardoor in de rijstproducerende provincies Henan, Hubei en Anhui 100.000 mensen verdrinken. Grote droogte verscheurt de aarde in het Amazonegebied. In Australië gaan oogsten verloren, terwijl hongersnoden om zich heen grijpen in noordelijk Afrika en India.

Het is niet het jaar 2050, en de schuldige is niet de opwarming van de aarde. Het is 1912, en de schuldige is El Niño. In wetenschappelijke kringen bekend onder zijn volledige naam El Niño Southern Oscillation (ENSO) is El Niño de warme fase van schommelingen in de stroming van de Stille Oceaan, die het weer in de wereld danig in de war kan schoppen. Zijn naam (de Spaanstalige afkorting staat voor Kerstkindje) kreeg de warme stroming voor het eerst van Peruaanse vissers; zij zagen dat deze door de bank genomen rond Kerstmis langskwam en hun normale productieve koudwatervisserij decimeerde. Er is niets nieuws aan de verschijning van El Niño of aan de vernietiging die hij tot gevolg kan hebben: meer dan duizend jaar geleden zouden droogtes die met ENSO samenhingen de ondergang van de Moche-beschaving in de Peruaanse kustwoestijn veroorzaakt hebben. In 1912 kan hij zelfs hebben bijgedragen aan het zinken van de Titanic: ongewone stormen die verband hielden met El Niño dreven ijsbergen veel verder naar het zuiden dan normaal, de route van de internationale scheepvaart op, net op het moment dat Smith, de kapitein van de Titanic, zijn gedoemde vaartuig de opdracht gaf om op volle kracht vooruit te gaan.

Doordat El Niño de weerpatronen in de Stille Oceaan feitelijk omdraait, waardoor overstromingen in de Atacamawoestijn in Peru ontstaan en droogtes in Indonesië en Australië, zorgt hij over de hele aardbol voor een domino-effect, dat *teleconnections* wordt genoemd. De goede kant hiervan is dat het noordoosten van de VS zachtere winters krijgt en dat de toegenomen windschering boven de tropische Atlantische Oceaan het Caribische orkaanseizoen tempert. Aan de andere kant hebben de droogtes in bosgebieden van de Amazone tot aan Papoea Nieuw-Guinea verwoestende branden tot gevolg, terwijl er daarnaast door neerslagtekorten in zuidelijk Afrika misoogsten en hongersnoden onstaan. In de negentiende eeuw was El Niño mede de *trigger* voor de droogte die in Brits India miljoenen mensen het leven kostte. Een 130-jaar oud neerslagrapport laat zien dat het uitblijven van de moessonregens die in India tot ernstige droogte leidden, altijd gepaard gingen met El Niño-achtige verschijnselen.

Sinds lange tijd is het ontrafelen van mogelijke verbanden tussen de wereldwijde opwarming en El Niño voor klimaatwetenschappers een grote uitdaging geweest. De laatste twintig jaar zijn er sterkere en frequentere El Niño's geweest, met die van 1997-1998 als de krachtigste die ooit geregistreerd is. Recente gegevens vanuit zowel modellenstudies als onderzoeken naar het vroegere klimaat op aarde wijzen erop dat El Niño niet alleen krachtiger, maar zelfs wel eens permanent kan worden. Voor de menselijke bevolking en de ecosystemen op aarde voorspelt dat niet veel goeds. Op dit moment leveren kortstondige overstromingen en droogtes voor de slachtoffers verschrikkelijke beproevingen op, maar vroeg of laat vindt het normale leven toch zijn draai weer. Maar in onze wereldwijde opgewarmde toekomst is dat niet zonder meer het geval.

De wetenschappelijke wereld is over de kwestie El Niño echter alles behalve eensgezind. Sommige studies laten in de toekomst inderdaad een verschuiving naar een semi-permanente staat van El Niño zien, met hogere temperaturen in de oostelijke Stille Oceaan en regenwolken die dichter naar de Peruaanse kust toeschuiven. Een recent onderzoek komt echter tot de tegenovergestelde conclusie en voorspelt zwakkere El Niño-verschijnselen in een warmere wereld. Weer andere onderzoeken voorspellen weinig verandering, of concluderen dat de complexe computermodellen die door wetenschappers zijn ontworpen om het wereldklimaat weer te geven nog niet goed genoeg zijn om de details van een ENSO-cyclus in kaart te brengen en zo betrouwbare voorspellingen te doen. In de wereld van klimaatmodellen heeft de jury zich nog niet uitgesproken, zo lijkt het.

Maar nogmaals, het verleden levert bruikbare aanwijzigingen op om de toekomst beter mee te kunnen voorspellen. Sommige onderzoeken geven aan dat El Niño in koudere periodes zoals het hart van de laatste ijstijd zwakker was, of zelfs helemaal afwezig. Wat betreft het warme Plioceen-tijdperk dat hierboven werd besproken, waarin de temperaturen over de hele wereld gemiddeld 3°C hoger lagen, zijn er bovendien sterke aanwijzingen dat permanente El Niño-omstandigheden wel degelijk overheersten.

De redenen zijn relatief eenvoudig: een warmere aardbol leidde tot een warmer oceaanoppervlak, waardoor er minder van het opwellende koude zeewater kwam dat tegenwoordig langs de westkust van Zuid-Amerika omhoogkomt. Door een kleiner temperatuurverschil tussen het westen en het oosten van de Stille Oceaan namen de oostelijke passaatwinden af of vielen helemaal uit; daardoor werd er minder water naar het westen gestuwd en raakte de koude stroming afgesneden. Gaandeweg dit proces zouden de laag hangende stratuswolken, die elke Peruaanse kustbewoner kent, drastisch worden uitgedund (in Lima wordt de altijd aanwezige lage mist *neblina* genoemd); daarmee zou de witheid van de planeet afnemen en dus minder zonlicht het heelal in worden gereflecteerd. Daaruit zouden weer hogere temperaturen voortvloeien en zo zou de greep van El Niño permanent worden. In plaats van een omdraaiing van de oceaanstroming zou dit dan de normale situatie zijn. Vandaag de dag zijn de passaatwinden door menselijk toedoen al in kracht aan het afnemen. Dat suggereert dat dat proces er weer aan zit te komen.

Eén man die denkt dat 'super El Niño's' een ernstig gevaar betekenen is James Hansen, de NASA-klimaatwetenschapper wiens recente waarschuwingen over instortende ijsvelden in het vorige hoofdstuk onder de loep zijn genomen. Ook al suggereren Hansen en zijn collega's niet dat El Niño per se permanent wordt, zij verschaffen wel een stevige theoretische basis voor verschijnselen die veel sterker en verwoestender zijn. Door de snelle wereldwijde opwarming stijgt de temperatuur al in het westelijke deel van de Stille Oceaan, waar – onder de juiste omstandigheden – El Niño wordt geboren. Dit contrasteert met het oostelijke deel van de Stille Oceaan. Daar blijft het opwellende water koel, omdat het tientallen jaren op grote diepte zat en niet in contact is geweest met de opwarmende atmosfeer. Het zijn deze temperatuurverschillen die volgens Hansen het vuur onder de 'super El Niño's' zou kunnen aansteken, wat overal op de wereld tot chaotische weersomstandigheden zou leiden.

In een dergelijk scenario staan Europa drogere winters te wachten. Het Atlantische orkaanseizoen zou getemperd worden door een toegenomen windschering, die de ontwikkeling van grote stormen zou verhinderen, maar tegelijkertijd zouden grootschalige overstromingen en modderstromen de drogere stukken van Californië kunnen teisteren. Met het falen van de Indiase moessonregens zouden miljoenen levens op het Indiase subcontinent in gevaar komen. In Zuid-Amerika zou een van de natste gebieden ter wereld, het grote regenwoudbekken van de Amazone, ten oosten van de Andes, spoedig één van de droogste kunnen worden. Al doende zou, zoals we in het volgende gedeelte zullen zien, de langdurige terugkeer van het Kindeke Jezus de vonk zijn die leidt tot één van de meest verwoestende vuurzeeën die de wereld ooit heeft gekend.

De dood van het Amazonegebied

In mijn dossierkast bewaar ik een beduimelde en een nogal sjofele print van een artikel dat in november 2000 in *Nature* werd gepubliceerd. Aan de achterkant zit een bladzijde vastgeniet met daarop slordige aantekeningen die ik destijds maakte, waarin ik me verbijsterd uitlaat over de inhoud ervan. Meer dan welk ander werk dat ik gelezen had, overtuigde dit artikel mij ervan dat dit boek geschreven moest worden, niet eens zozeer om de inhoud ervan, maar om de manier waarop het werd ontvangen. Ondanks het feit dat het een van de meest alarmerende voorspellingen bevatte die in de wetenschappelijke literatuur verschenen was, bracht het in de media of in politieke kringen nauwelijks iets teweeg. Er had paniek op straat moeten uitbreken, met mensen die het van de daken schreeuwden, verklaringen aan het parlement en 24 uur per dag aandacht in het nieuws. Niets van dat alles. Het artikel met de bescheiden titel 'Acceleration of global warming due to carbon cycle feedbacks in a coupled climate model', ('De versnelling van de wereldwijde opwarming door koolstofcyclus-feedbacks in een gekoppeld klimaatmodel'), geschreven door een team van het Britse Hadley Centre, werd vrijwel volledig genegeerd.

Tijdens de droogte in het Amazonegebied in 2005 moest ik er weer aan denken. Het was de grootste droogte in tientallen jaren, een tijd waarin vers drinkwater moest worden ingevlogen naar dorpen die normaal gespreken aan enorme rivieren liggen. Bij het doorlezen van de krantenkoppen kreeg ik het gevoel alsof de voorspellingen van het Hadley Centre al bewaarheid waren, al was dat een halve eeuw te vroeg. Er braken branden uit in bossen waar daarvoor nog nooit brand geweest was. In de meanderende rivieren stonden grote stukken droog, die in gebakken modder waren veranderd. Had het Amazonegebied het omslagpunt dan al bereikt? Gelukkig kwam het bos dit keer toch weer terug van de rand van de afgrond. Voor het einde van het jaar hield de droogte op en sijpelde er regenwater langzaam terug de zijrivieren in, waardoor de verdorde bomen weer bij konden komen. De branden werden kleiner en 's werelds meest diverse en waardevolle ecosysteem was gered. Dit keer nog wel.

Het artikel van het Hadley Centre in *Nature* had over de hele wereld alarmbellen moeten doen rinkelen. Allereerst toonde het aan dat wereldwijde opwarming zijn eigen stuwkracht kan genereren, als een voorheen onvoorziene positieve feedback in werking treedt. In een vicieuze cirkel komen er daarbij door de opwarming nog meer broeikasgassen vrij, waardoor het nog warmer wordt, waardoor er in een niet te stoppen spiraal nog meer broeikasgassen vrijkomen. Deze 'koolstofcyclus-feedback', waar de titel van het artikel naar verwijst, zou ons mensen tot machteloze toeschouwers maken in een rampzalig scenario van een stuurloos geworden wereldwijde opwarming. Ten tweede heeft het Hadley-artikel aan het licht gebracht dat de belangrijkste vuurhaard van deze positieve feedback niet zou liggen in het hart van de geïndustrialiseerde hoofdsteden van de wereld, maar in het afgelegen hart van Zuid-Amerika, waar het begint met een vrijwel totale ondergang van het regenwoud in de Amazone.

De auteurs van dit artikel, met aan het hoofd de klimaatmodelexpert Peter Cox, waren tot deze beangstigende conclusie gekomen nadat zij hun mondiale model realistischer hadden gemaakt door een stap te zetten die achteraf gezien nogal logisch klinkt. Waar eerdere modellen de temperatuurstijging louter als een simpel lineair proces hadden benaderd, realiseerde het team van Cox zich dat land- en oceaansystemen tijdens een snelle mondiale opwarming niet statisch zouden blijven. Deze zouden zelf door het veranderende klimaat worden beïnvloed. In het geval van de oceanen is het zo dat warmere zeeën minder CO_2 absorberen, zodat zich meer CO_2 in de atmosfeer kan ophopen en de wereldwijde opwarming alleen maar toeneemt. Op het land zou het zelfs nog erger zijn. Grote hoeveelheden koolstof zitten op dit moment opgeslagen in de aardbodem, als half vergane overblijfsels van lang geleden afgestorven vegetatie. Volgens algemeen aanvaarde schattingen bedraagt het totale koolstofreservoir zo'n 1600 miljard ton, oftewel meer dan het dubbele van de huidige hoeveelheid koolstof in de gehele atmosfeer. Bij het opwarmen van het aardoppervlak gaan bodembacteriën sneller werken; ze breken de opgeslagen koolstofverbindingen af en brengen die vervolgens als kooldioxide in de atmosfeer. Terwijl de meeste klimaatmodellen het aardoppervlak als inert beschouwen, nam het team van Cox voor de eerste keer deze 'positieve feedback' van koolstof uit de opwarmende aardbodem en vegetatie mee in de berekeningen en daarbij kwam het tot een onthutsend resultaat.

Volgens het zojuist bijgewerkte model gaat de koolstofcyclus door een opwarming van de aarde met drie graden – die al in 2050 het geval kan zijn – juist andersom lopen. In plaats van CO_2 op te nemen, geeft de vegetatie en de bodem dit in grote hoeveelheden af, omdat in een hetere omgeving bacteriën harder werken om organisch materiaal af te breken en de plantengroei juist minder hard gaat, stopt, of zelfs omkeert door bladverlies e.d. Er stroomt zoveel koolstof de atmosfeer in, dat de wereldwijde concentratie tegen het jaar 2100 met 250 deeltjes per miljoen (ppm) zal zijn toegenomen. Daardoor zal de temperatuur wereldwijd nog eens met

1,5°C stijgen. Het team van Hadley Centre had met andere woorden ontdekt, dat de planeet door de positieve feedbacks van koolstofkringlopen rond het midden van de eeuw in een stuurloze mondiale opwarmingsspiraal kan belanden en dat was veel eerder dan wat men tot op dat moment had aangenomen. Rond 2100 zou de mondiale opwarming volgens het Hadley-model geen 4°C, maar 5,5°C bedragen, en dat komt gevaarlijk dicht in de buurt van het doemscenario van het IPCC. Dat is de reden dat er in die krabbels zoveel schrik en wanhoop stond toen ik het rapport in 2000 voor het eerst las.

Er kwamen dan wel geen politici in beweging, maar andere wetenschappers gingen rechtop zitten en spitsten hun oren. In navolging van het Hadley Centre voegden klimaatmodelexperts van het National Centre for Atmospheric Research in Colorado een koolstofcomponent aan hun model toe en ook zij noteerden wereldwijd een afname van de hoeveelheid koolstof in warmere bodems. Een Frans team herhaalde het Hadley-experiment met behulp van weer een ander model en kwam tot dezelfde conclusie. Weer een ander team, met bases in de Verenigde Staten en Italië, nam deze koolstof-feedback in hun model op en constateerde dat de hoeveelheid CO_2 in de atmosfeer met ongeveer 90 ppm omhoog schoot en dat de wereldwijde opwarming 0,6°C hoger uitkwam. Deze uitkomsten mogen dan in omvang verschillen, ze wijzen wel allemaal in dezelfde richting.

Ook al zouden deze modellen het allemaal bij het verkeerde einde hebben, dan nog ligt er een groot gevaar onder de tropische bosgebieden in Indonesië, Maleisië en de Amazone verscholen: veen. Duizenden jaren lang heeft dode vegetatie zich onder het levende oerwoud opgehoopt, waardoor zich op sommige plekken veenlagen konden vormen van tientallen meters dik. Maar deze veenlaag is alleen maar stabiel omdat hij permanent onder water staat. In Indonesië was het brandend veen dat het grootste deel bijdroeg van de twee miljard ton extra koolstof die in het rampzalige brandseizoen van 1997-1998 in de atmosfeer terecht kwam. Veel ervan lag ondergronds nog maandenlang te smeulen en bleef koolstof afgeven toen de branden boven de grond al door de teruggekomen regens waren geblust. Het gaat hier over nog een ander, potentieel verwoestend feedbackmechanisme in de koolstofcyclus. Als in een toekomst van wereldwijde opwarming de neerslagpatronen veranderen, waardoor deze licht ontvlambare veenbergen in Zuidoost-Azië en het Amazonegebied er over een oppervlakte van tientallen miljoenen hectaren kurkdroog bij komen te liggen, zullen ontzaglijke hoeveelheden extra koolstof in de atmosfeer belanden. Hierdoor neemt de opwarming van de aarde nog verder toe. De uitkomsten van modellen die deze potentiële terugkoppeling onderzoeken, geven geen uitsluitsel, maar zijn wel degelijk zorgwekkend. Zo toont een onderzoek uit 2007 aan dat zeven van de elf onderzochte modellen een afname voorspellen in de hoeveelheid neerslag gedurende het droge seizoen in de Indonesische veengebieden; zes van de elf voorzien een vergelijkbare afname in het Amazonegebied.

Deze laatste uitslag illustreert de onzekerheid in het voorspellen van veranderingen in hoeveelheden neerslag. Waar de modellen van het Hadley Centre in het Amazonegebied een dramatische verdrogingstrend laten zien, laten andere modellen een kleinere verandering zien en weer andere zelfs een toename van de neerslag. Het is van het allergrootste belang om te bepalen welk model het bij het juiste eind heeft. Ten eerste omdat dit kolossale ecosysteem de helft van 's werelds biodiversiteit herbergt. Ten tweede omdat dit systeem maar liefst een tiende voor zijn rekening neemt van de netto primaire productie van de hele planetaire biosfeer – dat wil zeggen van de fotosynthetische productie van planten. En dat alles in een gebied van nog geen zeven miljoen vierkante kilometer. Gevoed door smeltwater uit het Andesgebergte en heftige buien in het regenseizoen (in sommige gebieden meer dan twee en halve meter per jaar), bevat de Amazonerivier 20 procent van al het water op de wereld dat in de oceanen terechtkomt. Dat is tien maal de inhoud van de Mississippi. De energie die door deze gigantische hoeveelheid neerslag wordt losgemaakt speelt een belangrijke rol in de mondiale weerpatronen. In dat verband stelt Peter Bunyard, auteur van wetenschappelijke publicaties: "Het functioneren van het Amazonebekken als een hydrologische krachtcentrale is een essentiële component van het huidige klimaat."

Maar het Amazonegebied ligt sowieso onder vuur, nog afgezien van wereldwijde opwarming. Inmiddels is meer dan een half miljoen vierkante kilometer ontbost, een gebied zo groot als heel Frankrijk, en elk jaar wordt er meer woud gekapt om ruimte te maken voor veehouderijen en sojaplantages. De oprukkende bevolking in het woud is in de afgelopen halve eeuw vertienvoudigd en elke nieuwe weg die de Braziliaanse regering aanlegt in stukken ongerept oerwoud, is al gauw omgeven door een 'visgraat'-patroon van nieuw ontboste plekken. Een ander serieus gevaar is de 'slash-and-burn'-landbouw, het kappen en platbranden van stukken bos om akkertjes aan te leggen. Een half miljoen naar land hongerende boeren komen samen in Brazilië's laatste grote wildernis om voor zichzelf en hun gezin een beter bestaan op te bouwen. De illegale houtkap tiert er welig en toen Greenpeace vaststelde dat 80 procent van alle houtkap illegaal wordt uitgevoerd, stak de Braziliaanse regering zijn armen in de lucht en beaamde het, in plaats van het woedend te ontkennen. In mei 2008 nam zelfs de Braziliaanse milieuminister Marina Silva plotseling ontslag. Zij kreeg, zei ze in haar ontslagbrief, het federale regeringsplan voor het milieu niet uitgevoerd. Later wees zij beschuldigend naar Blairo Maggi, een van 's werelds grootste sojaboeren en gouverneur van de staat Mato Grosso.

Maar zelfs al zou de vernietiging morgen stoppen, dan nog zouden de bossen van het Amazonegebied volgens de modellen van het Hadley Centre gedoemd zijn te verdwijnen, tenzij de wereldwijde opwarming niet voorbij de twee graden komt. Als de wereld dit cruciale omslagpunt voorbij gaat, dan voorspelt het model een vloedgolf van verwoesting, te beginnen in het noordoosten van het Amazonegebied, die gestaag in zuidelijke en westelijke richting over het continent komt rollen. De gemodelleerde neerslag zakt tegen het jaar 2100 in sommige gebieden tot bijna nul. De temperaturen vliegen naar Sahara-hoogtes, met *een gemiddelde* van 38°C. Wanneer de instorting eenmaal compleet is, is het centrale deel van het Amazonegebied in wezen een woestijn, waar geen enkele vegetatie van betekenis meer groeit. Alleen wat kleine stukken grasland en savanne houden het aan de buitenste randen nog vol.

Elk brandseizoen biedt een voorproefje van de manier waarop deze ondergang zich in werkelijkheid zou manifesteren. De bomen in de Amazone zijn gewend aan een constante luchtvochtigheid en hebben geen afweer tegen vuur. Ze verschillen heel erg van bomen in andere bosecosystemen, die niet alleen bestand zijn tegen een bosbrand om de zoveel tijd, maar die zelfs regelmatig brand nodig hebben om het bos gezond te houden. In tegenstelling hiermee zullen de bomen in de Amazone, die geen evolutionaire ervaring met bosbranden hebben, ook lang nadat de vuurzee al is uitgeraasd nog blijven doodgaan. De regeneratie verloopt langzaam, zodat zonlicht door het kronendak kan heendringen en zo de bosgrond verder uitdroogt. De aantallen vogel- en diersoorten gaan catastrofaal achteruit. En de neerslag wordt verder onderdrukt door de rookwolken die maandenlang over het geteisterde woud hangen.

Als de definitieve vlammenzee zijn werk doet, zal dat zich afspelen op een schaal die wij nog niet eerder hebben meegemaakt. Het beste valt die misschien te vergelijken met de bosbranden door heel Indonesië in 1998, die verschillende buurlanden maandenlang onder een verstikkende grauwe rooksluier legden. In landen als Brazilië, Venezuela, Colombia, oostelijk Peru en Bolivia zal het leven steeds moeilijker worden, wanneer de lucht een niet in te ademen mengsel van gloeiend hete gassen en rook is geworden. De zon zal worden verduisterd door een loodgrijs rookgordijn, terwijl er vanuit de lucht een grijze miezerregen van lichte as neerdaalt.

Vanuit de ruimte zouden satellieten wel eens gigantische vuurzeeën door de laatste stukken ongerept oerwoud kunnen zien trekken. Duizenden inheemse bewoners – de Yanomami's, de Ashaninka's en andere stammen die dit oerwoud sinds de prehistorie kennen als hun enige huis – worden eruit weggejaagd. Bestolen van hun levensonderhoud en cultuur, en niet in staat dit plotselinge verlies van alles wat ze ooit gekend hebben te begrijpen, zullen ze wegkwijnen. Hun wereld is voorgoed verdwenen. Voor deze mensen zal de aarde zelf aan haar einde zijn gekomen, omdat nadat de brand heeft huisgehouden, er niets anders van de majestueuze Amazone overblijft dan witte, grijze en zwarte hopen smeulende as te midden van verschroeide en rokende resten hout.

Een nieuw, onherkenbaar landschap wordt geboren. In het midden van het stroomgebied, waar ooit slechts het gebrul van apen en het ruisen van bladeren te horen was, steekt nu een klagende wind op. Stof hoopt zich op in de luwte van uitgebrande boomstronken. Dichterbij de grond is een zacht gesis te horen. Zandduinen verrijzen. De woestijn is gearriveerd.

Aswoensdag in Australië

In Australië arriveerde de woestijn al een hele tijd geleden – net als de brand. Australië is 's werelds droogste continent en 's zomers rukt de brand op tot aan de rand van steden als Sydney, Perth en Adelaide. Er is niets nieuws aan Australische bosbranden. Sommige eucalyptussoorten moeten zelfs de brand over zich heen krijgen om hun zaaddozen te laten openspringen. De aboriginals van Australië gebruikten vuur als een manier om hun jachtgronden te beheren. Die techniek kreeg de bijnaam 'vuurstoklandbouw', en die beoefenden ze reeds lang voordat de blanke bezetters voet aan land zetten.

Maar deze lange geschiedenis maakt de Australische bosbranden voor mensen niet minder gevaarlijk. Dwarrelende vonken kunnen soms op vele kilometers afstand weer nieuwe brandhaarden veroorzaken. Hierdoor komt de brandweer letterlijk tussen twee vuren te zitten. De meest gevreesde soort brand is de zogenaamde 'kroonbrand', die niet alleen sneller door de boomtoppen jaagt dan mensen kunnen rennen, maar daarbij ook nog eens alle zuurstof uit de lucht wegzuigt, waardoor iedereen stikt die zich eronder bevindt. Op Aswoensdag 16 februari 1983 werden twee brandweerlieden van het korps in een buitenwijk van Melbourne er kansloos uitgelopen door een kroonbrand, die in 15 seconden sprongen van 500 meter maakte. Geen van beiden overleefde het. In januari 1994 was Sydney bijna geheel omsingeld door meer dan 800 afzonderlijke branden, waardoor het as regende op het centrale zakencentrum en de zon werd verduisterd door bruine rook die over grote delen van de stad dreef.

In de drie-gradenwereld zal er in Australië nog veel meer in de as worden gelegd. Hoe groot het brandgevaar is en hoe fel de branden worden hangt af van de combinatie van twee factoren: droogte en hitte. Prognoses voor klimaatveranderingen voorzien dat Australië in de komende eeuw droger en heter wordt, wat het risico van brand aanzienlijk opdrijft. Volgens een vooraanstaand onderzoek van CSIRO Atmospheric Research zijn er in het jaar 2070 in New South Wales twee tot zeven maal meer dagen met een temperatuur van meer dan 35°C. De kans op echt gloeiend hete dagen in dorpen in het binnenland, met een kwikstand van meer dan 40°C, zou met een factor zes toenemen.

Alhoewel de modellen voor neerslagvoorspellingen minder nauwkeurig zijn, kan droogte volgens het CSIRO-onderzoek drie maal zo vaak gaan voorkomen. Door de bank genomen zou de hoeveelheid regen met gemiddeld 25 procent inzakken. En van extreem harde winden, die kleine brandjes in een paar minuten kunnen aanwakkeren tot een dodelijk inferno, wordt voorzien dat ze 's zomers vaker voorkomen, wanneer branden toch al de meeste schade veroorzaken.

Ook andere staten zullen het moeilijk krijgen. In het noorden van Victoria zou de neerslag volgens een ander onderzoek van het CSIRO tegen het jaar 2070 met 40 procent kunnen dalen. Ook in het zuidwesten van Australië is de tendens dat er minder neerslag komt. Het kan geen verrassing zijn dat zulke extreme omstandigheden een aanslag op de gezondheid betekenen. Volgens de Australian Conservation Foundation zullen er in de hoofdsteden van de Australische staten jaarlijks tussen de 8.000 en 15.000 ouderen als gevolg van de hitte komen te overlijden. Ook zullen er nieuwe ziektes hun entree kunnen maken. Tegen het jaar 2070 kan de zone waarin knokkelkoorts voorkomt, een ziekte die door muskieten wordt overgebracht, zich naar het zuiden tot aan Sydney hebben uitgebreid.

Behalve brand zal water Australië zorgen gaan baren. Ondanks de relatieve droogte van Australië in vergelijking met andere continenten, jaagt het gemiddelde Australische huishouden er al doortrekkend, drinkend, wassend en sproeiend dagelijks maar liefst 350 liter water doorheen. Zulke verkwisting is niet vol te houden wanneer de hoeveelheid neerslag daalt en rivieren droog komen te staan. Noordelijke gebieden als Darwin en Queensland, die in de regentijd al ruim voldoende water krijgen, kunnen in een warmer wordende wereld nog meer regenval verwachten, doordat de moesson heviger wordt. Het grootste deel van het land, behalve misschien Tasmanië op de gematigde breedtegraad, zal terechtkomen in een situatie van chronische watertekorten en een instorting van de landbouw. Dat proces is nu reeds zichtbaar omdat het land wankelt onder een droogte die al sinds 2002 aanhoudt. Een onderzoek naar de toekomstige potentiële graanproductie in Zuid-Australië laat zien dat alleen boerderijen in het diepe zuiden of aan de kust het in een toekomstig klimaat zullen weten te redden.

Het stroomgebied van de Murray-Darlingrivier strekt zich uit over vijf staten en voorziet steden als Canberra, Melbourne en Adelaide van water. Daarvan wordt verwacht dat het tegen de tijd dat de temperatuur op aarde met drie graden is gestegen een kwart tot de helft minder water zal aanvoeren. Perth, dat de hoeveelheid regen de afgelopen jaren al heeft zien dalen, is zelfs nog kwetsbaarder. Stormsystemen boven de oceaan zorgen normaliter voor regen, maar deze verplaatsen zich geleidelijk naar het zuiden als het voorspelbare gevolg van het samentrekken van de klimaatgordels dichterbij de polen. In hun plaats komen er hardnekkige hogedrukgebieden die boven land voor droog weer zorgen. Het gevolg daarvan is zonneklaar: de jaarlijkse hoeveelheid regen maakt een diepe val en daarmee gaat de toekomstige landbouwproductiviteit van een regio die vandaag de dag de helft van al het Australische graan produceert, eraan.

In een opwarmende wereld zal deze combinatie van brand, hitte en droogte het leven in Australië in toenemende mate onhoudbaar maken. De landbouw en de voedselproductie zullen onomkeerbaar achteruitgaan. Zout water zal het getroffen riviersysteem binnenkruipen en daar de grondwatervoorraden vergiftigen. Hogere temperaturen betekenen een hogere verdamping, die de vegetatie en de bodem nog verder zal uitdrogen. En dat zal weer leiden tot slinkende watervoorraden achter stuwdamwanden.

Op zijn minst betekenen deze veranderingen een ontwrichting van het leven van de gemiddelde Australiër, aanzienlijke economische verliezen en strenge rantsoenering voor water. Het minst gunstige scenario voorspelt het op drift raken van de bevolking uit gebieden met te weinig water, in de richting van Tasmanië en de noordelijke tropische gebieden waar regenval nog betrouwbaarder is. In grote delen van het binnenland zal door de ongekend hoge temperaturen domweg niet meer te leven zijn. En als de kraan in grote delen van Australië de komende decennia inderdaad droog komt te staan, zullen er nog wel harde woorden vallen over de weigering van de regering Howard van 1996 tot 2007 om de uitstoot van broeikasgassen aan banden te leggen. Maar tegen die tijd is het natuurlijk te laat.

Heel toepasselijk kreeg Canberra, de hoofdstad van Australië, op 18 februari 2003 al een voorproefje van de nieuwe maatregelen voor brandpreventie. De maanden daarvoor had het oosten van Australië te maken gehad met abnormaal weinig regen en hoog oplopende temperaturen. Op het vliegveld van Canberra was het kwik op 18 januari tot 37°C opgelopen terwijl er op dat moment straffe, droge winden uit het westen woeien, waardoor een uiterst brandgevaarlijke situatie ontstond. Niemand weet hoe de vonk oversloeg, maar toen de brand eenmaal was begonnen, greep die zo explosief snel om zich heen, dat meteorologen de rook van het uitgebroken inferno vergeleken met de vulkanische rookpluim na de uitbarsting van Mount Pinatubo.

In de amper tien minuten waarin het vuur op zijn felst brandde, kwam meer energie vrij dan bij de atoombom op Hiroshima. Door de intense convectie en hitte ontstonden er boven de vlammen enorme, door de brand aangedreven onweerswolken – zogeheten pyrocumulonimbus. Er viel geen regen, maar zo'n dertig kilometer naar het oosten roffelde zwarte hagel op de grond. Een tornado uit de categorie F2 zette even ten westen van de stadsrand voet aan de grond. De rook werd met zo'n explosieve kracht de lucht ingeslingerd dat die de stratosfeer binnendrong en vervolgens de aarde rondging. Hierdoor werd een deel van de zonnestraling afgesneden, in een soort kleinschalige 'nucleaire winter'. Toen de rust was weergekeerd, waren er vier slachtoffers te betreuren en bleken er vijfhonderd gebouwen in de as te zijn gelegd. Omdat politici hadden geweigerd om na te denken over de toekomst, was de toekomst zelf bij de politici op bezoek gegaan, in hun eigen achtertuin.

Houston, we hebben een (orkaan)probleem

Houston, Texas, 5 augustus 2045, 9 uur 's morgens. Bij het vervagen van het avondlicht komt een olieachtige, aanzwellende watermassa aangerold uit de Golf van Mexico. Een paar pluizige wolken vangen de laatste zonnestralen weg, maar de lucht ziet er bijna te rustig uit. Alleen een steeds dikker wordende sluier van hoge vederwolken wijst op er wat komen gaat.

Op de grond is de hel echter al losgebarsten. Winkeliers timmeren koortsachtig hun zaken dicht. De prijs van hardboard is verviervoudigd, terwijl de paar winkels die open zijn gebleven helemaal door hun voorraad voorverpakt voedsel en flessen drinkwater heen zijn. Miljoenen televisieschermen zenden geanimeerde satellietbeelden uit van Superorkaan Odessa terwijl zij kolkend over de Golf heen raast en officials waarschuwen op dringende toon voor de hoogste zeewatertemperaturen ooit, die windsnelheden van 290 kilometer per uur veroorzaken. Zij roepen op tot de evacuatie van de hele stad, en wel *nu*. Mensen persen zich in pendelbussen, anderen zetten zich achter het stuur van welke auto ze maar grijpen kunnen en voegen zich bij de alsmaar groeiende massa mensen die, ten einde raad, op weg is naar het binnenland. De meesten van hen zijn te voet, als een leger dat optrekt over de Northwest Freeway. Ironisch genoeg zijn sommigen van hen vluchtelingen uit New Orleans, van toen de stad, nu tien jaar geleden, de strijd tegen de zee en de stormen uiteindelijk moest staken.

Aan de kust bij Galveston stroomt de vloedgolf al over de golfbrekers heen, de aan het strand gelegen straten in. Er is bijna niemand getuige van; men kent de verhalen over de Galveston-orkaan in 1900, die meer dan honderd jaar gold als de ergste natuurramp in de geschiedenis van de Verenigde Staten. Niemand wil op een laaggelegen zandbank gaan zitten afwachten of de geschiedenis zich misschien herhaalt.

De eerste regenvlaag van Odessa komt onder dekking van het donker dichterbij en dumpt gigantische hoosbuien over de kust van Texas, van Corpus Christi in het zuiden tot aan de grens met Louisiana. Deze storm is immens en Houston ligt midden op zijn voorziene route. Tegen het ochtendgloren zwelt de windkracht aan; het grauwe ochtendlicht onthult een heel ander beeld dan dat van de zonsondergang de vorige avond. Huilend buldert de wind de Baai van Galveston in en rukt daarbij massa's water uit de aanzwellende vloedgolf, die met de snelheid van een tsunami het binnenland in raast. Plotsklaps zijn regen, wind en water haast niet meer van elkaar te onderscheiden. Ze vormen samen een onontwarbare massa van water en geweld.

Toch wordt de storm nog steeds zwaarder. De watervloed beweegt nu de rivier op en het eerste water bereikt de gebouwen aan de oostelijke kant van Houston zelf. Verblindende stortbuien beuken al uren op heel Harris County in, en de reeds lang getemde rivier Buffalo Bayou begint zijn wilde aard weer te vertonen. Als eerste komen ondergrondse parkeergarages en winkelcentra blank te staan. Vanuit stormdrainagesystemen komt het water plotseling naar buiten gutsen. Zonder waarschuwing worden de deksels van mangaten weggeblazen en meteen spuiten er schuimfonteinen vijf meter hoog de lucht in. Achtergelaten auto's drijven in de alsmaar stijgende rivier, samen met andere wrakstukken die door de wind uit de ondergelopen straten zijn geblazen.

Wanneer het oog van Superorkaan Odessa de kust bereikt, is zij nog steeds een monster van categorie 6. Heel Galveston staat opnieuw onder water, onder de voet gelopen door immense golven van tientallen meters hoog. Wanneer de wind vanuit de rand van het oog Houston binnendendert, beginnen de blinkende gebouwen van het zakencentrum onheilspellend te zwaaien. Vlagen water en natte rukwinden gieren over de betonnen ravijnen terwijl ver daarboven glazen ruiten door de kracht van de uitbarsting uit elkaar spatten.

Het commerciële centrum van Houston, hoofdkwartier van de Amerikaanse olie-industrie, wordt volledig leeggeroofd. Het stormt papieren, toebehorend aan de machtigste bedrijven op de planeet; ze worden de binnenste draaikolk van de orkaan ingezogen en hoog in de troposfeer uitgestrooid. De gierende winden zijn zo hard dat ze van de bomen in het nabij gelegen speeltuintje niet alleen de bladeren, maar zelfs de schors afrukken. Het geluid daarbij lijkt op dat van een goederentrein die hoog in de lucht langs komt denderen. Houten gebouwen storten in elkaar en vallen om; alleen beton en staal houden stand.

Op televisieschermen over de hele wereld slaan mensen de vernietiging met stijgende ontzetting gade. Van de Baai van Bengalen tot de Filippijnen en van Taiwan tot Australië zijn de weerdiensten in alle tropische cycloonbekkens nu in de hoogste staat van paraatheid. Zij weten dat de Odessa-orkaan nog maar het begin is. Het tijdperk van de superorkaan is begonnen.

Zoals het denkbeeldige scenario hierboven suggereert zal, tegen de tijd dat de wereld drie graden warmer is, alle overgebleven twijfel over het verband tussen wereldwijde opwarming en zwaardere orkanen de kop zijn ingedrukt door de brute werkelijkheid van een onstuimig geworden atmosfeer. Warmere zeeën leveren meer energie om tropische cyclonen aan te wakkeren en overal in de tropen zullen orkanen kwetsbare kustgebieden vernielen. New Orleans was als eerste aan de beurt, maar er zullen nog veel andere steden volgen, van Houston tot Shanghai. En twee wetenschappers zullen de geschiedenis ingaan als diegenen die ons hebben proberen te waarschuwen.

Tom Knutson en Bob Tuleya, twee bescheiden klimaatmodelexperts met hun thuisbasis in de Verenigde Staten, schreven in 2004 een artikel in het *Journal of Climate* waarin zij waarschuwden voor heviger orkanen in de broeikaswereld. Het lukte Knutson en Tuleya om computersimulaties van orkanen te maken, compleet met de typerende 'donut'-vorm en het stille oog. Zij wilden onderzoeken wat er in een warmere wereld met deze dodelijke stormen zou kunnen gebeuren.

Nadat zij hun computer-orkanen maar liefst 1300 keer hadden laten razen in een klimaat met dubbel zoveel CO_2, trokken zij een zorgwekkende conclusie: met een verdere opwarming van de aarde neemt de kracht van tropische orkanen toe, tot maximale windsnelheden die 6 procent hoger liggen, en zorgen ze voor 18 procent meer neerslag. Die cijfers mogen niet veel bijzonders lijken, maar in de echte wereld komt het erop neer, dat er over de hele wereld meer verwoestende stormen van categorie 5 op de kusten zullen inbeuken. In ons huidige klimaat vormt categorie 5 de hoogste rang voor een orkaan. Maar in een warmere toekomst waarin alle stormen in principe een halve of hele categoriepunt hoger liggen, zullen de zwaarste stormen meer dood en verderf zaaien dan we tot nog toe ooit hebben meegemaakt.

De dageraad boven een nieuwe Noordpool

Zoals een volwassen orkaan met haast perfecte symmetrie laat zien, is de atmosfeer een vloeistof die in beweging is, met overal golven, draaikolken en wervelbewegingen, en zich als een stromende rivier continu over het oppervlak van de aarde beweegt. De draaikolken zijn lagedruksystemen, waar tropische cyclonen er één type van zijn, terwijl de rustige poelen hogedrukgebieden zijn, waar dalende lucht voor een kalm briesje en droge dagen zorgt. Net zoals water in een rivier staat ook alles in de atmosfeer met elkaar in verbinding, dus niet alleen met zichzelf, maar net zo goed met de oceanen en de biosfeer. Zo vermengen orkanen bijvoorbeeld de hogere lagen van een tropische oceaan met de sterke winden erboven en drijven daarmee de enorme stromingen aan die uiteindelijk warm water naar de polen brengen.

Veranderingen aan de polen zullen dan ook een domino-effect hebben op gebieden die ver weg liggen. Een vermoedelijk gevolg is dat een vermindering van de hoeveelheid pakijs de uitdroging van het westen van Noord-Amerika zal verergeren. In plaats van dat de oceaanwarmte 's winters onder het drijfijs gevangen blijft, zullen grote stukken open oceaan aan de wind worden blootgesteld wanneer de ijskap eenmaal grotendeels is verdwenen. Dat zal het gangbare patroon in het Noordamerikaanse winterweer veranderen. In één modelonderzoek worden regendragende lagedrukgebieden noordwaarts richting Canada en zuidelijk Alaska gedirigeerd, weg van de door droogte getekende vlakten van het westen van de Verenigde Staten. Het gevolg is een scherpe daling in de neerslag van 30 procent aan de hele westkust van Amerika. Watertekorten zullen tot diep in het binnenland voelbaar zijn, waar de droogte in elf staten, van Nevada tot Wyoming, voor noodsituaties gaat zorgen. Bovendien vormen deze veranderingen, zoals besproken in hoofdstuk 1, slechts een deel van een veel meer omvattende trend waarin klimaatgordels zich samentrekken aan de polen door wereldwijd hogere temperaturen.

Wat betreft de Noordpool zelf geven modelsimulaties aan dat hier in een drie-gradenwereld 80 procent van het pakijs verloren gaat en er alleen wat ijs overblijft tussen de pool en de noordpunt van Groenland. Zoals we in het voorgaande hoofdstuk zagen, is die voorspelde 80 procent vermoedelijk een ernstige onderschatting; het is waarschijnlijker dat al het ijs tegen die tijd verdwenen is. De meeste modellen laten een Noordpool zien die veel langzamer opwarmt dan nu in de echte wereld gebeurt. Een recente analyse laat zien dat het verdwijnen van het pakijs op dit moment 30 jaar voorligt op de IPCC-voorspellingen. De auteurs behoren tot 's werelds meest vooraanstaande Noordpool-experts en concluderen droogjes dat "de gevoeligheid van deze regio wel eens groter zou kunnen zijn dan wat de modellen aangeven" en dat de "overgang van de Noordpool naar een nieuwe toestand" zich "ruim voor het einde van deze eeuw" zal voltrekken.

Ook aan land zullen ijskappen en gletsjers in hoog tempo afsmelten. In de drie-gradenwereld gaan we meemaken hoe fenomenale hoeveelheden water van Groenland af komen stromen en samenkomen in immense gletsjerrivieren, terwijl de randen van het ijs zich terugtrekken tot in het midden van het gigantische eiland. Met het krimpen van de gletsjers komen nieuwe stukken land bloot te liggen die honderdduizenden jaren lang onder het ijs klem hebben gelegen. Er ontstaan reusachtige nieuwe meren, gevangen tussen opgehoopt gletsjerpuin en de terugtrekkende ijskap. Terwijl de smeltzone elke zomer verder landinwaarts kruipt, ontstaan overal op het ijsveld blauwe meren. Dan treed een volgende positieve feedback in werking: op dit moment is de top van Groenland kouder dan het laagste punt, puur door zijn hoogte, net zoals de top van een berg kouder is dan zijn lagere flanken. Maar naarmate de afsmelting doorzet, kan een steeds kleiner deel van de gigantische ijskap zichzelf koel houden door hoog in de atmosfeer te blijven. Doordat een steeds groter deel van de ijskap in hogere temperaturen terechtkomt, zal deze nog sneller gaan smelten.

Kleinere ijskappen zoals de Vatnajökull op IJsland zullen sneller verdwijnen dan de logge reus van Groenland. Vatnajökull is een groot gewelf dat het zuidoostelijk deel van het land domineert en een trekpleister vormt voor de toeristen die in groten getale naar de IJslandse vulkanen, geysers en watervallen komen kijken. Hij vormt de grootste ijsmassa van Europa en er liggen verschillende vulkanen onder. Sommige daarvan barsten onder de 400 meter dikke ijslaag af en toe uit, wat zo eens in de tien jaar tot de beroemde *jökulhlaup*-gletsjerdoorbraken leidt, waarbij massa's water en modder onder het ijs vandaan komen spuiten. In totaal bevatten de IJslandse gletsjers ongeveer 3.500 kubieke kilometer ijs en dat is genoeg voor een 40 meter dikke ijslaag over het hele land.

Tegen 2100 blijft er van Vatnajökull nog maar de helft over en tegen 2200 is de gehele ijskap verdwenen. De afvoer door rivieren zal verdubbelen als de afsmelting op gang komt, waardoor enorme hoeveelheden modderwater over de vlakten naar zee gutsen. De kleinere IJslandse ijsvelden als de Hofsjökull zullen zelfs in nog hoger tempo verdwijnen. Ook de alpiene gletsjers in Zweden en Noorwegen smelten snel, net als die in Alaska en Noord-Canada. Vergeleken met de ijsmassa's op Groenland en de Zuidpool bevatten zij maar heel weinig water, maar als alle kleinere ijskappen en gletsjers tegelijk zouden smelten, stijgt de zeespiegel wereldwijd met vijfentwintig centimeter.

Deze veranderingen zijn ook elders op de Noordpool terug te vinden. De positieve kant hiervan is misschien dat het groeiseizoen langer wordt zodat er gewassen verder naar het noorden kunnen groeien dan ooit tevoren. Hierdoor is wellicht een deel van het voedseltekort op te vangen dat ontstaat door de verdrogende landbouwgronden in het zuiden. In het jaar 2050 kent Noorwegen bijvoorbeeld een groeiseizoen dat overeenkomt met dat van het huidige Zuid-Engeland, Nederland en Noord-Duitsland. In Finland krijgt het groeiseizoen er twee maanden bij.

Het is niet waarschijnlijk dat er op grote schaal nieuwe landbouwgrond zal ontstaan, daar het grootste deel van de Noordpool slechts dunne, rotsige en zure bodems heeft. Sommige stukken land die eerst bevroren veengebieden waren, vallen misschien droog en zijn dan om te ploegen. Maar dat zou ten koste gaan van de uitstoot van enorme hoeveelheden koolstof vanuit de rottende veenlagen. In een regio waar het voorspelbare verloop van de seizoenen allang achterhaald zal zijn, is dat misschien niet het enige gevaar dat op de loer ligt.

Het Mysterie van de Maya's

Veel mensen die de Maya-ruïnes in Mexico bezoeken, voelen dat Palenque iets bijzonders heeft. De piramides zijn er minder hoog als die in Chichen Itza en de tempels minder afgelegen als die van Tikal, die zo fotogeniek in mist zijn gehuld. Misschien is het de wetenschap dat slechts vijf procent van deze antieke stad tot dusver is opgegraven en het opwindende uitzicht op mysterieuze, beboste heuvels langs paden die de jungle in voeren. Of misschien zijn het de onlangs ontcijferde hiërogliefen die verhalen over bovennatuurlijke verrichtingen door heilige koningen en moedige strijders. Of anders de weelderige omgeving, waar natuurlijke bronnen aan de rotsen ontspringen en uitstromen in de rivier de Otulum, die door de Maya-architecten symbolisch onder het centrale plein van Palenque is doorgeleid.

Hoe het ook zij, Palenque's pure schoonheid en mysterie zorgen er samen voor dat de plek iets buitenaards heeft en op een of andere manier iets transcendents. Als onwetende rugzaktoerist kon ik in mijn studententijd maar moeilijk geloven dat de voorouders van dit eenvoudige, inheemse volk, dat op blote voeten langs de kant van de weg met fruit stond te leuren, eeuwen geleden zulke bijzondere monumenten hadden geschapen. De eerste archeologen kampten met hetzelfde probleem, zeker gezien de schaarse bevolking in de tijd dat de eerste Europeanen het gebied bezochten. Hoe hadden deze dorpelingen in hun modderhutten zoiets wonderbaarlijks kunnen uithakken? En waarom zijn deze grootse steden ooit verlaten? Velen schreven Palenque en andere plekken liever toe aan de Egyptenaren, de Polynesiërs of zelfs aan de verloren gewaande stammen uit Israël, vooral omdat de lokale bevolking weinig kennis over de cultuur van hun voorouders bezat.

Naarmate er meer over de Maya's bekend werd, werd het er alleen maar mysterieuzer op. Dit was duidelijk een van de meest geavanceerde beschavingen geweest die zich ooit in de Nieuwe Wereld had ontwikkeld. Miljoenen mensen hadden op geïrrigeerde landbouwgronden gewoond die zo dicht bevolkt waren als het huidige Bangladesh. De Klassieke Maya's (tussen 50 voor Christus en 900 erna) maakten niet alleen uitgebreid gebruik van een schrift dat in steen werd uitgehouwen, maar vervaardigden zelfs boeken van boomschors en pleisterkalk. Daarvan zijn vermolmde resten teruggevonden in koninklijke graven. Zij gebruikten een kalender die bekend staat als de Lange Telling, die teruggaat tot 3.000 voor Christus. Hierin staan belangrijke oorlogen en dynastieke troonopvolgingen vermeld. Er wordt zelfs beweerd dat zij verstand hadden van astronomie en maansverduisteringen konden voorspellen.

Tegen de tijd dat de Spanjaarden het land binnenvielen waren de klassieke Mayasteden als Palenque en Tikal echter al eeuwen verlaten. Hun hoge piramides verbrokkelden onder het oprukkende oerwoud. Slechts een handjevol boeren was in de buurt gebleven en wist zich op de verarmde gronden in leven te houden door zielig ogende maïs en bonen te verbouwen. Toen de opgravingen vorderden, begon het tot de archeologen door te dringen dat de Maya's iets dramatisch en verschrikkelijks was overkomen, iets dat vrijwel van de ene dag op de andere tot de ondergang van hun gehele beschaving had geleid.

Dat 'iets' was, zo ontdekte men later, droogte. Onder het grootste deel van het Maya-gebied ligt zandsteen dat in tijden met weinig regen nauwelijks vocht vasthoudt. De Maya's compenseerden dat door reservoirs te bouwen die zij van binnen met gips afwerkten, door aquaducten aan te leggen en door in de lager gelegen gebieden in het noorden enorme waterputten, zogeheten *cenotes*, te graven om het grondwater te bereiken. Maar de droogteklok bleef altijd tikken: de watervoorraden van de Maya's gingen maar 18 maanden mee.

Natuurlijk baarde dat zowel koningen als het boerenvolk grote zorgen. De culturele lijm die de Maya-samenleving bij elkaar hield was hecht. In ruil voor luxe en vleierij hielden de koningen offerceremonies en voerden ze rituelen uit om de goden gunstig te stemmen en de regen op tijd te laten komen. In tijden van uitzichtloze droogte was de aanspraak van een heerser op zijn eigen goddelijkheid dan ook nauwelijks nog geloofwaardig. Wanneer verhongering in de lucht hing, kwam het vast wel eens op in diens tot dan toe trouwe onderdanen om in opstand te komen, of zelfs om hun koning te vermoorden.

Toen de droogte langdurig toesloeg, gebeurde dat ook echt, zo schijnt het. Vondsten op de bodem van meren laten duidelijk zien dat zich langdurige droogtes voordeden, precies in de tijd dat het Mayarijk instortte. Verder is er in sedimenten op de zeebodem bewijs gevonden dat de Klassieke Mayaperiode afliep met de dubbele klap van een langdurig droge periode die tussen het jaar 810 en 910 “werd onderstreept door nog intensere, jarenlange droogtes”.

In zijn boek *Collapse: How Societies Choose to Fail or Survive* (in het Nederlands verschenen als *Ondergang*), noemt Jared Diamond de ondergang van het Mayarijk een klassiek geval van ecologische overbelasting. Als hoogontwikkelde maatschappij vroeg zij teveel van haar natuurlijke hulpbronnen, waardoor zij kwetsbaar werd voor natuurrampen als droogte. Diamond waarschuwt dat de bevolkingsgroei en economische ontwikkeling de hulpbronnen in Midden-Amerika andermaal onder grote druk zetten. Grote stukken van Zuid-Mexico zijn opnieuw al hun bos kwijt. De erosie van hellingen verwoest opnieuw landbouwgrond. Grote orkanen veroorzaken overstromingen, waaruit weer modderstromen voortvloeien, waarin duizenden mensen omkomen. En wat gebeurt er als de droogte nog eens toeslaat?

Helaas draait het in de voorspellingen over de drie-gradenwereld in de regio juist om droogte. Hoewel men diep in de tropen meer neerslag voorziet, worden de subtropen droger, en Midden-Amerika ligt in het hart van één van deze droger wordende zones. Het model van het Hadley Centre voorspelt een daling van de neerslag met één tot twee millimeter per dag; in sommige gebieden is dat de helft van wat er jaarlijks valt. En net als bij de ondergang van het Mayarijk betekent een gemiddeld drogere situatie dat er vaker ernstige droogtes zullen voorkomen. Het droge weer kan ook de ontbossing bevorderen, doordat de overblijvende bomen eerder afsterven. Dat is de voornaamste reden dat Midden-Amerika in een onderzoek uit 2006 werd aangewezen als 's werelds 'hot spot' in verband met de klimaatverandering, oftewel een gebied dat ons de grootst mogelijke zorgen baart.

Het is moeilijk voor te stellen hoe tientallen miljoenen mensen die nu in Midden-Amerika wonen het op zulk marginaal land lang zouden kunnen volhouden. De middelmatige droogte van 2001, die volgens schattingen onder zo'n anderhalf miljoen mensen tot voedseltekorten leidde, was daarvan nog maar een voorproefje. Hierdoor werden honderdduizenden mensen maandenlang afhankelijk van voedselhulp. Maar van dergelijke hulp zal het niet komen in een wereld waarin de bodem van de voedselvoorraden al in zicht is. Dus zolang de klimaatverandering steeds sneller gaat, zullen deze Midden-Amerikaanse landen tot de eerste horen die zien hoe hun landbouwproductiviteit wordt lamgelegd en hun bevolking gemarginaliseerd en ontheemd raakt. Bij de ontvolking van hele gebieden zullen emigranten lange rijen spooksteden achterlaten: stoffige ruïnes op plekken die hen niet meer kunnen onderhouden.

Die verlaten dorpen en gehuchten liggen er dan misschien wel weer eeuwenlang onaangeroerd bij, net als de puinhopen die hun Maya-voorouders lang geleden achterlieten. Ook deze ruïnes hebben een lesje voor een toekomstige wereld in petto. Maar het is de vraag of er ook nog mensen zullen zijn die hier lering uit kunnen trekken, zoals we in het volgende hoofdstuk zullen zien.

De moesson van Mumbai

De voedselgewassen van 60 procent van de wereldbevolking zijn afhankelijk van slechts één enkel terugkerend weersysteem: de Aziatische zomermoesson. Miljoenen komen van de honger om als de moesson zijn beloofde regen achterhoudt en nog eens miljoenen zullen hun huis kwijtraken aan overstromingen als de moesson voor een zondvloed zorgt die het land niet aankan. Dagtotalen van 40 centimeter regen zijn bij deze hevige tropische stortbuien niet ongewoon en tijdens de recordwolkbreuk in Mumbai in juli 2005 viel er een meter regen in minder dan 24 uur. De overstroming die hierop volgde kostte 1.000 mensen het leven. Maar zonder dit jaarlijkse natte seizoen zouden de vruchtbare vlakten van India en Bangladesh, met de hoogste bevolkingsdichtheid ter wereld, dor en levensloos zijn. Vandaar dat de betrouwbaarheid van de moesson in een warmere toekomst voor miljoenen mensen een kwestie van leven of dood is.

Zoals ik al in hoofdstuk 1 heb uitgelegd, hangen moessons samen met warmteverschillen tussen het land en de omringende oceaan. In een warmere wereld zullen deze verschillen groter worden en dat betekent dat een totale instorting van de Indiase moesson in de komende eeuw niet waarschijnlijk is. De keren in het verleden dat het regenseizoen zwakker was hingen gewoonlijk juist met koudere periodes samen, zoals op het toppunt van de laatste ijstijd. Ook hedendaagse vervuilende stoffen zoals aërosols (meestal zwaveldioxide en deeltjes die bij brand vrijkomen) kunnen een verkoelend effect hebben en zelfs zonder wereldwijde opwarming kan de zogenaamde 'Aziatische Bruine Wolk' het regenseizoen danig in de war schoppen, zo stelt een onderzoek. De schrijvers ervan stellen als hypothese dat zich hierbij alsnog een 'achtbaanscenario' kan gaan afspelen. Daarin zouden verontreinigende stoffen met een afkoelend effect de moesson eerst afzwakken, voordat maatregelen tegen de vervuiling en hogere broeikasgasniveaus hem juist weer met ongekende kracht terugbrengen. Veel onderzoeken die uitsluitend het effect van broeikasgassen bekijken, zijn echter tot de slotsom gekomen dat aanzienlijk meer neerslag in het regenseizoen het meest waarschijnlijke scenario is, zeker gezien het feit dat een warmere atmosfeer meer vocht kan vasthouden.

Een heviger regenseizoen zadelt ons met twee problemen op. Ten eerste zorgt een hoger neerslaggemiddelde in de moesson voor zwaarder weer en in samenhang daarmee voor extreme overstromingen, dankzij de warmere en vochtiger atmosfeer. In India is inmiddels al een hogere frequentie en intensiteit van zware regenbuien geconstateerd, zoals ik in hoofdstuk 1 heb aangegeven. Ten tweede zal de moesson waarschijnlijk wispelturiger worden. In sommige jaren kan hij in bepaalde gebieden volledig uitblijven, om het volgende seizoen met hernieuwde kracht terug te komen. Weersvoorspellers hebben er nu al moeite mee om de jaarlijkse eb en vloed van het regenseizoen te bepalen en die taak zal nog lastiger worden wanneer zich in het weer wereldwijd nieuwe patronen gaan aftekenen.

Die nieuwe weerpatronen kunnen van invloed zijn op gebieden die verrassend ver van het Indiase subcontinent af liggen. Onderzoek aan oud koraal voor de kust van Indonesië heeft aangetoond dat Sumatra en andere Indonesische eilanden 6.000 jaar geleden, in een periode met intense moessons, hard werden getroffen door ernstige droogte. Die was te wijten aan veranderende patronen in de windstroming over de tropische Indische Oceaan en wijst erop dat als de Indiase moesson steeds intenser wordt, het in dit dicht bevolkte land opnieuw aanhoudend droog zou kunnen worden, zoals veel klimaatmodellen voorspellen. Droogtejaren zijn in Indonesië nu al rampzalig, compleet met voedseltekorten en zulke ernstige bosbranden, dat grote delen van het land en het nabij gelegen Maleisië voor weken onder zwarte rooksluiers verdwijnen. Zelfs ver weg gelegen gebieden als Zuid-Australië zullen mogelijk minder neerslag krijgen als gevolg van het veranderende Indiase regenseizoen.

In India zelf zullen boeren grote moeite hebben om met succes gewassen te verbouwen als het steeds onzekerder wordt wanneer het regenseizoen begint. In heviger jaren zullen overstromingen catastrofale vormen aannemen als uitgestrekte gebieden onder water komen te staan. Met name de gebieden die nu al de meeste regen krijgen, zoals de westkust van India, de Golf van Bengalen, Bangladesh en Noordoost-India, zullen zwaar getroffen worden. Het lijkt net een bijbelse spreuk: hen die reeds hebben, zal nog meer gegeven worden. Ook het omgekeerde is waar: in gebieden waar regen op dit moment schaars is gaat nog minder vallen, zoals in Noord-India en Zuid-Pakistan.

En het is precies Pakistan waar we ons hierna op richten, want wanneer de temperatuur mondiaal drie graden stijgt, zal dit land zich op de rand van een crisis bevinden zoals die zich in de geschiedenis van de mensheid nog niet eerder heeft voorgedaan. En zoals dat zo vaak het geval is, zal deze ramp niet direct voortvloeien uit de grotere hitte zelf, maar uit de indirecte gevolgen ervan. Pakistan loopt grote kans om enorme hoeveelheden van zijn meest waardevolle hulpbron kwijt te raken: water.

Waar ooit de Indus stroomde

De twee hoogste bergen ter wereld schragen internationale grenzen. Mount Everest maakt deel uit van het grensgebied tussen Nepal en Tibet, terwijl K2 de scheidslijn vormt tussen Pakistan en Xinjiang, een afgelegen provincie van China. K2 vormt daarnaast de top van het machtige Karakoramgebergte, dat kan bogen op maar liefst vier pieken boven de 8.000 meter en nog eens tien van meer dan 7.000 meter hoog. Buiten de poolgebieden herbergt de Karakoram in één van 's werelds hoogste en meest ontoegankelijke bergketens het grootste gletsjerveld op aarde. Bergbeklimmers moeten bijvoorbeeld meer dan een week de Baltorogletsjer oplopen voordat zij de eerste glimp opvangen van de ontzagwekkende, piramidevormige top van de K2.

In deze gletsjers liggen gigantische hoeveelheden zoet water opgeslagen, en alle drie de grote rivieren van het Indiase subcontinent, de Indus, de Ganges en de Brahmaputra, vinden hun oorsprong in de sneeuw van de Karakoram, de Himalaya en de Tibetaanse Hoogvlakte daarachter. Doordat de Mekong, de Yangtze en de Gele Rivier ook hun bronnen in deze uitgestrekte hooglanden hebben, is het niet overdreven om te stellen dat de rivieren die op de hellingen van deze gletsjerpieken ontspringen, in het levensonderhoud voorzien van de halve mensheid.

Terwijl het water uit het Everestgebied uiteindelijk in de Ganges terechtkomt, stroomt het water aan de noordkant van de Himalaya in de Brahmaputra. Deze loopt van west naar oost, om vervolgens 180° om te draaien, door de bergketens ten oosten van Bhutan en zuidwaarts richting Bangladesh. Intussen krijgt de Indus vroeg in het seizoen zijn water vooral uit de 72 kilometer lange Siachen-gletsjer, één van de acht gletsjers in het Karakoramgebied van meer dan 50 kilometer lang. Verder stroomafwaarts loopt de Indus pal langs de 8.126 meter hoge piek van de Nanga Parbat in het uiterste westen van de Himalaya, waar een cluster gletsjers nog meer water levert. Hier is de Indusvallei al grotendeels dor en het uitzicht op de flanken van deze torenhoge berg – in hoogte nummer negen van de wereld – is een streling voor het oog in vergelijking met de blinkende hittewaas die boven de vlakke, stenen valleibodem hangt.

Al met al omvat het stroomgebied van de Indus meer dan 3.500 individuele gletsjers, en dat is meer dan de Ganges en de Brahmaputra samen. Over de hele lengte van zijn stroomgebied kent de Indus echter een droger klimaat dan de andere twee rivieren, die beide ’s zomers meer water aangevoerd krijgen uit de moessonregens in de gebieden rondom hun benedenloop. Deze combinatie van een droog klimaat en een sterk vergletsjerd stroomgebied maakt de Indus uitgesproken afhankelijk van bergwater. En dat is zijn achilleshiel: de ooit tijdloze sneeuw is er al aan het smelten. Een grilligheid in de atmosferische dynamiek betekent dat de luchttemperatuur boven het hoogland twee maal zo snel stijgt als het gemiddelde wereldwijd en een versnelde terugtrekking van de gletsjers is in alle grote verijsde gebergtes waargenomen. Zelfs de machtige Everest is ijsmassa kwijtgeraakt; de Khumbu-gletsjer is over een lengte van vijf kilometer gekrompen vanaf het punt waar Hillary en Tenzing in 1953 hun klim naar de top begonnen.

Terwijl de gletsjers zich aan hun bron de komende eeuw stukje bij beetje terugtrekken, zal de Indus een dramatische verandering ondergaan. In een vroeg stadium van deze grootse transformatie zal de rivier aanzwellen dankzij het extra smeltwater van het versneld wegsmelten van de gletsjers. Voor een ontwikkelingsland als Pakistan met een uitdijende landbouw en een groeiende bevolking lijkt die extra aanvoer van zoet water een zegen. Maar wel één die van korte duur zal zijn. Tientallen jaren later, als het ijs grotendeels is weggesmolten, zal er van de rivier weinig meer overblijven dan een sijpelend stroompje. En de vertakkingen van de wijdse Indus-delta zullen er maanden achtereen leeg bijliggen.

Het Britse Department for International Development financierde een onderzoek dat gebruik maakte van hydrologische modellen om veranderingen te voorspellen in de stromen rivierwater voor de komende eeuw. Dit onderzoek bevestigt het sombere vooruitzicht voor de bovenloop van de Indus. Terwijl de stroom aanvankelijk, afhankelijk van de opwarmingssnelheid, met 14 tot 90 procent aangroeit, voorziet het model dat er later deze eeuw tot 90 procent minder water zal zijn. Bij Skardu, de toegangspoort tot de Karakoram en een belangrijke rustplaats voor bergbeklimmers die op weg zijn naar K2 en Broad Peak, bereiken de stroommodellen van de Indus hun hoogste punt in 2030. Dan duikt de hoeveelheid water tegen het jaar 2080 met de helft naar beneden, terwijl de rivier bovenstrooms, bij Shyok in Ladakh, in het jaar 2090 al droog kan komen te staan. Intussen zal de Indus benedenstrooms, waar hij bij Bisham Qila uit de bergen tevoorschijn komt, rond 2080 tussen 20 en 40 procent minder water voeren.

Het wegvallen van het gletsjerwater aan de bronnen van de Indus zal een dramatisch effect hebben op de hoeveelheid water over zijn hele benedenloop door Pakistan. Zowel in het oosten, in de Punjabvallei, als in het westen, in het droge en wetteloze berggebied van Baluchistan, zal er weinig regen vallen die het gletsjerwater kan aanvullen. De Pakistaanse landbouw is praktisch geheel afhankelijk van water uit de Indus, dat in irrigatiekanalen kriskras door de Punjab heen stroomt. Zodoende staat het land de vernieling van zijn belangrijkste graanschuur te wachten wanneer de rivier en zijn zijrivieren eenmaal droog komen te staan.

Uit het buitenland valt niet veel hulp te verwachten, aangezien Pakistan's buurlanden zelf waarschijnlijk ook problemen krijgen met een kwijnende wateraanvoer. In China woont bijvoorbeeld 23 procent van de bevolking in het westen, waar smeltende gletsjers in het droge seizoen de voornaamste bron van water vormen. En ook al zal die minder getroffen worden dan de Indus, dan nog is het water van de Ganges voor maar liefst 70 procent afkomstig van smeltende gletsjers, net als de helft van het water in andere grote rivieren. Op een bepaalde manier gaat het om 'fossiele' watervoorraden, die miljoenen jaren lang opgeslagen hebben gezeten in een tijd dat de gletsjers min of meer in evenwicht waren. De komende decennia zullen deze voorraden vrijkomen door de opwarming van de aarde.

Daar India bij uitstek afhankelijk is van elektriciteit uit waterkrachtcentrales, kan de teruglopende wateraanvoer in de zomer leiden tot black-outs en energietekorten in de heetste maanden van het jaar. Twee van de grootste zijrivieren van de Indus, de Chenab en de Sutlej, ontspringen in India en stromen Pakistan in. Beide zullen eveneens de gevolgen ondervinden van het wegsmelten van de gletsjers boven in hun stroomgebied. Naarmate er minder water beschikbaar is en politieke leiders ruziën over hoeveel water er bovenstrooms in stuwmeren kan worden opgeslagen, is er grote kans op het uitbreken van conflicten tussen deze twee kernwapenstaten.

Elke crisis in de voedselproductie zou snel kunnen escaleren tot een crisis in de hele Pakistaanse economie. Het land is sterk afhankelijk van de export van marktgewassen zoals rijst en suiker, die beide op grote schaal in het geïrrigeerde Punjab worden verbouwd. Verder naar het zuiden is de provincie Sindh volledig afhankelijk van het water uit de Indus voor de aanvoer in haar irrigatiesysteem. Op den duur zullen de boeren daar dan ook weggeconcurreerd worden door hun machtiger collega's uit de Punjab in het noorden. En boeren in het hele land zullen op hun beurt weggeconcurreerd worden door grote steden als Lahore, Hyderabad en Karachi, die alle vele miljoenen inwoners hebben.

Als in het droge seizoen de aanvoer van Induswater door het krimpen van de gletsjers bovenstrooms afneemt, zal een cascade aan opeenvolgende effecten worden ontketend die voor Pakistan niet meer te overzien zijn. Mensen trekken massaal van het platteland naar de al overbevolkte steden. Aangezien de wereldvoedselvoorraden toch al onder druk staan, zoals eerder besproken, zal er weinig extra capaciteit zijn om de mensen te voeden die uit voorheen geïrrigeerde gebieden zijn weggevlucht. Er zouden nog meer conflicten met India kunnen uitbreken wanneer miljoenen Pakistaanse vluchtelingen de grens oversteken, op zoek naar voedsel in gebieden die door de Ganges worden bevloeid, gebieden die zelf ook al dichtbevolkt zijn.

De hele geschiedenis laat zien dat als mensen de keus hebben om ter plekke te verhongeren of hun biezen te pakken, ze dat laatste doen; ze vertrekken. Tegen het eind van de eeuw komen tientallen miljoenen Pakistaanse burgers misschien wel voor die keuze te staan, omdat de rivier die hun beschaving eeuwenlang mogelijk heeft gemaakt, opdroogt en de graanschuren die hij al die tijd heeft gevoed, nu worden overmeesterd door de oprukkende woestijn. Pakistan, dat kernwapens bezit, zou zichzelf op het lijstje van mislukte staten kunnen zien opduiken, wanneer het burgerlijk bestuur instort en gewapende bendes het beetje overgebleven voedsel te pakken krijgen. Waar ooit de wet heerste, zal dan het geweer de baas zijn.

Hoog in de bergen zal, behalve op de allerhoogste toppen, de schitterend witte sneeuw plaats hebben gemaakt voor kale rotsen en hardgebakken bodem. Meer naar beneden zullen de valleigletsjers, die duizenden jaren lang zoetjesaan hun weg tussen de steile toppen door hebben uitgeschuurd, tot puin zijn vergaan. En ergens in de afgelegen woestenij van de Tibetaanse hoogvlakte, ver weg van iedere menselijke bewoning, zal een eenvoudige hoop stenen de plek markeren waar ooit de machtigste rivier in de geschiedenis ontsprong.

De laatste druppels van de Colorado

Anders dan de Indus, is de Colorado geen natuurlijke rivier meer. Zijn eb en vloed worden niet bepaald door de grillen van het weer, maar door ingenieurs die op knoppen drukken in de controlekamers van zeker twaalf grote stuwdammen. Elke druppel van de 18 miljoen kubieke meter water die in een gemiddeld jaar door de Colorado stroomt is al voorbestemd voor menselijk gebruik. In dit deel van de Verenigde Staten wordt het water volgens een hele stapel overeenkomsten verdeeld tussen staten in de Upper Basin (Wyoming, Utah, Colorado en New Mexico), in de Lower Basin (Californië, Arizona and Nevada) en Mexico. Net als bij de Indus is het grootste deel van het water, namelijk meer dan 70 procent, afkomstig uit het stroomgebied hoog in de bergen, en niet uit de het dorre laagland. Maar net als de Sacramento en de San Joaquin in Californië is de Colorado niet zozeer een levende rivier, maar een gigantisch staaltje loodgieterswerk. Door overgebruik kraken de leidingen van de Colorado bovendien in hun voegen. Een serie droogtejaren na 2000 duwde het systeem bijna over rand, waardoor het waterpeil in Lake Mead, net achter de smalle Hoover Dam, zo diep wegzakte dat de aanvoer naar drie staten met miljoenen mensen in gevaar kwam. Hoewel de stuwdammen in de Colorado voldoende water bevatten om de rivier vier jaar lang te kunnen voorzien en daarmee een buffer vormen voor wisselende waterstanden in de rivier, gaat er van een lang aanhoudende droogte nog steeds een ernstige bedreiging uit. Een gedetailleerde simulatie waarin men onderzocht hoe het Colorado-systeem zich in een toekomstig klimaat zou kunnen gedragen, liet zien dat het systeem in de tweede helft van 21e eeuw tussen een kwart en de helft van de tijd in wezen faalt.

De stuwdammen in de Colorado hebben vanaf het eerste moment dat er plannen voor op tafel kwamen, grote weerstand opgeroepen. Dat geldt met name voor de Glen Canyon Dam, die prachtig uitgehouwen ravijnwanden – de beroemde Woestijnkathedraal – liet verdrinken, zodat het gebied eromheen inmiddels bekend staat als het 'Verloren Nationale Park' van Amerika. Campagnevoerders beweren dat er door verdamping zoveel water verloren gaat dat Lake Powell, achter de dam, in wezen nutteloos is en dat er beter ergens anders water kan worden opgeslagen.

Wie er in dit specifieke geval ook gelijk heeft, het is duidelijk van essentieel belang om rivierwater op een of andere manier op te slaan, om zo de seizoensgebonden wisselingen in de waterstand te kunnen opvangen. Dat geldt in het bijzonder voor de rivieren in het westen van de Verenigde Staten, die vroeg in de zomer een piek laten zien als de sneeuw gaat smelten, om dan later in de zomer terug te vallen wanneer de menselijke vraag naar water op zijn hoogst is. Het probleem van het slinkende sneeuwdek is in het vorige hoofdstuk al besproken. Daarbij zagen we dat de westelijk kuststaten door de wereldwijde opwarming met grote veranderingen te maken krijgen, zowel in de hoeveelheid water die de rivieren voeren, als in de waterbehoefte van steden en van de landbouw. Tegen de tijd dat de temperatuur wereldwijd drie graden hoger ligt dan nu, wordt de situatie steeds kritieker. Niet alleen zal sneeuw in de lagere stroomgebieden regen zijn geworden, zodat er helemaal geen natuurlijke wintervoorraad wordt opgebouwd, maar ook dient de datum waarop de sneeuw in het voorjaar hoog in de bergen begint te smelten zich een maand eerder aan, of zelfs nog vroeger.

Als het 's winters meer regent en de sneeuw in de lente eerder gaat smelten, zal er water uit de stuwmeren gelaten moeten worden, om capaciteit te creëren om water tijdens overstromingen te kunnen opvangen. Dat komt neer op de verspilling van een kostbare hulpbron die later in het jaar schaars zal zijn. De meeste rivierensystemen hebben echter niet genoeg stuwdammen om op deze stroom afwatering in te spelen en het leeuwendeel van dit 'vroege water' zal dan ook naar de oceaan worden afgevoerd en daarmee verloren gaan. De lange zomerse droogte zal nog langer worden en de ecosystemen en menselijke bewoning in het hele westen van de Verenigde Staten bedreigen.

In feite is de hele Amerikaanse kust langs de Stille Oceaan verregaand afhankelijk van smeltende sneeuw. Seattle kampt in jaren met weinig sneeuw bijvoorbeeld al met tekorten. Ook de landbouw zal getroffen worden. Zo valt er in de vruchtbare Yakimavallei in de staat Washington, beroemd om zijn appels, kersen en een bloeiende zuivelindustrie, maar bar weinig regen, en is het irrigatiestelsel er vrijwel volledig afhankelijk van het verdwijnende smeltwater.

Zelfs ver naar het noorden in Canada zal deze situatie zich herhalen, terwijl je zou verwachten dat de sneeuw daar door de winterse kou wel gegarandeerd zou zijn. Eén Canadese rivier zou wel eens 40 procent minder water kunnen gaan voeren. Grote delen van de Rocky Mountains zouden zo goed als sneeuwvrij kunnen worden, waarbij slechts de allerhoogste toppen hun witte winterjas aanhouden. Irrigatiewater uit de Rockies is voor de landbouw in heel Alberta van vitaal belang en landbouwgewassen als aardappelen, peulvruchten en zomertarwe zullen het zonder dit water al snel afleggen.

En dan hebben we het nog niet eens over een bijkomend gevaar: droogte. Hoofdstuk 1 gaf aan hoe kwetsbaar het westen van de Verenigde Staten in een warmere wereld is voor de terugkeer van extreme, middeleeuwse droogtes. En op basis van een opvallend sterke consensus tussen verschillende klimaatmodellen kan vooral het zuidwesten, met staten als Californië, Arizona, Nevada, Utah, Colorado, New Mexico, Texas, Oklahoma en Kansas, een klimaat verwachten dat permanent droger is. Volgens een artikel dat in mei 2007 in *Science Magazine* verscheen zou dit hogere ariditeitsniveau lijken op de Dust Bowl-jaren of op de droogte in de jaren '50. Behalve dan dat de verandering dit keer blijvend zal zijn.

Lentes zonder sneeuw, hetere zomers en intensere droogtes zullen alle de kwetsbaarheid van het westen van de Verenigde Staten vergroten voor wat wellicht het meest gevreesde element is: vuur. Californië is altijd uitermate gevoelig voor bosbrand geweest. De staat heeft hierdoor in de afgelopen eeuw meer financiële verliezen geleden dan welke andere staat ook. Er is al bewijs dat het aantal zware bosbranden midden jaren '80 plotseling opliep doordat de zomers langer waren en de sneeuw eerder was gaan smelten. En die branden hielden elke keer wekenlang aan. In 2003 joegen door de wind aangewakkerde bosbranden door het zuiden van Californië en bereikten zelfs de buitenwijken van Los Angeles. De brandweer kon destijds alleen maar machteloos toezien hoe enorme vlammentornado's boven de brand uitstegen. Oktober 2007 bracht opnieuw een dozijn branden in Californië. 14.000 ha en honderden panden gingen in vlammen op. Delen van San Diego werden geëvacueerd evenals de huizen van sterren als Sting en Mel Gibson in Malibu.

Volgens voorspellingen door de Forest Service van het USDA en academici van het Berkeley National Laboratory zou het aantal 'ontsnapte', uit de hand gelopen bosbranden in het zuiden van de San Francisco Bay Area met meer dan 50 procent kunnen toenemen en op de flanken van de Sierra Nevada, meer naar het oosten, zou de toename zelfs naar 125 procent kunnen doorschieten. Alleen de mistige en klamme noordkust zou aan de vlammen ontsnappen. Verder zou

Californië niet het enige getroffen gebied zijn: het grootste deel van het Zuidwesten, de Great Basin en de noordelijke Rocky Mountains zouden er elk jaar twee à drie weken aan verhoogd risico op bosbrand bij krijgen.

Al die uiteenlopende gevolgen wijzen maar op één ding: een heel ander Amerikaans westen dan wij nu kennen. Wanneer de bergen hun sneeuw kwijtraken, verliezen steden hun water en boeren hun vruchtbare grond. Als 's zomers de droogtes de graslanden en de bossen verdorren, kan men erop wachten dat de eerste vonk deze wereld in lichterlaaie zet. De brandweer mag dan wel aan komen rijden, maar de bluswagens zijn leeg en de slangen nutteloos. Niets zal de brand kunnen tegenhouden.

De Big Apple verzuipt

Aan de andere kant van het Amerikaanse continent zal New York met het tegenovergestelde probleem te maken krijgen. Wat de Big Apple bedreigt is niet dat er te weinig, maar juist teveel water zal zijn. De New Yorkse metropool, waar bijna 20 miljoen mensen wonen, heeft een kustlijn van 2.400 kilometer. Het grootste deel daarvan ligt laag en is volgebouwd met flatgebouwen, wegen en treinrails. Van de vijf New Yorkse stadsdistricten liggen er vier op eilanden, die door meer dan 2.000 bruggen en tunnels met het vasteland verbonden zijn. De inritten naar de meeste spoorlijnen, tunnels en luchthavens liggen op slechts drie meter boven de waterspiegel, sommige zelfs nog minder. De vorm van de kustlijn in het oosten maakt New York ook nog eens uitermate kwetsbaar voor stormvloed: de haakse bocht tussen New Jersey en Long Island werkt als een trechter die water direct de haven in perst, terwijl ook de oostpunt van Long Island een trechter vormt.

Als het over een grote overstroming gaat, mogen gemeenteambtenaren graag zeggen dat het geen kwestie is van óf hij komt, maar wanneer. Als de orkaan Floyd niet tot een tropische storm was afgezwakt toen hij in 1999 over dit gebied kwam razen, dan was 'die ene grote' waarschijnlijk al langsgekomen. Evengoed viel er op sommige plekken 30 centimeter regen, waardoor het plotseling hoogwater was en het transportsysteem in de stad bijna volledig stil kwam te staan.

Een paar jaar eerder, in december 1992, was de stad zelfs nog dichterbij een overstroming geweest. Toen joeg een harde noordooster storm een gigantische vloedgolf het land op, terwijl hij de gehele regio bekogelde met zware stortbuien. De vloedgolf sloot in de binnenstad het hele metrosysteem kort, waardoor mensen vast kwamen te zitten in treinen en op stations. Hij zette ook FDR Drive en andere wegen in Manhattan meer dan een meter onder water, terwijl het water in de tunnel van Battery Park twee meter hoog kwam te staan. Dorpen langs de kust van New Jersey, Connecticut en Long Island werden geëvacueerd. Ambtenaren slaakten een zucht van verlichting toen de storm begon over te waaien. Zij wisten dat een vloedstand van slechts een halve meter hoger tot grootschalige overstromingen en slachtoffers zou hebben geleid.

De afgelopen eeuw is de zeespiegel langs de kust van New York al zo'n 25 centimeter gestegen en er wordt voorspeld dat die verhoging de komende honderd jaar nog eens dramatisch zal versnellen. Het effect van de wereldwijde stijging van de zeespiegel wordt namelijk nog eens versterkt doordat het land langs het grootste deel van de Amerikaanse oostkust geleidelijk aan het zakken is. Tegen de tijd dat de temperatuur wereldwijd drie graden hoger ligt dan nu, zal de zeespiegel met nog eens 25 centimeter tot zelfs een hele meter zijn gestegen. (Zoals we al eerder zagen, hangt de onzekerheid hierover vooral samen met het onvoorspelbare gedrag van de ijskappen op Groenland en Antarctica.) Met waarschijnlijk hardere orkanen en mogelijk ook nog eens zwaardere noordoosterstormen in de winter, zal die ene 'volmaakte storm'

New York wellicht niet slechts eenmalig, maar herhaaldelijk aandoen. Wat vandaag de dag geldt als de overstroming die eens in de 100 jaar plaatsvindt zou zich rond 2050 wel eens elke 20 jaar kunnen afspelen, en rond 2080 iedere vier jaar. De zone met drie meter overstroming, die nu veel van Manhattan, Coney Island in Brooklyn, grote delen van Jersey City en Hoboken en de beide luchthavens van Newark en LaGuardia omvat, zou maar liefst elke vijf jaar blank kunnen komen te staan. Daardoor zouden grote gebieden economisch niet meer levensvatbaar zijn. De overstromingsproblemen zullen nog verergeren, doordat het stijgende zeewater de kustlijn zoetjesaan wegvreet. Als er niet op grote schaal zand wordt aangevoerd, zullen de stranden in het noorden van New Jersey en Long Island rond 2080 jaarlijks drie meter verder landinwaarts kunnen komen te liggen.

Verschillende stedebouwkundigen hebben inmiddels plannen op tafel gelegd voor de bouw van stormvloedkeringen op drie locaties om zo New York in de toekomst tegen vloedgolven te beschermen: één bij Arthur Hill tussen Staten Island en New Jersey, één in de buurt van de Narrows bij de monding van de New Yorkse haven en één aan de noordoever van Queens, aan de overkant bovenaan de East River. "In de toekomst zal een zwakkere storm dezelfde schade aanrichten als een zware storm momenteel doet," zegt Malcom Bowman, stormvloedexpert en voorvechter van stormvloedkeringen. "Als deze drie barrières hoog genoeg zijn om elke denkbeeldige stormvloed te weerstaan en voor een zware storm worden afgesloten, dan zouden zij de stad rondom beschermen."

Het bouwen van zo'n serie waterkeringen zou miljarden dollars kosten, maar het *niet* bouwen ervan zou in termen van mensenlevens en bezittingen nog wel eens meer kunnen kosten. Lower Manhattan, Coney Island en Rockaway Beach, drie van de meest kwetsbare delen van New York, zijn ook nog eens dichtbevolkt, terwijl de evacuatieroutes onder het stormvloedpeil zullen liggen, zodat mensen die zichzelf in veiligheid proberen te brengen de pas wordt afgesneden. Zoals de beleidsmakers die niets aan de dijken rond New Orleans deden ten koste van veel mensenlevens ondervonden: wanneer de grote storm eenmaal in aantocht is, is het te laat.

Storm boven Europa

Inderdaad, de bouw van de stormvloedkering in de Thames heeft miljarden gekost, maar het geld bleek goed besteed. Tussen 1983 en 2001 is de waterkering 62 keer gebruikt en in de jaren daarna gebeurde dat nog vaker; het huidige ontwerp gaat tot 2030 mee. Zijn opvolger zal tot het eind van de eeuw misschien wel 200 keer gebruikt moeten worden om het hoofd te kunnen bieden aan de gevolgen van zowel zwaardere stormen als een hogere zeespiegel.

Jason Lowe van het Meteorologisch Bureau van het Britse Hadley Centre is één van de wetenschappers die zich bezighouden met het voorspellen van toekomstige stormvloedrisico's. Hij is mede-auteur van een artikel uit 2001 waarin hij aangeeft dat er in een warmere wereld aan de Britse kust inderdaad meer overstromingen te verwachten zijn. "In het zuidelijke deel van de Noordzee", zo stelt hij, "zal iets wat zich momenteel eens in de 150 jaar voordoet, rond 2080 elke zeven à acht jaar optreden."

Net als in Nederland was in 1953 een stormvloed verantwoordelijk voor de zwaarste natuurramp die Groot-Brittannië ooit heeft meegemaakt. In de nacht van 1 februari 1953 kwamen meer dan 300 mensen om het leven, nadat een gierende storm op de Noordzee in 24.000 huizen aan de Engelse oostkust voor overstroming had gezorgd. Vele overlevenden brachten urenlang in het steenkoude donker op de daken van hun huizen door, terwijl de golven door de onderste verdiepingen klotsten. Alleen wie geluk had overleefde die nacht, terwijl vele anderen aan de bitterkoude wind en onderkoeling bezweken voordat reddingswerkers hen de volgende ochtend per boot konden bereiken.

Toentertijd werd de ramp in 1953 bestempeld als iets wat zich slechts eens in de 120 jaar voordoet. Het werk van Lowe laat zien dat overstromingen van deze orde de kust tegen het eind van deze eeuw om de paar jaar zouden kunnen treffen. Hierdoor zouden hele dorpen, steden en grote stukken landbouwgrond onbewoonbaar worden. Aparte steden, met hun kostbare vastgoed, zijn wel te beschermen. Maar wanneer het water blijft stijgen, is voor de kustlijn als geheel terugtrekken de enig haalbare optie.

Hoe vaak stormvloeden op gaan treden hangt af van de frequentie van het extreme weer dat hen veroorzaakt. Een Duits onderzoek voorspelde dat tegen de tijd dat de temperatuur wereldwijd drie graden hoger ligt, meer extreme orkanen een spoor over West-Europa zullen trekken. Daarbij zal zich in Groot-Brittannië, Spanje, Frankrijk en Duitsland meer stormschade voordoen. Een tweede onderzoek voorziet dat zelfs bij een daling in het totale aantal stormen, er in de tweede helft van de eeuw wereldwijd steeds vaker zware orkanen voorkomen. Weer een ander onderzoek voorspelt zwaardere stormen in heel West-Europa ten noorden van de Alpen, vooral in Frankrijk, Duitsland, Denemarken en Groot-Brittannië; daarbij zal de wind gemiddeld zo'n 25 procent harder zijn. Als gevolg daarvan zal het ook boven de Noordzee vaker gaan stormen en zullen er hogere golven op de kust van Nederland, Duitsland en Denemarken komen beuken.

Met zijn laagliggende kust en uitgebreide stelsel van waterkeringen en dijken zal Nederland uitermate kwetsbaar zijn voor plotselinge veranderingen in de zeespiegel. Zulke veranderingen zijn nooit voorzien door de ingenieurs die de infrastructuur voor deze kustverdediging hebben aangelegd; waarschijnlijk had geen van hen ooit van wereldwijde opwarming gehoord. Tijdens de ramp in 1953 kwamen veel meer Nederlanders dan Engelsen om – het totale dodental lag op ruim 1800. En aangezien grote delen van het land onder het huidige zeeniveau liggen, zal Nederland tegen het midden van de eeuw wellicht genoegen moeten nemen met een flink gekrompen areaal. Gezien het feit dat Nederland vóór de drooglegging in de Middeleeuwen voor een groot deel onder water lag, kan de huidige vergrote vorm van het land wel eens een tijdelijke dwaling blijken te zijn in de voortdurende eb en vloed van de Noordzee.

De hardere wind zal vergezeld gaan van zwaardere regens – iets dat voor de hele aardbol wordt voorspeld, omdat de extra hitte-energie de processen van verdamping en neerslag versnelt. En die ontwikkeling is inderdaad al gaande; overal op de planeet is reeds een intensivering van de hydrologische cyclus waargenomen. In 2007 meldde een internationaal onderzoeksteam in het tijdschrift *Nature* dat regionen boven de 50° noorderbreedte op het noordelijk halfrond (een gebied dat Canada, Groot-Brittannië, Scandinavië, Noord-Europa en Rusland beslaat) een toename van de hoeveelheid neerslag hebben ervaren. Die extra neerslag weegt ruwweg op tegen de uitdroging in de tropen en subtropen. Men voorziet dat deze trend zich doorzet, en zodoende kan Noord-Europa rond 2070 zo'n 20 procent meer regen verwachten, die grotendeels tijdens steeds hevigere stortbuien zal vallen. Dat betekent bovendien meer overstromingen in de winter. Volgens een onderzoek kunnen het noorden en westen van Groot-Brittannië te maken krijgen met 50 procent meer zware overstromingen.

Jaren met droogte en overstroming kunnen elkaar afwisselen, net zoals de ongekende Europese zondvloed in de zomer van 2002 werd gevolgd door een dodelijke hittegolf in de zomer van 2003. Dat beeld wordt bevestigd door een onderzoek van Italiaanse klimatologen, waarin in een warmer klimaat een toename van het aantal zware overstromingen *en* droogtes in West- en Midden-Europa wordt voorzien. Daardoor zullen de landbouw en dichtbevolkte gebieden kort na elkaar door zondvloeden en watertekorten worden geteisterd. Met een scherpe daling van de neerslag in de Alpen zal Europa in droge jaren net zulke problemen krijgen als het westen van de Verenigde Staten. De rivieren bereiken hun hoogste stand al vroeg in het voorjaar, waarna het water middenin de zomer gevaarlijk laag zakt. Vrachtschepen lopen aan de grond en gewassen staan te verwelken op het land. De Rijn, de langste rivier in West-Europa, zou in de wintermaanden 30 procent meer water te verstouwen krijgen, waardoor er benedenstrooms in Duitsland en Nederland regelmatig overstromingen zullen optreden. Intussen zal de rivier in augustus 50 procent minder water voeren.

Ten zuiden van de bergen zullen zich aan de rand van het Middellandse Zeegebied deels woestijnachtige omstandigheden ontwikkelen. Zo werd een team Franse onderzoekers verrast door hun model, dat in de zomer een afname liet zien van de verdamping van vocht uit mediterrane bodems, terwijl de temperaturen rond 2070 de pan uit rijzen. Dat was vreemd, omdat water bij hogere temperaturen sneller verdampt en de verdamping in de zomer daarom toe had moeten nemen. Pas na diepgaand onderzoek beseften zij dat dat kwam doordat de bodem zozeer uitgedroogd zou zijn dat er geen water meer was dat kon verdampen. Onder zulke omstandigheden zou er niets meer kunnen groeien. De Sahara zal de Straat van Gibraltar zijn overgestoken en de mars naar het noorden zijn begonnen.

Koorts in Afrika

Het is natuurlijk niet alleen Europa dat in een warmere wereld straks met een natter klimaat en meer extremen te maken krijgt. In Oost-Afrika wordt het vochtiger, terwijl zich op hetzelfde moment in Botswana en verder naar het zuiden de zandduinen ophopen. Regen in Oost-Afrika is complex. Het gebied kent twee regenseizoenen, een in het voorjaar en een tweede in het najaar. Dit hangt samen met de seizoensgebonden verschuiving van de passaatwinden en met de intertropische convergentiezone – de gordel onweerstormen rond de evenaar die zich met de zomer mee van het ene naar het andere halfrond beweegt. De landen van Somalië tot aan Mozambique, inclusief Kenya en Tanzania, zouden extremere neerslag en frequentere overstromingen kunnen krijgen. In Europa zijn poelen stilstaand water die een overstroming achterlaat misschien lastig, maar in Afrika nemen ze dodelijk gezelschap mee: ziekte.

Malaria en andere ziektes als knokkelkoorts, die door insecten worden overgebracht, tieren welig in warme, vochtige omstandigheden. En aangezien de klimaatverandering voor hogere temperaturen en meer neerslag zorgt, zullen beide ziektes naar grotere hoogtes en hogere breedtegraden verhuizen. Voor malaria is Afrika *ground zero*: van alle infecties en sterfgevallen vindt 85 procent daar plaats. Omdat malariamuggen met de opwarming van het klimaat op grotere hoogte nieuwe geschikte gebieden vinden, gaan hele nieuwe bevolkingsgroepen risico lopen die vaak nog nooit met malaria in aanraking zijn geweest. Dat zou met name Zimbabwe zwaar kunnen treffen. Omdat grote steden als Harare en Bulawayo hoog op de centrale hoogvlakte liggen, leeft het gros van de bevolking op dit moment boven de besmettingszone. Maar als de temperatuur verder oploopt, zal de Anopheles-mug ongehinderd door het gehele gebied kunnen vliegen. Daarmee gaan miljoenen mensen risico lopen, omdat dan maar liefst 96 procent van het land omstandigheden heeft waarin de ziekte gemakkelijk wordt overgebracht.

Maar het plaatje is nog ingewikkelder omdat het klimaat slechts één factor in de overdracht van malaria is. Als reactie op de apocalyptische scenario's waarin malaria in noordelijke richting oprukt naar Europa en de Verenigde Staten hebben sceptici er terecht op gewezen, dat malaria in Engeland, Nederland en het westen van Amerika tot in de negentiende eeuw heel algemeen voorkwam. De epidemie werd echter niet uitgeroeid door een verandering in het klimaat, maar door veranderingen in de materiële omstandigheden: economische groei en betere gezondheidszorg. Vandaar dat voorspellingen voor de toekomst van malaria in de kern niet alleen afhangen van de neerslag en de temperatuur, maar ook van ontwikkelingen in de economie en de bevolkingsgroei. Dit verklaart ook de nogal onverwachte uitkomst van een onderzoek in 2004, waarin werd vastgesteld dat er in een toekomstscenario met een lagere uitstoot van broeikasgassen honderden miljoenen méér mensen het risico op malaria gaan lopen. Dat kwam omdat de scenario's met minder broeikasgassen weliswaar minder opwarming lieten zien, maar ook minder economische groei in combinatie met een hogere bevolkingsgroei.

Die complexiteit betekent dat de geschatte veranderingen die we mondiaal zullen zien in de bevolkingsaantallen die risico lopen op besmetting met malaria, danig uiteenlopen: van 150 miljoen *minder* tot 400 miljoen *meer* dan de huidige aantallen – en dat alles volgens één en hetzelfde onderzoek. Hoe dan ook, het is slecht nieuws voor Afrika. Afrika is het enige continent waar er in alle scenario's meer mensen aan de gevaren van malaria bloot komen te staan, en dat varieert dan van 21 miljoen mensen in het beste geval tot 67 miljoen in het ergste geval. Net als AIDS zal deze ziekte in sub-Sahara Afrika een vicieuze cirkel aandrijven, waarin gezonde en sterke mensen met de regelmaat van de klok ten prooi vallen aan de malariakoorts. Hierdoor worden productieve arbeidskrachten aan de arbeidsmarkt onttrokken en wordt de landbouw afgeremd. Als gevolg daarvan zijn zulke landen vaak vastgelopen in de armoede en blijft de gezondheidszorg er onder enorme druk staan. Terwijl andere werelddelen de oprukkende malaria met strenge maatregelen misschien weten in te dammen, zullen de ziekenhuizen in Afrika overstelpt blijven met zwetende en rillende patiënten. En iedere keer dat de wolken de doorweekte grond begieten, dalen er ook wolken muskieten neer en begint de cirkel weer van voren af aan.

Het verloren paradijs

Voor Arthur Conan Doyle was het de Verloren Wereld. Een tafelberg in het hart van het Amazonewoud, bevroren in de tijd dat de dinosaurussen over de aarde zwierven, en vol angstwekkende wonderen voor het enige team wetenschappers dat in de buurt durfde te komen. De roman van Conan Doyle was niet gebaseerd op een verzonnen plek, maar op een uithoek van Venezuela waar ongelofelijke tafelbergen, die even fabelachtig als ontoegankelijk zijn, ook écht oprijzen als in mist gehulde, verticale schepen, drijvend in een zee van bomen. De lokale bevolking noemt ze 'tepuis'; vanaf hun onbeklimbare hoogtes storten watervallen zich naar beneden. De scheuren en geulen waarin een paar planten zich met hun wortels hebben vastgegrepen, geven de steile zandstenen wanden een groene adering. Veel van deze bergen hebben de tred van mensenvoeten nog nooit gevoeld.

En Conan Doyle zat er niet ver naast toen hij zich de vreemde wezens voorstelde die er bovenop leefden. Felle lanspuntslangen, niet-springende padden, jaguars en klimmende ratten: deze geïsoleerde, steile reuzeblokken zijn bepaald uniek. Bovenop de vlakke top groeit er weelderige vegetatie, die varieert van glooiende weilanden tot dichte bosjes sappige bromelia's. Op sommige tepuis is 60 procent van de planten nergens anders ter wereld te vinden. De meeste bergen worden door ecologen geclassificeerd als ongerept, zo geïsoleerd liggen ze van de menselijke invloeden als brand en ontbossing die elders de biodiversiteit bedreigen.

Maar datzelfde isolement heeft hen ook kwetsbaar gemaakt. Door hun vorm liggen de bergen er bij als een archipel van uitgestrooide eilanden, duizend meters boven een wijde vlakte. Daardoor kunnen de meeste soorten zich niet van het ene naar het andere eiland bewegen. En de vlakke tafelvorm maakt dat planten niet bergopwaarts kunnen als het klimaat voor hogere temperaturen zou zorgen dan zij kunnen verdragen.

Helaas, de opwarming van de wereld lijkt ervoor te gaan zorgen dat de temperatuur nu juist boven de tolerantiedrempel van de planten uit zal stijgen. Volgens een onderzoek door twee Spaanse biologen zal waarschijnlijk ruim eenderde van de bij de tepuis behorende planten worden weggevaagd: een verlies aan biodiversiteit van mondiaal belang. De twee wetenschappers bevelen dan ook dringend nader onderzoek aan, om te bepalen of het mogelijk is om zoveel mogelijk soorten te behouden met behulp van botanische tuinen, opslag van zaden of zelfs van DNA, met het oog op een eventuele herintroductie in het wild als het klimaat zich eenmaal zou stabiliseren. Maar gezien het feit dat veel tepuis nog nooit door mensen zijn beklommen, laat staan onderzocht en geïnventariseerd, zijn de kansen op succes van zo'n soort programma uiterst gering. Bovendien is met een paar exemplaren in een gekoeld laboratorium een soort niet echt 'gered'. Voor de meeste soorten is de doodsklok echter al gaan luiden nu de temperaturen hoger komen dan zij de laatste duizenden jaren hebben gedaan en de toppen beginnen te verschroeien. Met het verstrijken van de eeuw zal het klimaat alles achter zich laten wat deze diverse en unieke verzameling planten en dieren de afgelopen miljoenen jaren heeft meegemaakt, en vele soorten zullen dat dan ook niet overleven. De wereld van Conan Doyle zal werkelijk verloren gaan en dit keer voorgoed. Het droeve lot van de tepuis illustreert dat zelfs de meest afgelegen plekken niet ontsnappen aan een wereldwijde verandering als de temperatuurstijging. Van de diepste oceaan tot de ijskoude wildernis van de antarctische ijskap, de klimaatverandering zal een impact hebben die eerst niet waarneembaar is, maar die geleidelijk aan voor meer ontwrichting zorgt en waarbij klimaatzones verschuiven en natuurlijke systemen uit elkaar vallen.

Wanneer de temperatuur op aarde drie graden verder oploopt, verbleken in de tropen de koraalriffen aan de kust elk jaar. En dat terwijl er nu al hele rifstelsels zijn afgestorven en alleen hun koude buitenranden nog vaag doen denken aan hun oorspronkelijke diversiteit. Meer dan de helft van de planten in Europa zal op de Rode Lijst komen te staan, of al naar hun gewisse ondergang op weg zijn. Daarbij zijn juist de planten in berggebieden extra kwetsbaar. In de Rocky Mountains en de Great Plains in Amerika zullen vogels ofwel in hun leefgebied drastisch in aantal teruglopen, ofwel 400 kilometer naar het noorden trekken, op zoek naar betere oorden. In het noordoosten van China zal een van de laatste toevluchtsoorden van de Siberische tijger worden bedreigd, wanneer de boreale naaldbossen hun plaats moeten afstaan aan oprukkende hardhoutsoorten uit het zuiden.

Deze golf van vernietiging heeft een eenvoudige oorzaak. De verschillende klimaten waaraan deze soorten zich de afgelopen honderdduizenden jaren hebben aangepast, zullen verdwijnen. Een fascinerend, zij het ook deprimerend onderzoek, heeft precies in kaart gebracht welke gebieden het zwaarst door het fenomeen van de 'verdwijnende klimaten' getroffen zullen worden. Het werd in april 2007 gepubliceerd door een team onder leiding van John Williams, wetenschappelijk assistent op de faculteit geografie van Wisconsin University. Op zijn lijstje staan het Andesgebied in Colombia en Peru, het Riftgebergte in Afrika, de Hooglanden van Zambia en Angola, de Kaapprovincie in Zuid-Afrika, het zuidoosten van Australië, delen van de Himalaya, de archipels van Indonesië en de Filippijnen en de gebieden rond de Noordpool. In totaal zal op 10 à 50 procent van het aardoppervlak het gangbare klimaat volledig uit zicht verdwijnen. Planten en dieren die aan deze gedoemde klimaten zijn aangepast kunnen geen kant op; nergens ter wereld zal er nog een plek te vinden zijn met een klimaat dat bij hen past. Het meest deprimerende van alles is echter dat er een nauw verband is tussen de gebieden waar het klimaat volledig zal verdwijnen en de plekken met de grootste biodiversiteit. De plekken die er het meest van langs krijgen zijn met andere woorden precies die plekken, waar het leven nu zijn glansrijke overvloed en diversiteit zo uitbundig etaleert.

Geloof het of niet, maar deze cijfers onderschatten de omvang van het probleem nog steeds. Veel soorten zullen hun klimaat zien opschuiven in de richting van de polen, zodat ze wel snel weg moeten trekken om nog in hetzelfde klimatologische 'kader' te kunnen blijven. Hun klimaat zal met andere woorden niet helemaal verdwijnen, maar honderden kilometer verder naar het zuiden of noorden opduiken. De snelheid waarmee soorten zich kunnen verspreiden zal echter ver achterblijven bij het tempo van deze verandering. Toen de wereld bijvoorbeeld tegen het einde van de laatste ijstijd warmer begon te worden, wisten bomen en andere planten hun leefgebied per eeuw maximaal 200 kilometer te verleggen, terwijl de meeste zelfs nog veel langzamer gingen. Ga maar na hoe groot de afstand is tussen de plek waar een bepaald klimaat vandaag de dag heerst, en waar het zich in de toekomst zal vestigen, en dan wordt de ernst van de situatie pas goed zichtbaar. Zelfs als we het ruim nemen en ervan uitgaan dat 500 kilometer opschuiven haalbaar is, dan nog zullen planten en dieren die tussen de 40 en 85 procent van het aardoppervlak bewonen, hun klimaat zien verdwijnen. Toevallig zal volgens het onderzoek in datzelfde deel van het aardoppervlak een 'nieuw' klimaat heersen, een klimaat dus dat in de afgelopen miljoen jaren niet is terug te vinden.

Er bestaat een term die ecologen gebruiken voor soorten waarvan het leefgebied al grotendeels verdwenen is, en die nog maar zo sporadisch voorkomen dat zij gedoemd zijn om voorgoed uit te sterven. Zulke soorten worden 'levende doden' genoemd. Het is als de Ark van Noach, maar dan omgekeerd. Wegkwijnende groepen planten en dieren, van boskikkers tot ijsberen, maken zich op om voorgoed van het wereldtoneel te verdwijnen. Om een idee van hun aantallen te krijgen, kunnen we het artikel uit 2004 in *Nature* van Chris Thomas en zijn collega's erbij pakken. Daarin stellen zij dat tussen eenderde en de helft van alle nu levende soorten rond 2050 tot de categorie van de 'levende doden' horen als de wereldwijde opwarming tegen die tijd boven de twee graden uitkomt.

Het is haast niet te geloven dat het leven, in al zijn schoonheid, zijn uitbundigheid en zijn veerkracht van miljoenen jaren, zo plotseling tot zo'n gevoelloze doodstraf zou zijn veroordeeld; dat de wereld niet meer mee zou maken hoe de paradijsvogel tijdens zijn paringsdans met zijn verentooi loopt te pronken, of hoe de bultrug zijn aangrijpende liederen zingt. Maar de harde cijfers spreken voor zich, verzameld door experts die strenge wetenschappelijke normen aanhouden. En laat niemand de gevolgen in twijfel trekken. De zesde massale uitroeiing van het leven is al in volle gang nu de temperatuurstijging wereldwijd op weg is naar de drie graden.

Het Tijdperk van de Eenzaamheid is aangebroken.

Voedsel uit de kas

Alle planten hebben een thermische tolerantiedrempel en ook de voornaamste voedselgewassen op aarde vormen daarop geen uitzondering. Granen zijn met name gevoelig voor hitte tijdens de bloei en de zaadvorming, en temperaturen boven de 30°C zorgen voor toenemende schade. John Sheehy van het International Rice Research Institute in Manilla stelt dat "bij elke extra graad boven de 30°C de oogst van rijst, tarwe en maïs met 10 procent terugloopt". Boven de 40°C valt er helemaal niets meer te oogsten. Veel gebieden in de tropen liggen al tegen die drempel van 30°C aan en daardoor dreigen de oogsten in de drie-gradenwereld langzaam af te glijden. Wereldwijd zal zich een patroon aftekenen waarin de teelt van landbouwgewassen zich over de hele linie vanuit de tropen verplaatst naar de hogere breedtegraden, waar nog koelere en nattere omstandigheden heersen. In die noordelijke gebieden mag er dan nog wel voldoende voedsel zijn, maar deze tropische temperatuurcrisis betekent een ramp voor miljoenen mensen.

Zoals altijd zal droogte hierin een sleutelrol gaan spelen. In de semi-aride tropen van Afrika moet de landbouw het voor zijn water vooral van neerslag hebben, niet van irrigatie, en daarom is deze uitermate kwetsbaar voor klimaatveranderingen. Noord-Afrika zou wel eens tot 20 procent minder neerslag kunnen krijgen, terwijl er in het zuiden middenin het groeiseizoen 5 tot 15 procent minder regen zal vallen. Simulatiemodellen van de landbouw in de tropen als geheel voorzien verlammende dalingen in de productie van tarwe, maïs en rijst. In de tropen zullen gewassen het zwaar krijgen omdat zij al tegen de thermische tolerantiedrempel aanzitten, maar op de hogere breedtegraden zullen zij aanvankelijk van een langer groeiseizoen kunnen profiteren. Wanneer we echter de drempel van 2,5°C over zijn, zullen zelfs de graanschuren op de gematigde breedtegraden klappen krijgen, omdat de gewassen er in de gloeiende zomerpiek door een gebrek aan water zullen verdorren. Zoals een belangrijk onderzoek voor het IPCC-rapport in 2007 stelde: "Als het 2 à 3°C warmer wordt, zullen alle grote graanschuren op aarde maatregelen moeten nemen, hoe de neerslag zich ook ontwikkelt."

In de Verenigde Staten krijgen vooral de gebieden in het zuiden, die het dichtst bij de subtropen liggen, het zwaar te verduren. Wanneer de watervoorziening hapert, worden tarwe en maïs de voornaamste slachtoffers. Droogtes zullen worden afgewisseld door zwaardere stortbuien, wat betekent dat de oogst ook nog eens kan mislukken dankzij overstromingen. Zulke extra overstromingsschade kan in de maïsgordel van de Verenigde Staten oplopen tot 3 miljard dollar, zo blijkt uit onderzoek. Ook ziekten en plagen profiteren vaak van een warmer klimaat, waardoor de vraag naar pesticiden omhoog zal gaan. Boeren zullen zich flink moeten aanpassen met welke gewassen zij verbouwen kunnen en met hoeveel water ze kunnen irrigeren. Het zal nog heel moeilijk worden in het westen, waar watervoerende bodemlagen zullen zijn leeggepompt op het moment dat de aanvoer vanuit de smeltende sneeuw minder wordt. Zelfs in Canada zal de hoeveelheid beschikbaar water op de Prairies een hogere graanproductie bemoeilijken. Waar echter water in overvloed is kan de opbrengst van maïs en sojabonen in Canada met sprongen omhoog. Ook aardappels en wintertarwe zouden het dan goed doen. Volgens een onderzoek naar de situatie in de Verenigde Staten en Canada zou "het gebied waar hoofdgewassen worden verbouwd uiteindelijk honderden kilometers naar het noorden opschuiven".

Maar zelfs als er dichter bij de polen winst te halen is, dan nog zal de wereldvoedselsituatie kritieker worden en zullen er in de tropen en subtropen miljarden mensen lijden onder droogte en hongersnood. Het IPCC-onderzoek voorziet dat het netto mondiale voedseltekort de marktprijzen zal opdrijven als de drempel van 2,5°C eenmaal is overschreden. In ontwikkelingslanden waar de landbouw de grootste klappen krijgt, is de kans groot dat mensen op grote schaal zullen verhongeren.

Wanneer structurele hongersnood grote delen van de subtropen in zijn greep heeft, hebben honderden miljoenen mensen maar één optie als zij en hun gezinnen niet willen omkomen: inpakken en wegwezen. De volksverhuizingen die dan op gang zullen komen, zijn niet te vergelijken met wat zich eerder in de geschiedenis heeft afgespeeld als uitvloeisel van oorlogen of mislukte oogsten. Nooit eerder heeft de mens een hele gordel breedtegraden moeten verlaten. En als deze grote aantallen klimaatvluchtelingen elders toch al dichtbevolkte gebieden binnenstromen, zullen er onherroepelijk conflicten uitbreken. Zo zouden bijvoorbeeld in Midden-Amerika miljoenen mensen door de droogte gedwongen worden om huis en haard te verlaten en uit te wijken naar het noorden, naar Mexico en de Verenigde Staten. Nog eens tientallen miljoenen zullen uit Afrika naar Europa vluchten, waar zij niet bepaald warm ontvangen zullen worden. Nieuwe fascistische partijen zouden hun verkiezingen wel eens verpletterend kunnen winnen door te beloven de hordes hongerende Afrikanen buiten de deur te houden. Onverschrokken zullen veel van deze nieuwe klimaatvluchtelingen, met kinderen en ouden van dagen in hun kielzog, hun tocht te voet afleggen en meenemen wat zij kunnen dragen. Velen zullen sterven langs de kant van de weg. Ontworteld, statenloos en zonder een sprankje hoop zijn zij de eerste generatie van een nieuw soort mens: klimaatnomaden, voortdurend onderweg op zoek naar voedsel, zonder besef van hun eens zo uiteenlopende culturen en voorgoed afgesneden van de band met hun voorouders en hun geboortegrond.

Maar misschien zullen deze mensen zich niet zomaar schikken in hun nieuwe rol van passieve slachtoffers. Zij zijn zich er terdege van bewust dat de wereld die zij geërfd hebben niet door hen geschapen is. Daarmee vergeleken is de wrok onder moslims ten aanzien van westerlingen maar een flauwe grap. Naarmate de sociale instorting sneller gaat, zullen er wellicht nieuwe politieke filosofieën ontstaan, filosofieën die de schuld leggen waar deze werkelijk hoort – bij de rijke landen, die ooit het vuur aanstaken waarin de wereld langzaam maar zeker wordt verteerd.

oooo

Vier graden

Dood op de Nijl

Alexandrië kent zacht gezegd een lange geschiedenis. Deze Egyptische stad is vernoemd naar haar stichter, Alexander de Grote, en groeide al snel uit tot één van de grootste en meest invloedrijke steden van de antieke wereld. Alleen Rome had meer macht en architectonische pracht. Het bekendste gebouw was de legendarische vuurtoren 'Pharos van Alexandrië' uit de derde eeuw voor Christus. Samen met de hangende tuinen van Babylon en de piramide van Cheops werd deze altijd als één van de zeven wereldwonderen beschouwd. Het gebouw van sneeuwwitte zandsteen was in die tijd het hoogste ter wereld. 's Nachts werden er vuren ontstoken en overdag werd het zonlicht door holle spiegels weerkaatst, zodat zeelui de vuurtoren van Alexandrië al van vijftig kilometer afstand konden zien.

Bovenop de toren stond een beeld van Poseidon, Heer van de Zee, een god die over de oceanen heette te rijden in een wagen die was gemaakt van een enorme mosselschelp, getrokken door zeepaarden. De inwoners van Alexandrië aanbaden Poseidon uit goed begrepen eigenbelang: zijn macht om stormen en schipbreuken te veroorzaken kon mensen in een oogwenk met honderden tegelijk in het zeemansgraf storten. In dit land was de zee de grote macht.

Tegenwoordig herinnert er maar weinig aan die tijd, en Poseidon weet waarom. Anders dan in Rome, waar veel antiquiteiten bewaard bleven terwijl bovenop de ruïnes een bruisende moderne stad verrees, zijn van het oude Alexandrië alleen wat Romeinse baden, een paar catacomben en een enkele granieten pilaar overgebleven. De rest is grotendeels door de zee teruggenomen, toen de Nijldelta waarop de stad was gebouwd, langzaam wegspoelde. Sommige van haar mooiste schatten zijn buitengaats geborgen, na eeuwen in de vochtige greep van Poseidon te zijn geweest.

De golven dringen nog steeds verder naar binnen door, nu de wereldwijde opwarming haar tol eist van het toch al terugtrekkende land. De gemeentelijke autoriteiten laten uit de woestijn bij Caïro enorme hoeveelheden zand aanrukken om te voorkomen dat de stranden wegspoelen. Ook zijn er kolossale waterkeringen gebouwd om het wassende water uit de stad te houden.

Er staat een hoop op het spel. Alexandrië is tegenwoordig een uitdijende metropool van vier miljoen zielen, met twee havens die de drukste van het land zijn en 40 procent van de Egyptische industrie bevoorraden. In de zomer komen daar nog eens een miljoen toeristische bezoekers bij. Daarmee is het na Caïro de tweede stad van Egypte.

Maar in de vier-gradenwereld ligt de waterspiegel een halve meter of meer boven het huidige niveau en komt een einde aan Alexandrië's lange leven. Zelfs in het huidige klimaat ligt een aanzienlijk deel van de stad onder de zeespiegel en tegen het eind van de eeuw zal zij alleen nog maar verder onder water komen te staan. Uit een studie door onderzoekers van de plaatselijke universiteit bleek dat een stijging van de zeespiegel met 50 centimeter in 2050 anderhalf miljoen ontheemden en 35 miljard dollar schade zou opleveren. En als de zee over steeds grotere stukken van de Nijldelta binnen begint te dringen, zullen in andere steden als Rosetta en Port Said nog eens miljoenen mensen uit hun huizen moeten vluchten. Stranden, moerassen en landbouwgronden zullen allemaal overstroomd raken en een gebied dat de kern van de Egyptische economie vormt, zal te gronde gaan. Dit deel van de wereld, dat van Alexander de Grote tot Napoleon altijd al veroveraars aantrok, zal dan zijn laatste – en onoverwinnelijke – vijand in de ogen kijken.

Natuurlijk is Egypte niet het enige land dat te kampen heeft met de gevolgen van wereldwijde verschijnselen als de stijging van de zeespiegel. Verder naar het oosten zal Bangladesh eenderde van haar grondgebied kwijtraken, zodat tientallen miljoenen mensen de vruchtbare Meghnadelta zullen moeten ontvluchten. In de Verenigde Staten kan in 2075 na een vloedgolf als gevolg van de gestegen zeespiegel zelfs het zakencentrum van Boston overstromen wat zo rond de 94 miljard dollar aan schade zou veroorzaken. Verder naar het zuiden, in New Jersey, zou 60 centimeter zeespiegelstijging 170 vierkante kilometer land onder water zetten. En als de zee twee maal zo veel zou stijgen, zou zelfs 3 procent van deze staat overstromen, inclusief de dichtst bevolkte gebieden aan de kust.

Steden die laag in een delta liggen, van Mumbai tot Shanghai, worden net zo ernstig bedreigd als Alexandrië en Boston. Zoals we eerder al zagen, zijn steden als New York, London en Venetië alleen te redden als er gigantische hoeveelheden geld in nieuwe en steeds hogere stormvloedkeringen worden gestoken. Net als het hedendaagse New Orleans zullen de kuststeden van de toekomst geleidelijk vervallen tot gefortificeerde eilandjes, die grotendeels vanonder de zeespiegel het hoofd moeten bieden aan het water dat van alle kanten aandringt. Zo'n strategie zou onroerend goed ter waarde van duizenden miljarden dollars beschermen, maar zou evengoed gevaren met zich mee brengen. Een flinke storm kan een kwetsbare stad in een paar uur van de kaart vegen en duizenden mensenlevens in gevaar brengen, zoals New Orleans zo pijnlijk heeft ervaren. Als het water eenmaal is weggepompt, kan herbouw van de stad een optie zijn zolang de verzekeringsmaatschappijen bereid en in staat zijn om de benodigde bedragen op te hoesten. Maar wie betaalt er om dezelfde stad twee keer te herbouwen? Of drie keer? Op de langere termijn is de enige oplossing dat honderden miljoenen kustbewoners verder het binnenland in trekken, terwijl de kaart van de beschaving voortdurend opnieuw getekend moet worden om de veranderende geografische situatie weer te geven.

De druk die op samenlevingen komt te staan is gigantisch. Steden in het binnenland zullen een constante stroom vluchtelingen uit de kustgebieden op zich af zien komen. Die zullen met duizenden en wie weet zelfs met miljoenen toestromen, zodra er een grote storm losbarst. (Nogmaals, dit is niet zomaar een slag in de lucht. Zelfs twee jaar na de orkaan Katrina zaten er nog altijd honderdduizenden ontheemden in Texas en andere zuidelijke staten.) De beschikbare fondsen die gedupeerden in staat stellen een nieuw leven op te bouwen, zullen slinken. Dit als gevolg van de economische schokgolven die door het financiële systeem daveren: directe verliezen, sociale onrust, daling van het algemene vertrouwen en van uitkeringen van verzekeringen. Het stijgen van de zeespiegel is een onomkeerbaar proces, dat duizenden jaren doorgaat voordat er een nieuw evenwicht is bereikt, zelfs als de mens de hoeveelheid broeikasgassen onder controle krijgt. De steden waarheen men nu vlucht, kunnen de komende decennia en eeuwen op hun beurt zelf bedreigd worden en verdrinken. Vandaag de dag zijn veel van onze mooiste en dierbaarste gebouwen honderden jaren oud. In de toekomst zullen gebouwen langs de kust misschien al na enkele tientallen jaren door het wassende water worden bedreigd.

Eilandstaten lopen het grootste gevaar. Ringvormige koraaleilanden zullen helemaal verdwijnen, terwijl bergachtige eilanden zoals Fiji en Barbados het zwaar te verduren krijgen als de kuststrook slinkt en vluchtelingen naar hogere gebieden trekken om op ontboste hellingen een bestaan op te bouwen. Op veel eilanden ligt het vruchtbaarste land net boven de zeespiegel en de water- en voedselvoorziening wordt dan ook hard getroffen als zout water de zoetwaterhoudende aardlagen binnendringt en de landbouwgewassen verzilt.

Hierbij spelen grote onzekerheden mee: als het landijs in Antarctica stabiel blijft, is er wellicht nog veel te redden door een langzame, afgemeten terugtocht. Als de ijsvlaktes echter zo snel op de klimaatverandering blijven reageren als ze tot nu toe hebben gedaan, staat er een snelle zeespiegelstijging van vele meters op stapel. Zoals ik in het vorige hoofdstuk al liet zien, blijkt uit paleoklimatologische gegevens uit het Plioceen dat een uiteindelijke stijging van 25 meter vanuit Groenland en het Zuidpoolgebied in feite onvermijdelijk zal zijn, zodra de temperatuur wereldwijd de twee graden passeert. En zelfs als dit in de loop van vele eeuwen gebeurt, gaat dat het menselijk aanpassingsvermogen verre te boven. Kustgebieden zullen permanent in beweging zijn en hun inwoners zullen zich onveilig en bedreigd weten terwijl de golven elk jaar dichterbij komen rollen.

Niet voor niets deden de inwoners van het oude Alexandrië zoveel moeite om Poseidon gunstig te stemmen. Met een eenvoudige beweging van zijn drietand kon deze god stormen oproepen en schepen laten zinken. De hedendaagse kustbewoners hebben hun respect voor Poseidon verloren en verwachten van regeringen en gemeentes dat zij de gebouwen beschermen die veel te dicht bij de kust zijn gebouwd. De meesten van ons nemen aan dat de zee te temmen en in bedwang te houden zal zijn, net zoals enorme dammen ooit grote rivieren als de Yangtze en de Colorado hebben getemd. Maar Poseidons toorn is gewekt door de arrogante beledigingen van eenvoudige stervelingen zoals wij. Wij hebben hem wakker gemaakt uit een duizendjarige sluimering en dit keer zal zijn toorn grenzeloos zijn. De inwoners van het moderne Alexandrië zullen bij de eersten horen die moeten vluchten voor de onstuitbare opmars van zijn oceaan. Strijd, verzet, of zelfs een tijdelijke controle over de situatie – alles is te proberen, maar deze veroveraar laat zich nimmer verslaan.

Het hart van Antarctica

Vanuit Alexandrië gezien ligt Poseidon's grootste arsenaal aan de andere kant van de wereld, uitgestrekt over de Zuidpool:

Antarctica. Het grote antarctische ijsdek, dat door krachtige koude winden en stromingen ligt afgescheiden van de rest van de wereld, heeft tot nu toe maar langzaam gereageerd op de menselijke bemoeienis met het klimaat. Maar nu, om directeur Chris Rapley van British Antarctic Survey aan te halen, wordt de sluimerende reus wakker. Het continentale landijs van West-Antarctica heeft een zwak punt, een achilleshiel die al in 1978 door glaciologen met een vooruitziende blik herkend werd. Anders dan de ijskap van Groenland, die stevig is verankerd op een continentale landmassa, ligt een groot deel van de bodem van het ijs van West-Antarctica onder zeeniveau en daardoor kan het makkelijk in elkaar storten.

De eerste tekenen daarvan zijn alom zichtbaar. De monumentale gletsjers die het ijs vanuit het centrum van het continent afvoeren, beginnen sneller te bewegen en zich terug te trekken. Daarbij krimpt het landijs tussen de 90 en 150 kubieke kilometer per jaar. Deze uitdunning gaat bovendien tot ver in het binnenland door. Tot 300 kilometer uit de kust is de ijskap een meter dunner geworden. Toen wetenschappers dit verdwijnende ijs aftrokken van de jaarlijkse sneeuwval over heel West-Antarctica, concludeerden ze dat de gletsjers wereldwijd jaarlijks 0,14 millimeter aan het niveau van de zeespiegel toevoegen – een klein maar groeiend wapen in het arsenaal van Poseidon.

Met het afkalven van de westelijke randen van Antarctica staat de stabiliteit van de gehele ijskap ter discussie. Water stroomt bergafwaarts en ijs drijft op water. Aangezien een groot deel van het midden van de ijsmassa nog verder onder het zeeniveau ligt dan de randen, zou binnendringend zeewater in principe het landijs vanaf de zeebodem kunnen optillen. Daarmee zou binnen slechts enkele decennia het niveau van de wereldzeeën met vijf meter stijgen. Dat proces zou niet alleen door dit fysieke krachtenspel zo snel gaan, maar ook omdat water een goede warmtegeleider is. IJs smelt sneller door warm water dan door warme lucht, en de opwarmende Zuidelijke Oceaan vormt daarom een dolk die op het hart van Antarctica is gericht.

West-Antarctica heeft nog een laatste verdedigingslinie. Twee gigantische ijsschotsen, Ross en Ronne, elk minstens zo groot als Frankrijk, beschermen het landijs als een versterkt fort. Zij voorkomen dat er binnentrekkend zeewater onder de ijskap kan kruipen. Al drijven ze beide, ze hebben aan hun noordkant, waar ze de deining van de open zee tegenkomen, enorme ijsbolwerken van tussen de 200 en 400 meter dik. Beide zijn nu nog veilig, omdat ze ver buiten het gebied liggen waar de oppervlakte smelt: hun temperatuur blijft het hele jaar door ruimschoots onder nul.

Tenminste, dat dacht iedereen tot voor kort. In mei 2007 rapporteerden NASA-wetenschappers dat hun QuickSCAT-satelliet onweerlegbaar bewijs had gevonden voor de eerste uitgebreide dooi die ooit in Antarctica is geregistreerd. In januari 2005, toen het daar midden in de zomer was, begon een gebied zo groot als Californië te smelten. Deze dooi beperkte zich niet tot de kust, maar drong 900 kilometer het binnenland in, kroop 2.000 meter omhoog langs de hellingen van de antarctische bergen en kwam zelfs tot op 500 kilometer afstand van de Zuidpool zelf. De temperaturen stegen tot maar liefst 5°C en bleven nog een week boven het vriespunt. Wellicht was deze plotselinge antarctische smeltpartij een eenmalige gebeurtenis, want tot maart 2007 werd geen verdere dooi waargenomen. Maar het is "van levensbelang om dit gebied in het oog te blijven houden, om te zien of zich geen lange-termijntendens aan het ontwikkelen is", aldus Son Nghiem, een van de wetenschappers die bij de studie betrokken was.

Een groot deel van deze dooi vond plaats aan de noordelijke rand van de Ronne-ijsschots, wat de indruk wekt dat één van West-Antarctica's belangrijkste verdedigingslinies binnenkort wel eens kan gaan afbrokkelen. Aanwijzingen voor Ronne's mogelijke lot komen van verder naar het noorden op het continent. Hier, op het Antarctisch Schiereiland, steekt een met ijs bedekte bergkam uit in de richting van Patagonië, het uiterste puntje van Zuid-Amerika. Glaciologen beweren al langer dat het verdwijnen van het ijs voor de kust er wel eens toe zou kunnen leiden dat gletsjers hogerop sneller gaan bewegen, ongeveer zoals het weghalen van de kurk er voor zorgt dat champagne vrij uit de fles kan stromen. Drie belangrijke ijsschotsen aan beide zijden van het Antarctisch Schiereiland zijn inmiddels uit elkaar gevallen; de Wordie, de Larsen A en de Larsen B. Deze laatste is in maart 2002 op spectaculaire wijze bezweken, in slechts een paar dagen tijd. In al die drie gevallen zijn de ijs aanvoerende gletsjers erachter sneller gaan bewegen, precies zoals voorspeld was.

Wanneer de aarde vier graden opwarmt zou dat meer dan genoeg zijn om de dooilijn over de ijsmassa van zowel Ross als Ronne heen te leggen. En smeltwater dat wiggen in het ijs drijft, zou hun samenhang een fatale slag toebrengen. Als één van de twee in stukken zou breken, net als de Larsen en de Wordie verder naar het noorden al deden, zou niets een totale ineenstorting van het volledige landijs van West-Antarctica en een snelle overstroming van alle kustlijnen ter wereld nog in de weg staan.

De teloorgang van het ijsdek op West-Antarctica zou echter slechts de eerste slag zijn in een langer durende oorlog. Zijn veel grotere buurman, het ijsveld van Oost-Antarctica, is op sommige plekken wel vier kilometer dik. Het bevat genoeg water om de zeespiegel wereldwijd 50 meter te laten stijgen. Samen met het bezwijken van Groenland zou dat er voor zorgen dat mijn woning in Oxford, op 65 meter hoogte, aan de kust komt te liggen. Groot-Brittannië zou tot een archipel van heuveltop-eilandjes opgesplitst raken en de huidige kustlijnen van de continenten zouden amper nog herkenbaar zijn.

Oost-Antarctica heeft een nog geduchtere verdedigingslinie dan het westelijk deel, en wel een hoge bergketen, het Transantarctisch Gebergte. Het zeewater komt daar natuurlijk niet overheen, hoe warm het ook zou worden. Maar via de achterdeur zou de ijskap van Oost-Antarctica gevaar kunnen lopen omdat ook hij daar onder zeeniveau verankerd ligt. De meeste wetenschappers beseffen het niet eens, maar deze weinig bekende onderzeese beddingen lopen door tot in het midden van het ijsdek. Ik wil niet suggereren dat de boel in één klap in elkaar zou storten. Het zou feitelijk eeuwen en vermoedelijk zelfs millennia duren voordat al het ijs op Antarctica gesmolten is. Maar de destabilisatie van de twee grote ijskappen van Antarctica zou een zeespiegelstijging van pakweg 1 meter per 20 jaar teweeg brengen, en dat gaat het aanpassingsvermogen van de mensheid verre te boven.

Of het ooit zover zal komen? Ook hier brengen geologische gegevens uitkomst. Toen de aarde voor het laatst vier graden warmer was dan nu, was er op geen van de beide polen ijs. De wereldwijde opwarming kan op deze schaal resulteren in een planeet zonder ijs, voor het eerst in bijna veertig miljoen jaar.

Kapitalisme met een Chinees karakter

De mensheid staat voor meer ecologische uitdagingen dan alleen de klimaatverandering, hoewel deze zonder twijfel de meest ernstige en urgente is. De wereldwijde opwarming krijgt gezelschap van andere aanzwellende bedreigingen zoals bevolkingsgroei, het verloren gaan van vruchtbare bodems, het opraken van fossiele watervoorraden en de algehele vernietiging van ecosystemen. Elk van deze kwesties op zich kan al escaleren tot een punt waarop het overleven van de moderne samenleving op het spel komt te staan. Nergens is dit beter te zien dan in het razendsnel industrialiserende China, dat in minder dan twee decennia een gedaanteverwisseling heeft ondergaan van een voornamelijk agrarisch land naar een economische krachtcentrale. Zodra voorzitter Mao zijn laatste adem uitblies en de economische hervormers onder leiding van Deng Xiaoping het roer overnamen, gingen het land en haar leiders een hyperkapitalistische koers varen. "Rijk worden is prachtig" heette het al snel.

Dat mag inderdaad prachtig zijn voor de nieuwe miljonairs, die in de hippe buurten van Shanghai en Beijing aan de zwier gaan en als filmsterren opvallend te koop lopen met hun welstand en opzichtige consumptiementaliteit. Het is ook prachtig voor de tientallen miljoenen gewone Chinezen, die niet meer in bittere armoede leven en nu voor het eerst wat eigen bezit hebben. Maar voor China's ecologisch kapitaal is de economische groei faliekant rampzalig. Een vijfde deel van 's lands inheemse biodiversiteit wordt nu bedreigd. Driekwart van de meren is vervuild door de landbouw of industrieel afval en de Gele Rivier wordt grotendeels leeggehaald en is in grote delen van de benedenloop in wezen giftig. Bijna alle Chinese kustwateren zijn vervuild door riolen, landbouwgif of olielekken, waardoor er gemiddeld 90 keer per jaar een uitbraak van giftige algenwildgroei plaatsvindt. Ongeveer 15.000 vierkante kilometer grasland verarmt jaarlijks door overbegrazing en droogte. Op een kwart van de steden valt zure regen. Drie van elke vier stedelingen ademt lucht in die aan geen enkele gezondheidsnorm voldoet. Zodoende moesten er tijdens de marathon van Hong Kong in 2006 verschillende lopers naar het ziekenhuis; één van hen overleed, na het complete parcours in hardnekkige smog te hebben afgelegd.

Alleen al door de omvang van haar bevolking ligt China op ramkoers met de planeet. Het olieverbruik van het land is de laatste tien jaar verdubbeld. Als de Chinezen in 2030 net zoveel olie verbruiken als de Amerikanen nu, heeft China 100 miljoen vaten olie per dag nodig. De huidige olieproductie is echter maar 80 miljoen vaten per dag en het is onwaarschijnlijk dat deze nog veel verder zal stijgen voordat de top in de olieproductie wordt bereikt. Er zit gewoonweg niet genoeg olie in de grond om de Chinese olieconsumptie op westers niveau te brengen. Nu al worden wereldwijd de grenzen van deze grondstof bereikt.

Hetzelfde verhaal geldt voor voedsel. Als de Chinezen meer vlees en zuivel gaan eten, moet er meer graan komen. Als de Chinezen in 2030 net zo gulzig zouden zijn als de Amerikanen nu, zouden ze het equivalent van tweederde van de wereldwijde oogst opeten. Als het autobezit op hetzelfde niveau komt als het huidige in de Verenigde Staten, te weten drie auto's op vier personen, zou China in 2030 een miljard auto's herbergen. Dat is aanzienlijk meer dan het huidige aantal van 800 miljoen auto's wereldwijd.

In zo ongeveer elke grondstofsector zal China's opmars tot op een westers consumptieniveau onmiskenbaar meer vergen dan één aarde kan verschaffen. Als alle Chinezen net zo zouden leven als de Amerikanen, zou dat de impact van de mens op het milieu verdubbelen en deze impact is alle grenzen van wat duurzaam is nu al ver voorbij. Zelfs als we de klimaatverandering even buiten beschouwing laten, verandert de Chinese droom van snelle rijkdom al vrij snel in een wereldwijde nachtmerrie.

Maar de klimaatverandering kán niet buiten beschouwing blijven en daarvan zal China ernstige gevolgen ondervinden. Dat wordt alleen maar erger als het land en onze planeet op de grens van de ecologische mogelijkheden stuiten. Een onderzoek door de overheden van Groot-Brittannië en China samen oppert dat in de laatste dertig jaar van deze eeuw de Chinese landbouw instort als de temperatuur op aarde meer dan drie graden hoger ligt dan nu. De oogsten van voedselgewassen als rijst, graan en maïs zullen met bijna 40 procent dalen – en misschien nog meer, als de watervoorraden voor irrigatie opraken. China komt voor de weinig benijdenswaardige taak te staan om een bevolking van anderhalf miljard (veel rijkere) mensen – 300 miljoen meer dan nu – te voeden met tweederde van de huidige voorraden.

Natuurlijk kan de wereldmarkt in theorie het gat wel vullen, maar de graanschuren van de wereld zullen juist rond deze tijd flinke klappen krijgen wanneer het ene productiegebied na het andere onderuit zal gaan. Daaronder zijn aanzienlijke delen van het westen van Noord-Amerika, de Pacifische kust van Zuid-Amerika, Zuidelijk Afrika en de westelijke helft van het Indiase subcontinent. In al die gevallen ligt de oorzaak in de afname van rivierwater en het oprukken van de woestijn, zoals in eerdere hoofdstukken is uitgelegd.

In de vier-gradenwereld zal er bovendien op het Australische continent, mogelijk met uitzondering van het uiterste noorden en Tasmanië, als gevolg van hittegolven en verminderde regenval geen sprake meer zijn van voedselproductie van enige betekenis. In India zal een heviger zomermoesson in de meeste gebieden tot meer verdamping leiden. Met temperaturen die in het binnenland minstens 5°C boven het huidige niveau komen te liggen, wordt het voor de meeste gewassen domweg te heet om te overleven. Bovendien maakt de snellere verdamping in het warmere klimaat de grond in veel gebieden droger. In de westelijke delen van het subcontinent en dan met name in Rajasthan, Punjab en buurland Pakistan, worden gebieden, die toch al gortdroog zijn, nog droger. De waterschaarste die voortvloeit uit het verdwijnen van de gletsjers in de Himalaya en de Karakoram komt daar nog bij. In al die gebieden zullen honderden miljoenen mensen op drift raken en op zoek gaan naar voedsel en water. Het wordt de grootste volksverhuizing aller tijden.

In een mondiale analyse voor het IPCC-rapport uit 2007 worden verschillende 'hotspots van toekomstige droogte' geïdentificeerd: het zuidwesten van Noord-Amerika, Centraal-Amerika, het Middellandse Zeegebied, Zuid-Afrika en Australië. Gedurende de wintermaanden is Zuidoost-Azië een droogtegebied, terwijl de Amazone, Siberië en delen van West-Afrika in de zomer het meest te lijden hebben. Zelfs gebieden die gemiddeld meer regen krijgen, zoals die op de hogere gematigde breedtegraden, krijgen die extra neerslag in de winter. Omdat die buiten het voornaamste groeiseizoen valt, hebben de meeste gewassen daar bar weinig aan. De studie vat het onheilspellend samen als een "wereldwijde droogte in de landbouw".

Waarschijnlijk zullen nieuwe productiegebieden nabij de poolcirkel in Canada en Rusland de tekorten gedeeltelijk kunnen afdekken, hoewel een hogere temperatuur boven een ontdooide toendra niet automatisch betekent dat er meer neerslag valt of behoorlijke landbouwgrond ontstaat. Het zou daarnaast goed kunnen zijn dat nieuwe technologische ontwikkelingen, resulterend in meer droogtebestendige rassen van voedselgewassen, en het vruchtbare effect van een hogere CO_2-concentratie in de lucht, wat soelaas bieden en de ramp nog even uitstellen. Maar niets van dat alles weegt op tegen het verlies van de belangrijkste landbouwgebieden op onze planeet. De conclusie dat grootschalige honger in de vier-gradenwereld een permanent gevaar is voor de meeste mensen, lijkt onontkoombaar, en zoals eerder betoogd dreigt dit mogelijk al veel eerder. Een groeiende vraag zal het snel teruglopende aanbod op de hielen zitten, terwijl de belangrijkste graanschuren van de wereld er stoffig en verlaten bijliggen.

Het valt onmogelijk te voorspellen welke vormen deze voedselcrisis op verschillende plaatsen zal aannemen. Maar in de geschiedenisboekjes liggen de voorbeelden voor het oprapen van samenlevingen die instortten op het moment dat er teveel van het milieu werd gevraagd en de voedselproductie in het nauw kwam. Het geval van de Maya's is daarvan het bekendste, maar ook in de Chinese oudheid kwamen beschavingen op en gingen ze weer ten onder, parallel aan de golfbewegingen van neerslag en droogte. En waarschijnlijk heeft de beschaving van de Harappan in de Indusvallei de geest gegeven als gevolg van een uitzonderlijk zware droogte 4.200 jaar geleden.

Een vergelijkbaar lot lijkt de koninkrijken in het Midden-oosten parten te hebben gespeeld, die verdwenen zijn terwijl ze zich indertijd oppermachtig achtten, eigenlijk net als wij nu. Het doet denken aan het gedicht 'Ozymandias' van Shelley over het verbrijzelde beeld van een koning die al lang dood is. Een inscriptie bijt de voorbijgangers spottend toe:

"Ziet mijn werk, o mens, en beeft!". Het gedicht eindigt als volgt:

Maar niets is meer te zien. Vanaf de voet
van dit gevallen koningsstandbeeld streeft
breed, eenzaam zand de einder tegemoet.

Vertaling: Jaap Verduyn

Het zand van Europa

De ondergang van alle beschavingen die hiervoor genoemd werden was een kwestie van relatief kleine veranderingen in het klimaat. Die veranderingen zijn niets in vergelijking met de enorme verschuivingen die we kunnen verwachten in de eeuw die voor ons ligt. Als een paar tienden van een graad de Maya's en de Harappanen al de das om deden, moet je je voorstellen wat tien keer zo veel teweeg kan brengen in onze fragiele en innig verbonden wereld van vandaag. In zekere zin is het nu zelfs erger, want de ecologische crisis is met recht mondiaal. Toen de Maya's alle bomen op hun grondgebied hadden omgekapt en de voedselreserves waren uitgeput, konden de armzalige overlevenden van de resulterende oorlog en chaos tenminste nog ergens naar toe vluchten. Wegtrekken is het traditionele antwoord van mensen op noodsituaties, maar vluchten kan niet meer; ik zou niet weten waar naar toe. De instorting van samenlevingen zal als de schokgolf van een neutronenbom over de hele wereld denderen.

Erger nog, deze calamiteiten krijgen de planeet in hun greep op een moment dat haar natuurlijke verdedigingsmechanismes door menselijke activiteiten toch al ernstig verzwakt zijn. In hun oorspronkelijke staat spelen ecosystemen een rol van levensbelang in de regulering van het klimaat en zo houden zij de aarde leefbaar. Plankton geeft bijvoorbeeld een gas af dat wolken helpt vormen, terwijl bomen in het Amazone-regenwoud hun eigen onweer genereren door water over grote afstand te recyclen. Op de lange termijn helpt de oceaan om het gehalte kooldioxide in de lucht op een aanvaardbaar niveau te houden, door koolzuur neer te laten slaan in sedimenten, die vervolgens carbonaathoudende gesteentes zoals kalk en zandsteen vormen. Op het land versnellen planten het chemische verweringsproces van de bodem en ook daarbij wordt koolstof gebonden.

Maar deze natuurlijke ecosystemen zijn ernstig in hun omvang beknot. Het grootste deel van de vruchtbare bodem op deze planeet is beroofd van zijn oorspronkelijke bomen en planten en bestemd tot landbouwgrond om mensen te voeden. Van spiering tot kabeljauw is alles door gigantische fabrieksschepen uit de wereldzeeën gevist. In totaal heeft de mens zich inmiddels veertig procent van alle fotosynthetische productiviteit op de planeet toegeëigend. De rest van alle leven mag wat scharrelen in de marge, in gebieden die voorlopig nog te warm, te koud, te hoog of te diep zijn om voor ons van nut te zijn.

In dit verband heeft James Lovelock het in zijn boek *The Revenge of Gaia* (in het Nederlands verschenen als *De wraak van Gaia*) over 'dubbelpech'. Het is zo ongeveer als de ingenieurs van Tsjernobyl die zo onverstandig waren om de temperatuur op te schroeven nadat ze de veiligheidssystemen van de reactor buiten werking hadden gesteld: we hebben de thermostaat van de aarde buiten werking gesteld door de bossen te kappen en de zee te vervuilen, net op het moment dat we er de grootste behoefte aan hebben. Het is een experiment van de mens om de temperatuur omhoog te draaien met miljarden tonnen broeikasgas en tegelijk de natuurlijke ecosystemen buiten werking te stellen die het klimaat nog kunnen reguleren. Het gevolg voor de aarde is volgens Lovelock even voorspelbaar als dat van de Sovjet-technici in hun experiment met de reactor van Tsjernobyl. De boel implodeert.

Tegen de tijd dat de temperatuur wereldwijd vier graden hoger klimt, is dat rampzalige proces al een flink eind op streek. Op Groenland krimpt de ijskap jaar na jaar verder richting het midden, terwijl enorme hoeveelheden water in de stijgende zeeën stromen. Tegelijkertijd vinden er dramatische veranderingen plaats in het Zuidpoolgebied, zoals eerder in dit hoofdstuk werd beschreven. De circulatie in de Atlantische oceaan – gesteld dat die de huidige bliepjes overleeft – zal uiteindelijk afremmen en stil komen te staan. (Dat zou te laat zijn om Europa kouder te maken dan het nu is. Hooguit zou het de extreme opwarming op plekken als Groot-Brittannië wat kunnen temperen.) Wereldwijd raakt het weer verder in de war, met steeds woestere stormen die met onvoorstelbare felheid over steeds grotere gebieden zullen toeslaan. De lange zomermaanden worden nog langer en daarin verschroeien de stijgende temperaturen de bossen tot as en de steden tot kokende mortuaria.

In Zuid-Europa breiden zich nieuwe woestijnen uit. Het gedicht van Shelley slaat nu nog op het Midden-Oosten, maar roept straks in de vier-gradenwereld eerder beelden op van Italië, Spanje of Griekenland. Wetenschappelijke onderzoeken zijn vrijwel eenstemmig in hun voorspelling van drogere en veel hetere klimaten in de mediterrane rand van Europa. Een rekenmodel dat onlangs door wetenschappers in Zweden en Finland werd ingezet, voorspelde een inzinking in de neerslag in het hele gebied. In de zomer zou er tot 70 procent minder regen kunnen vallen. Een tweede studie voorspelt dat hittegolven tot 65 dagen langer zouden kunnen duren in alle belangrijke toeristentrekpleisters van het Middellandse Zeegebied: Spanje, Portugal, Zuid-Frankrijk, Italië, Griekenland en Turkije, met uitstralingseffecten tot in zuidelijk Rusland en de Oekraïne aan toe. Weer een ander onderzoek, gepubliceerd in juni 2007, voorziet een toename van 200 tot 500 procent in het aantal gevaarlijk hete dagen, waarbij vooral Frankrijk en Spanje worden getroffen. Bepaald zorgelijk is daarbij dat het epicentrum van deze toenemende hitte precies het gebied is, dat het zwaarst werd getroffen door de hittegolf van 2003, waarbij in Frankrijk 15.000 mensen om het leven kwamen. De hittegolven die ons in de toekomst te wachten staan zullen veel intenser zijn dan zelfs de warmste dagen van 2003. Het komt erop neer dat de subtropische klimaatzone die nu in Noord-Afrika ligt, zich naar het noorden zal uitbreiden, tot in het hart van Europa.

Zelfs in het gematigde klimaat aan de andere kant van de Alpen zal het kwik tot ongekende hoogte stijgen. In Zwitserland zal de extreme zomer van 2003 nog heerlijk koel lijken in vergelijking met de hittegolven die de berghellingen geblakerd zullen achterlaten, en de valleien die ooit bekend stonden om hun groene weelderigheid, zullen verschroeien. In juli en augustus zou de temperatuur wel eens tot 48°C op kunnen lopen – meer iets voor Bagdad dan voor Bazel. Bosbranden houden huis op de Alpenhellingen en watervoorraden slinken weg als de gletsjers van de hoogste toppen verdwijnen. Zelfs in Engeland, waar op 11 augustus 2003 met 38°C de hoogste temperatuur ooit werd gemeten, zou het kwik tijdens zomerse hittegolven in Londen en omgeving de 45°C kunnen halen. Dat soort temperaturen kennen we nu alleen van plaatsen als Marrakesh, in Marokko. De dichtbevolkte gebieden in het zuidoosten van Engeland komen door zomerse droogtes op het lijstje van plekken met waterproblemen, terwijl boeren en steden elkaar beconcurreren om de opdrogende watertoevoer uit rivieren en bassins.

Rusland's strenge winters worden een vage herinnering, als de temperatuur er van december tot februari gemiddeld zeven graden hoger komt te liggen. Zelfs in het voorheen toch behoorlijk frisse Oost-Europa zal er in de meeste winters geen sneeuw meer vallen. De totale sneeuwval op het continent kachelt vermoedelijk minstens 80 procent achteruit. Alleen het binnenland van het uiterste noorden van Scandinavië kan 's winters op sneeuw rekenen. Dit sneeuwloze bewind maakt overstromingen in de winter nog erger, omdat er meer neerslag als regen valt, dat direct de rivieren in spoelt. Zonder sneeuw die tot ver in de lente geleidelijk weg kan dooien worden de zomers een stuk droger en zo zal de temperatuur op het continent tot 9°C boven het huidige niveau komen te liggen. Deze 9°C is echter slechts een *gemiddelde* en in extreme jaren zullen hittegolven dan ook onvoorstelbaar zwaar worden. In de Kaspische zee, die het meeste van haar water uit Rusland krijgt aangevoerd, zal de waterspiegel vermoedelijk met bijna tien meter dalen, en daarmee lager uitkomen dan op enig moment in de afgelopen 25 eeuwen. Met zulke dramatische weersveranderingen is het nauwelijks een verrassing dat Noordoost-Europa en het Middellandse Zeegebied worden aangemerkt als de twee opvallendste 'hot spots' van de toekomstige klimaatsverandering.

In de vier-gradenwereld is de zomer, en niet de winter, het meest gevreesde jaargetijde in Europa. Net als nu in het zuiden van de Verenigde Staten zullen Europeanen die een beetje verkoeling zoeken allemaal een airconditioning moeten hebben. Dat geeft weer extra druk op de energievoorziening. Als er meer kolen- en gascentrales gebruikt worden omdat er onvoldoende waterkracht is en alternatieve energiebronnen ook niet in de groeiende vraag kunnen voorzien, geeft dat ook weer een grotere uitstoot van broeikasgassen. Nog meer vervuiling komt van ontziltingsinstallaties in landen als Frankrijk en Spanje, die langzaam in woestijnen veranderen, tenzij het lukt om deze uitsluitend op zonne-energie te laten draaien. Maar politici hebben vermoedelijk wel wat anders aan hun hoofd dan het terugdringen van de uitstoot van broeikasgassen, omdat ze wanhopig op zoek zijn naar drinkwater om de steden leefbaar te houden en het platteland productief.

De hittegolf van 2003 duurde de hele zomer en de eraan gekoppelde massale sterfte laat enigszins zien hoe een warmer Europa eruit zou kunnen zien. Maar zelfs als alle zomers zo heet of nog heter zijn als die van 2003, is het moeilijk voor te stellen hoe samenlevingen dat op de langere termijn kunnen volhouden. Hele stukken van het Middellandse Zeegebied, dat vandaag de dag toch behoorlijk dicht bevolkt is, zouden ontvolkt kunnen raken. De mediterrane bevolking zou naar het noorden trekken, naar overbevolkte vluchtelingenkampen rond de Baltische zee, in Scandinavië of op de Britse eilanden. Of het continent kans zal zien om de boel bij elkaar te houden, hangt af van de kracht van de instituties en de vastberadenheid van de mensen om de noodsituatie te overleven. Maar als bewoonbare gebieden dichter en dichter bevolkt raken, kan er op den duur ook in het bedaagde, beschaafde Europa, chaos en strijd uitbreken.

IJs en weder dienende

Boven de boomgrens doorbreken alleen een paar grillige struiken de monotone aanblik. Verspreid over de wat lagere, kale hellingen staan plukjes gras, maar daarboven is er enkel een maanlandschap met stenen en rotsen. Geiten zoeken hun weg tussen de schaarse stukjes groen. Ze knabbelen aan alles wat ze maar kunnen vinden: mos, schors of doornstruiken, niets is beneden hun waardigheid. Daarboven liggen bergruggen, zover het oog reikt, en hun verschillende tinten bruin, grijs en rood vloeien aan de horizon samen. Alleen op de allerhoogste toppen plakt nog een enkel spatje sneeuw, terwijl daaronder in bergkommen en hogere valleien aan de gebogen randen en het grind van de eindmorenen nog net zichtbaar is waar er lang geleden gletsjers moeten hebben gelegen. De lagere dalen zijn doorsneden met kloven; bij storm sleurden de watermassa's daar het puin van de berghellingen doorheen, waarna grote rotsblokken her en der verspreid in waaiers van neerslag achterbleven. De kloven zijn leeg, op een enkele modderige poel na, als herinnering aan de meest recente wolkbreuk. De lucht trilt van de hitte en daar doorheen zijn verder overal alleen maar naakte rotspartijen te zien. De bergen zijn volledig kaal.

Dit is een bekend beeld voor iedereen die wel eens in het Marokkaanse Atlasgebergte heeft gewandeld. Deze 4.000 meter hoge bergketen scheidt de mediterrane kustvlakte van de Sahara. Het zou ook het uitzicht kunnen zijn dat je krijgt als je aan het eind van de 21e eeuw op stap gaat in de Alpen. Wat nu nog een Noord-Afrikaans klimaat is, zal dan in Europa vaste voet gekregen hebben. Tegen de tijd dat wereldwijd de temperaturen vier graden boven het huidige niveau liggen, wordt sneeuw in de Alpen onder de 1.000 meter een zeldzaamheid. En dat zijn plekken die nu elke winter nog 50 tot 100 dagen lang op een flink pak sneeuw kunnen rekenen. Op 2.000 meter zal het sneeuwseizoen met twee maanden zijn bekort, terwijl de hoeveelheid sneeuw die zich 's winters ophoopt gehalveerd zal zijn. Zelfs op 3.000 meter hoogte, waar in het huidige klimaat vaak het hele jaar door sneeuw ligt, zal naar verwachting in de jaren '70 van deze eeuw eenderde weggesmolten zijn. Nog opvallender is het verdwijnen van de gletsjers van zelfs de hoogste toppen. Daarmee zullen de Alpen voor het eerst in miljoenen jaren bijna helemaal geen ijs meer hebben. Alleen rond de hoogste pieken boven de 4.000 meter, zoals de Monte Rosa en de Mont Blanc, hangen nog wat minuscule gletsjerresten.

Zelfs in de winter zullen hittegolven toeslaan; tussen december en februari kan de temperatuur tot wel 20°C oplopen, waardoor de sneeuw zelfs op de hoogste toppen smelt. Nu zal er niemand bezwijken aan een temperatuur van twintig graden in de winter, maar zulke winterse hitte kan dramatische gevolgen hebben voor het landschap en de samenleving. Plotseling oplopende temperaturen maken de hoger gelegen sneeuwhellingen instabiel. Daardoor neemt het risico van een lawine toe, waarbij plotsklaps miljoenen tonnen verstikkende natte sneeuw op de dorpen in het dal kunnen storten. Dramatische smeltpartijen laten massa's modderig water de helling afgutsen, waardoor dodelijke maalstromen gebouwen en bruggen in hun ontoombare modderrivieren kunnen meesleuren. Planten raken in verwarring door de hogere temperaturen en beginnen te vroeg aan de lente, om in de dagen of weken daarna, als de kou weer terugkeert, hun prille knoppen en tere bladeren weer te zien wegvriezen.

De Alpen spelen een cruciale rol als de 'watertoren van Europa'. Belangrijke rivieren zoals de Rijn en Donau vinden hier hun oorsprong, en zodoende is de *impact* van veranderingen in het sneeuwpak en van het wegkwijnen van de gletsjers overal op het continent voelbaar. In Zwitserland zelf komt 60 procent van de energievoorziening uit waterkrachtcentrales. Die energiebron zou in de zomermaanden wel eens weg kunnen vallen als de beken en rivieren droog komen te staan. Net als in de Rockey Mountains in Canada en de Verenigde Staten gaat het hier om een probleem met de timing. Zelfs al zou de totale hoeveelheid neerslag gelijk blijven (en dat is nog helemaal niet gezegd), dan nog valt er meer als regen dan als sneeuw. En dat betekent dat het eerder in het jaar de bergen afstroomt en dat er 's zomers gewoon minder water voor menselijk gebruik beschikbaar is.

Zonder smeltwater of regen verkommert de vegetatie en naarmate de droogte het land meer in zijn greep krijgt, verandert het groen van het huidige landschap geleidelijk in het bruin van gebakken aarde. Net zoals vandaag de dag in het Atlasgebergte, zullen de Alpen hun gletsjertooi in de toekomst kwijt zijn en geen enkele begroeiing zal de monotonie van de hogere rotshellingen nog doorbreken. De bergen zelf worden er niet hoger of lager van, maar hun karakter zal totaal zijn veranderd. Alle bergbewoners – planten, dieren en mensen – zullen zich moeten aanpassen om te kunnen overleven. Het belangrijkste is dat de watertoren van het continent droog zal vallen, net wanneer Europa ligt te smoren in de zomerse hitte.

Engeland krijgt een oplawaai

Als mensen vanuit de verzengende hitte van het Sahara-achtige zuiden van Europa naar het noorden trekken, worden de Britse eilanden aantrekkelijk. Het is er relatief koel en dat maakt van de dichtbevolkte eilanden één van de interessantste vestigingsplaatsen op de planeet. Ook al hebben het zuiden en oosten een probleem met droogte, toch lijkt het er op dat het noorden en westen dankzij de Atlantische weersystemen een behoorlijke hoeveelheid water blijven krijgen. Dat zou op zich aardig zijn, ware het niet dat de Atlantische stormen steeds kwaadaardiger worden. Onder invloed van subtropische droge luchtgordels die opschuiven vanaf de evenaar, beweegt de loop van orkanen zich in de richting van de polen. Groot-Brittannië ligt zodoende precies waar het allemaal gaat gebeuren, want stormen komen niet langer over het drogere Middellandse-Zeegebied aan, maar trekken over het noorden van Europa. Vooral Schotland krijgt het te verduren, terwijl het ook nu al de hardste wind en de zwaarste regen in het hele land krijgt. Met krachtiger lagedrukgebieden en hardere wind deelt elke depressie een zwaardere klap uit dan zelfs de heftigste winterstorm in het huidige klimaat weet te doen.

In gebieden die blootstaan aan westerstormen betekent dat meer overstromingen als gevolg van vloedgolven en verder levert dat meer erosie aan de kust op en meer windschade aan infrastructuur. De kosten hiervan zouden zowel in Groot-Brittannië als in Duitsland kunnen stijgen tot 37 procent boven het huidige niveau en daarbij gaan verzekeringsbedrijven failliet door de terugkerende schadeposten van tientallen miljarden. Het is misschien verrassend, maar hoewel de individuele stormen zwaarder zullen zijn, zouden het er in aantal wel eens minder kunnen worden. Dat geeft de nood- en hulpdiensten tenminste een kans om de gewonden weg te halen en wat noodreparaties uit te voeren aan daken, hoogspanningsmasten en stormvloedkeringen, voordat de volgende orkaan zijn opwachting maakt.

Het is zonneklaar dat deze stormen ook zwaardere regenval met zich mee zullen brengen. Meer wolkbreuken veroorzaken uitgebreidere overstromingen, waarbij het zwaarst getroffen deel van Groot-Brittannië in dit geval niet Schotland zal zijn, maar het dichtbevolkte zuiden en oosten van Engeland. Een deel van het extra water is weliswaar van levensbelang om de reservoirs bij te vullen die tijdens de droge zomermaanden onrustbarend leeg zijn geslurpt, maar een te groot deel van deze neerslag valt in de vorm van zware hoosbuien. Deze stromen snel van het land of de wegen af, in plaats van geleidelijk door de bodem opgezogen te worden en zo de grondwatervoorraad aan te vullen. Gemeentes krijgen het zwaar te verduren als de zomerse droogte plaats maakt voor winterse stortregens, die zich als een vloedgolf door dorpen en steden storten en rivieren buiten hun oevers laten treden. Zelfs in het huidige klimaat lopen in Groot-Brittannië al vier miljoen mensen en twee miljoen stuks onroerend goed het risico op overstroming. In een wereld van rond de vier graden warmer verwacht men dat die kans vier keer zo hoog komt te liggen; de jaarlijkse schade zal dan zo'n veertig miljard euro gaan bedragen.

Als vlak land met een hoog overstromingsrisico vaker onder water komt te staan, komt er waarschijnlijk een algehele terugtrekking uit dergelijke gebieden op gang. Dat is het omgekeerde van de huidige trend, waarbij vaak nieuwe woongebieden worden gebouwd zonder rekening te houden met het overstromingsgevaar. Miljoenen mensen raken het spaargeld kwijt dat ze in hun huizen gestoken hebben, omdat die onverzekerbaar en daarmee onverkoopbaar worden. De 'vloedvloek' zou wel eens een gangbaar begrip in de onroerend goed-branche kunnen worden. Volgens het Office of Science and Technology van de Britse overheid zijn er onder meer in het gebied tussen Lancashire en Humber de meeste problemen te verwachten, net als in de Theemsvallei, het oosten van Devon, en steden als Monmouth en Bristol, waar langs de oever van de Severn toch al een verhoogd overstromingsrisico is.

Veel van deze plaatsen zullen volgens de verwachting ook het meest te lijden hebben onder de afkalving van de kust, die een gevolg is van zowel stormachtiger weer als van een stijgende zeespiegel. In dit toekomstige klimaat komt de hele Engelse kust, van het eiland Wight in het zuiden tot Middlesbrough in het noordoosten, in de categorieën met 'zeer hoge' tot 'extreme' risico's terecht, evenals de hele kust van Cardigan Bay in Wales.

Er gaat nog iets in het winterweer veranderen dat iedereen zal merken, al is de directe invloed minder duidelijk. Datgene waar door generaties schoolkinderen elke winter zo gretig naar wordt uitgezien – sneeuw – zal waarschijnlijk compleet uit de Britse weersverwachtingen verdwijnen. In het laaggelegen zuiden en oosten van Engeland zal in de vier-gradenwereld een pak sneeuw een vrijwel onbekend verschijnsel worden. Zelfs in de Schotse bergen zal de sneeuwlaag hoogstens nog half zo dik zijn. Zo nu en dan zal het in Engelse winters nog wel eens sneeuwen, maar dat is dan echt uitzonderlijk, net zo bizar als bolbliksems, of hagelstenen zo groot als knikkers. Als ze dat willen, kunnen kinderen nog altijd sneeuwpoppen maken, maar dan moeten ze wel eerst in januari naar Ben Nevis, de hoogste top van Schotland.

Een ondergrondse tijding uit Texas

In het golvende kalksteenlandschap van het centrale zuiden van Texas ligt op de boerderij van veehouders T.D. en Billie Hall een ongebruikelijke grot verborgen. Rondom de ingang ligt de grond bezaaid met stenen en een eenzame zwepenboom lijkt er op wacht te staan om indringers weg te jagen. In de hele wijde omgeving is alles kurkdroog en hier en daar ligt de rotsachtige ondergrond bloot. Alleen een paar groenblijvende eiken, her en der verspreid, doorbreken de aanblik van de golvende savanne. Een paar kilometer verder naar het zuiden kronkelt een arm van de rivier de Guadalupe zich door het rotsige plateau richting de Golf van Mexico. Er scharrelen wat runderen rond, maar de veedichtheid is laag; de dunne bodems hier kunnen niet de grote kuddes aan, die grazen op de prairies verder naar het noorden.

In de grot van de familie Hall was Jennifer Cooke, promovenda van de University of Texas, al weken heel secuur met forensische opgravingen bezig, toen ze een verrassende ontdekking deed. Begraven in het bezinksel op de bodem van de grot lagen tanden en botten – maar niet van één of andere, lang geleden vermoorde cowboy. Het ging om grondeekhoorns en andere zoogdieren, die hier ruim twintigduizend jaar geleden de grond omwoelden om aan voedsel te komen. De vondst was een verrassing, omdat geen van deze dieren hier nu in de buurt leeft: de bodem is er gewoon te dun voor. Voor Cooke was dit een van de puzzelstukjes in een verhaal dat zich begon af te tekenen. Lang voordat mensen het landschap binnentrokken moet er door klimaatverandering een aanzienlijke hoeveelheid bodem verloren zijn gegaan, waardoor het eens zo vruchtbare plateau veranderde in de dorre, rotsige woestenij die het nu is.

De oorzaak van de erosie was een goede bekende: regen. Door geselende onweersbuien, afgewisseld met steeds langere droogtes, begon de bodem die in de loop van millennia was gevormd, weg te spoelen. In het opwarmende klimaat na de ijstijd kwamen er blijkbaar heftige wolkbreuken voor, die zich op het droge landschap stortten en het sediment van de bodem de rivieren in spoelden. Cooke vond ook dikke lagen oude bodem in de grot zelf, waar ze door de hevige regen waren neergelegd. Nadat haar proefschrift uit was, kortte ze het in en bewerkte het voor een artikel in het tijdschrift *Geology*. Hierin waarschuwt ze dat de zomers door toekomstige klimaatveranderingen veel droger zullen zijn en de regenbuien frequenter en heviger. En dat zou wel eens het soort ontwikkelingen kunnen ontketenen die er vele duizenden jaren geleden in Texas voor zorgden, dat de vruchtbaarheid van enorme stukken land verloren ging.

Voor wie vertrouwd is met klimaatonderzoek op basis van computermodellen klinkt dat vast allemaal nogal onheilspellend. Een recente publicatie, eind 2005 gepubliceerd in de *Geophysical Research Letters*, spitste zich toe op de Verenigde Staten. Daarin wordt voorspeld dat er als gevolg van convectie waarschijnlijk meer regen komt en dat de regenval in het hele land intenser wordt. (Convectieregen valt in de vorm van korte, hevige wolkbreuken zoals onweersbuien, heel anders dan de veel zachtere regen die ontstaat als gevolg van een frontale depressie.) De auteurs waarschuwen dat "hevige stortbuien vaker zullen voorkomen". Regen zou bovendien "zeldzamer worden en per dag grotere hoeveelheden water bevatten", maar dan wel met langere droge tussenperiodes.

In de vier-gradenwereld wordt het hele landoppervlak op de aardbol door deze veranderende neerslagpatronen getroffen. In Centraal- en Noord-Europa gaat er veel zwaardere neerslag komen, met name in de Scandinavische winters. Deze toename gaat gepaard met een afname in het zuidelijke deel van het continent, en zoals we eerder zagen, leidt dat daar tot droogte en verwoestijning. Winterorkanen worden heviger en destructiever, zowel op het noordelijk als het zuidelijk halfrond, ook al daalt hun frequentie. Het aantal tropische wervelstormen zal naar verwachting niet zo veel veranderen. Zoals we in het vorige hoofdstuk zagen zal hun intensiteit echter sterk toenemen. In een onderzoek dat het oosten van Australië simuleerde bleek dat het aantal harde stormen met meer dan 50 procent zou stijgen. Krachtige wervelstormen zouden verder naar het zuiden toeslaan en zelfs Sydney zou in de vuurlinie komen te liggen (hoewel men er voor de regen wellicht dankbaar zal zijn). In Korea neemt de hoeveelheid regen met een kwart toe. Maar omdat de temperatuur op het land zes graden oploopt, treedt er meer verdamping op en droogt het land sterker uit dan daarvoor.

In de vier-gradenwereld is het bij uitstek de temperatuurstijging zelf die al het andere begint te overheersen. Hittegolven van een onvoorstelbare heftigheid verschroeien de aarde, terwijl het klimaat heter wordt dan de mensheid in de hele geschiedenis van haar evolutie ooit heeft meegemaakt. Zoals we al eerder zagen lijkt de temperatuur in Europa tegen die tijd meer op die in het Midden-Oosten dan op het gematigde klimaat dat we nu gewend zijn. De Sahara steekt de Straat van Gibraltar over en trekt verder naar het noorden, naar het hart van Spanje en Portugal. Zelfs waar nog vruchtbare bodems zijn, versnellen hevige wolkbreuken de erosie. Zo veranderen eens zo vruchtbare akkers in doorgroefde woestenijen, net als in Texas. Terwijl wereldwijd de voedselvoorraden ineenstorten, raakt de mensheid haar greep op de toekomst steeds meer kwijt.

Siberische roulette

In de vorige hoofdstukken zagen we een langzaam verbrokkelend Noordpoolgebied. Op het moment dat wereldwijd de temperatuur zo'n drie graden hoger komt te liggen, is het pakijs in de zomer geslonken tot wat resterende stukken bij de pool en het verre noorden van Groenland. Zelfs de meest voorzichtige computermodellen voorspellen dat het pakijs helemaal verdwijnt als de temperatuur voorbij het streepje van drie graden naar de vier graden loopt. Voor het eerst in drie miljoen jaar zal er 's zomers bij de Noordpool niets dan open zee zijn. Zelfs in de lange winterse poolnachten zal het meeste ijs zich niet meer herstellen. In de hele regio stijgt de temperatuur in de wintermaanden tot 14 graden boven het huidige niveau.

In de continenten rond de Noordelijke IJszee komen er net zulke ingrijpende veranderingen aan. De zuidelijke grens van de permafrost verschuift honderden kilometers naar het noorden. In oppervlakte krimpt het permafrostgebied tegen het eind van de eeuw van de huidige tien miljoen vierkante kilometer naar slechts één miljoen vierkante kilometer. Wanneer het proces zich versnelt, komen grote stukken van Siberië, Alaska, Canada en zelfs zuidelijk Groenland binnen de dooizone te liggen. Onstabiele grondlagen gaan schuiven en zullen steeds vaker instorten onder wegen, huizen en andere infrastructuur. In het verre oosten van Rusland zullen plaatsen als Jakoetsk, Noril'sk en Vorkoeta gaan beseffen dat ze op drijfzand zijn gebouwd. Langs het hele traject van de Transsiberische Spoorlijn vinden uitgebreide verzakkingen plaats en die veranderingen bedreigen zelfs de kerncentrale bij Bilibino. Overal rond de Noordelijke IJszee neemt de erosie toe als gevolg van stormen en de gestegen zeespiegel, waardoor dorpen en nederzettingen aan de kust te gronde gaan.

Arctische ecosystemen raken steeds verder ontwricht. Door onverwachte branden en insectenplagen worden bossen ver ten noorden van de poolcirkel van de kaart geveegd. Populaties van dieren als woelmuizen en lemmingen gaan achteruit omdat zij 's winters hun voedsel verzamelen in gangen door de sneeuw en er in de hele regio 20 procent minder sneeuw gaat vallen. Zelfs waar er nog wel een sneeuwdek over hun fourageergebied ligt, wordt de isolerende werking van de sneeuw ondermijnd door incidentele dooi, regen of ijskorsten. Kleine dieren die er huizen sterven daarom van de kou. En omdat lemmingen zelf weer prooi zijn voor vossen, sneeuwuilen, wezels, jagers en hermelijnen, krijgen deze roofdieren op hun beurt ook met een voedseltekort te maken.

Terwijl de dieren vechten voor hun leven, verandert het landschap overal om hen heen. Meren lopen leeg en rivieren verleggen hun loop en daarbij komt er door extra regenval en ontdooiende grond 30 procent meer water in de Noordelijke IJszee terecht. Terwijl sneeuw en ijs zich terugtrekken, schieten er bomen in de zompige toendra op. Nieuwe laagveengebieden verschijnen op plekken die ooit zo hard bevroren waren als gewapend beton.

En uit deze ontdooiende arctische bodem stijgt een nieuwe bedreiging op, één van de gevaarlijkste versterkende mechanismes van allemaal. Van de weeromstuit is het effect van de klimaatverandering in het poolgebied voelbaar in alle uithoeken van de aarde met een toenemende kracht en destructiviteit. Net als bij de versterkende reactie van de bodem ontstaat deze dreiging doordat er als gevolg van de opwarming van de aarde nog meer broeikasgassen vrijkomen uit de grond. Dat veroorzaakt een verergerende vicieuze cirkel, omdat die broeikasgassen dan weer meer opwarming opleveren.

Men schat dat er momenteel zo'n 500 miljard ton koolstof opgesloten zit in de permanent bevroren bodem van het Noordpoolgebied. Als het eenmaal begint te dooien, kan veel hiervan ontsnappen. Op plaatsen waar het leeglopen van meren en moerassen de bodem droog achterlaat, kan het in de vorm van kooldioxide direct de atmosfeer in, omdat bodembacteriën het afbreken. Waar de grond nog te nat is voor ontbinding door zuurstof, doen anaërobe bacteriën het werk, waarbij ze enorme hoeveelheden methaan produceren. En dat is vanwege zijn sterke korte termijneffecten een nog veel gevaarlijker broeikasgas dan CO_2. In andere gebieden kan de koolstof direct in water oplossen en komt dan in de vorm van CO_2 vrij uit rivieren, meren en de Noordelijke IJszee. Phil Camill, een in de Verenigde Staten gevestigde ecoloog, bestudeert de snelheid waarmee de Canadese permafrost aan het ontdooien is. Hij zegt hierover: "We trekken de stekker uit de ijskast van het verre noorden. Alles wat daarin bewaard wordt zal gaan liggen rotten."

Zelfs in het huidige klimaat is die verrotting al waar te nemen, zij het op beperktere schaal en op die plekken in de poolgebieden waar de permafrost al aan het krimpen is geslagen. Tussen 1999 en 2001 trokken de Californische geografen Karen Frey en Larry Smith drie jaar lang door afgelegen gebieden in West-Siberië. Daar namen zij uit stroompjes en rivieren bijna honderd monsters van 'opgeloste organische koolstof'. Uit de analyse van de watermonsters in het laboratorium kwam een duidelijk patroon naar voren. Frey en Smith ontdekten dat de waterlopen die de ontdooide veengebieden ontwaterden, een veel hoger koolstofgehalte hadden dan de rivieren die door stijfbevroren permafrostgebieden stroomden. Vervolgens lieten ze de toekomstige opwarmingsscenario's los op de huidige verspreiding van de permafrost in Siberië. Daarbij kwamen ze tot de ontdekking dat er door het grote dooien een verbijsterende 700 procent meer koolstof vrij zou kunnen komen.

Honderden kilometers verderop probeerden wetenschappers intussen om in het Abiskogebied van het subarctische Zweden de hoeveelheid extra methaan te meten, die vrijkomt uit ontdooiende veengebieden. De uitstoot van een onlangs ontdooid moeras werd 20 tot 60 procent hoger geschat dan in de jaren '70. Recenter onderzoek in Siberië toonde aan dat er al vijf keer zoveel methaan uit ontdooide meren omhoog komt borrelen als daarvoor werd aangenomen. De conclusie is onvermijdelijk: hoe meer bevroren land tot modderig moeras vervalt, hoe meer methaan er vrijkomt. En aangezien deze ontdooiing van de permafrost nu, terwijl ik dit schrijf, in het hele arctische gebied aan het versnellen is, zal dit proces al een flink eind op weg zijn lang voordat de temperatuur vier graden hoger dan nu aantikt.

Ondanks de ontnuchterende conclusies uit dit en ander onderzoek dat het smelten van de Noordpool zo'n dramatisch versterkend effect heeft op de opwarming, is de omvang van deze vicieuze cirkel nog niet gekwantificeerd. Daarom is het ook nog niet meegenomen in de huidige voorspellingen over klimaatveranderingen. Maar de gevolgen zijn duidelijk: dit verraderlijke proces zou wereldwijd wel eens van meer belang kunnen zijn dan de veranderingen in de koolstofcyclus die in het vorige hoofdstuk zijn besproken. Het ontdooien van de permafrost is in de woorden van Lawson Brigham, de poolspecialist uit Alaska, een "echte joker in het spel van de koolstofcyclus".

Hoeveel zal het smelten van de Noordpool bijdragen aan de verdere opwarming van de aarde? Een halve graad? Eén? Meer? Daar is nog geen duidelijk antwoord op. Walter

Oechel, expert op het gebied van Arctische ecosystemen, bekent dat "men de puzzelstukjes nog niet echt bij elkaar heeft gelegd. Maar wat we wel weten is dat de potentiële hoeveelheden gigantisch zijn, en dat is heel, heel erg beangstigend." Niet iedereen is het erover eens dat de permafrost-tijdbom binnen afzienbare tijd zal afgaan. Een onderzoek uit 2007 beweert dat de dooisnelheden die voor de komende eeuw zijn berekend, overdreven zijn. Maar omdat de hoeveelheden koolstof die hier in het spel zijn zo gigantisch zijn, kunnen ook kleine veranderingen grote gevolgen hebben. Phil Camill zegt, dat zelfs als er maar één procent van deze potentiële koolstofvoorraad per jaar zou ontbinden, "het zou zijn of we onze huidige uitstoot verdubbelen".

Dat is de beangstigende conclusie van de vier-gradenwereld: het is, vanwege het vrijkomen van koolstof uit de arctische permafrost, waarschijnlijk niet mogelijk om de mondiale temperatuur op vier graden boven het huidige niveau te stabiliseren. Het is eenzelfde soort verhaal als met de voorspelde ondergang van de Amazone en het versterkende effect daarvan op de koolstofcyclus in de drie-gradenwereld. Als we volgens dit scenario de drie graden bereiken, zal dat onverbiddelijk tot vier graden kunnen leiden, wat vervolgens weer onverbiddelijk tot vijf graden zou leiden. En zoals we in het volgende hoofdstuk zullen zien, komt er met vijf graden zelfs een nog grotere bron van methaan in het spel. Deze keer komt de dreiging niet van het land, maar uit zee. En alweer zou de mens wel eens machteloos kunnen staan om in te grijpen in dit op hol geslagen proces van wereldwijde opwarming. Dat gaat door met de wereld in een extreme en steeds apocalyptischer broeikastoestand te brengen.

ooooo

Vijf graden

Een nieuwe wereld

Met vijf graden wereldwijde opwarming ontstaat een totaal nieuwe planeet, één die in vrijwel niets meer lijkt op de aarde zoals we die vandaag de dag kennen. Van de beide polen is het laatste ijs uiteindelijk weggesmolten. Regenwouden zijn al langer opgebrand en verdwenen. De stijgende zeespiegel heeft kuststeden verzwolgen en begint de continenten tot ver in het binnenland binnen te dringen. Door de dubbele crisis van droogte en overstroming worden mensen samengedreven op de alsmaar kleiner wordende stukken land die nog bewoonbaar zijn. Gebieden in het binnenland kennen temperaturen van tien graden hoger dan nu, of meer.

Met reusachtige hoeveelheden extra hitte in de lucht neemt zowel de verdamping als de neerslag toe. In de tropen bouwen zich in de zone waar de passaatwinden samenkomen enorme stortbuien op. Daar komt nog een heviger Zuid-Aziatische moesson bij, waardoor de Ganges en de Brahmaputra bijna 50 procent meer water krijgen. In het hoge noorden zijn rivieren in Siberië, Canada en Alaska door de grotere hoeveelheden regen ook al dramatisch in omvang toegenomen. Een weer opgeleefde Oost-Aziatische moesson dumpt ongeveer eenderde meer water in de Yangtze en bijna 20 procent meer in de Gele Rivier. In Groot-Brittannië zijn er bijna elke winter zware overstromingen.

Extreme hitte doet de tropen zinderen: een modelstudie uit 2008 onthulde dat aan het einde van de eeuw grote delen van het landoppervlak tot de dertigste breedtegraad temperaturen krijgen tot 50°C en hoger. De auteurs wijzen erop dat "dit slaat op dichtbevolkte gebieden zoals India en het

Midden-Oosten". Daarbij bereiken het grootste deel van de Verenigde Staten, Zuid-Europa en de kusten van Australië temperaturen die "ver uitstijgen" boven de 40°C. Zulke temperaturen zijn niet alleen levensbedreigend voor de bevolking, maar ook voor de landbouw en de wilde dieren.

De toegenomen regenval in waterrijke gebieden gaat gepaard met een toenemende droogte op plekken die toch al kampen met watertekorten. Een wetenschappelijk team onder leiding van de ervaren Japanse meteoroloog Syukuro Manabe voerde een modelsimulatie van de vijf-gradenwereld uit. In de conclusie daarvan staat dat het "aannemelijk is, dat een afname van de bodemvochtigheid in semi-aride gebieden ervoor zal zorgen dat de belangrijkste woestijnen in de wereld zich uitbreiden. Dat geldt voor de Noord-Amerikaanse woestijn, de Sahara en Kalahari in Afrika, de woestijn van Patagonië in Zuid-Amerika en de Australische woestijn." Bovendien zou "de afname van de bodemvochtigheid in het noordoosten van China een uitbreiding van de Gobiwoestijn naar het oosten kunnen veroorzaken."

De resolutie van dit model is te laag om een nauwkeurig beeld te krijgen van de voorspelde veranderingen op het niveau van aparte landen. Toch wekt het de indruk dat er in het noordoosten van Brazilië een compleet nieuw woestijngebied ontstaat – de bezweken Amazone – en dat er in de zuidelijke helft van de Verenigde Staten een dramatische uitdroging aankomt – zoals in het Dust Bowl-scenario. Op de kaart van het toekomstige vijf-gradenklimaat tekenen zich duidelijk twee wereldomspannende gordels van voortdurende droogte af. Op het noordelijk halfrond omvat deze droogtegordel heel Midden-Amerika, de hele zuidelijke helft van Europa, de westelijke Sahel en Ethiopië, Zuid-India, Indo-China, Korea, Japan en het westelijk deel van de Stille Zuidzee.

Op het zuidelijk halfrond houdt een vergelijkbare droogtegordel Chili en Argentinië, Oost-Afrika en Madagaskar, vrijwel heel Australia en de eilanden in de Stille Zuidzee in haar greep. Ook hier komt er weer een zichzelf versterkende terugkoppeling op gang: meer verdamping verlaagt de bodemvochtigheid in gebieden die nu halfwoestijnen zijn, waardoor de regenval er verder daalt en ze over de hele linie overgaan in echte woestijnen. De zwaarst getroffen gebieden raken 40 procent van hun beschikbare water kwijt.

Tel hier de uitputting van de fossiele grondwatervoorraden en het verdwijnen van sneeuw en gletsjers in de bergen bij op, en het is duidelijk dat deze droogtegordels de zones die niet langer geschikt zijn voor grootschalige menselijke bewoning breder maken. Onbewoonbare zones zullen zich dramatisch uitbreiden, terwijl in ons huidige klimaat alleen plekken als het midden van de Sahara en de Gobiwoestijn als onbewoonbaar te boek staan. Vandaag de dag danken gigantische steden als Caïro en Lima hun voortbestaan midden in de woestijn louter aan de watertoevoer van buitenaf, vanuit rivieren of ondergrondse reservoirs. Maar de ondergrondse watervoorraden worden nu al niet duurzaam gebruikt en zoals we al zagen wordt er in deze halfwoestijnen een verdere afname van de stromen aan het aardoppervlak voorspeld. Het vijf-gradenmodel voorziet een afname van 20 procent van het water in de Nijl, terwijl de Rimac van Lima (zoals we eerder al zagen) door het verdwijnen van de gletsjers helemaal zal opdrogen. Het model is niet gedetailleerd genoeg om er kleinschalige veranderingen in Peru en de Verenigde Staten uit te pikken. Volgens een afzonderlijke studie zou echter in Californië bijna 90 procent van de sneeuw verdwijnen die 's winters in de bergen ligt. Daardoor zou de hoeveelheid water in de rivieren in het zuiden van de staat (waar Los Angeles en San Diego liggen) bijna halveren. Het is de moeite waard om de rol van aquifers, de ondergrondse waterlagen, nader te onderzoeken. Voor de steden en de landbouw in droge gebieden zijn zij namelijk van levensbelang. Maar zoals gezegd zijn dat lang niet altijd hernieuwbare hulpbronnen en worden ze sowieso nu al te intensief gebruikt. Veel van die lagen bevatten water dat duizenden, of zelfs miljoenen jaren geleden als regen is gevallen. Yemen is voor haar drinkwatervoorziening bijvoorbeeld vrijwel volledig afhankelijk van een fossiele aquifer, die al een flink eind naar uitputting op weg is. Saudi Arabië is inmiddels zo wanhopig geworden, dat het naar water is gaan zoeken door de technologie van het olieboren in te zetten voor het slaan van diepe putten. In India, China en de Verenigde Staten is ook in het huidige klimaat de grondwaterspiegel al snel aan het dalen; dit als gevolg van de bevolkingsdruk en de intensievere landbouw, die een grotere aanslag op het grondwater doen dan de neerslag ooit zal kunnen aanvullen. Noch de landbouw, noch – als uitvloeisel daarvan – de bevolkingsdichtheid zal te handhaven zijn, als deze watervoorraden nét opraken op het moment dat vanuit de tropen nieuwe gordels woestijngebied zich uitbreiden.

Het zou een oplossing kunnen zijn, om de bevolking vanuit de drooggevallen streken op grote schaal over te brengen naar gebieden in het verre noorden die dan bewoonbaar zijn geworden, met name in Canada en Siberië. Zoals gezegd krijgen alle grote rivieren in Canada en Rusland veel meer water omdat er meer regen gaat vallen, en dat zijn ook de gebieden waar de temperatuur het meest gaat stijgen. Dat maakt dat daar het groeiseizoen aanzienlijk langer wordt en bovendien dat de winter zijn greep op het land verslapt, zelfs op legendarisch koude plekken als Siberië. Zouden hier hele nieuwe graanschuren kunnen ontstaan? Het lijkt een stuk eenvoudiger om het voedsel naar de stad te brengen, dan om de bevolking van complete steden en landen naar die nieuwe gebieden over te hevelen. Maar toch blijven het duidelijk potentiële toevluchtsoorden.

Maar voordat u nu naar Sneznogorsk of Nizhnevartovsk snelt om een stuk land te kopen, moet u wel bedenken dat het model van Manabe voor gebieden middenin de continenten ook droge zomers voorspelt. Daardoor drogen bodems uit waarop anders voedsel te verbouwen zou zijn. Waar er 's winters nog sneeuw valt, zal het geleidelijk smelten daarvan de seizoensovergang helpen verzachten. Maar er zouden beslist grote infrastructurele werken als stuwmeren nodig zijn om 's winters regen op te kunnen vangen en daarmee de nieuwe gewassen te bevloeien.

In continentale klimaten, die ieder jaar zulke extreme temperaturen kennen, zou het in de zomermaanden voor landbouwgewassen ook wel eens te heet kunnen worden. (Tenslotte is het 's zomers in Siberië nu al warm genoeg voor extreme hittegolven en bosbranden.) En inderdaad, uit een modelstudie die specifiek naar de wereldvoedselproductie keek, bleek dat de landbouwproductie in de vijf-gradenwereld zelfs in het noorden van Canada en de voormalige Sovjet Unie achteruit zou gaan. Het zou dan ook misschien het beste zijn om bevolkingsgroepen en nieuwe landbouwkolonies aan de Russische Poolzeekust en op de Canadese eilanden te concentreren. Daar houdt de temperende invloed van de zee de zomertemperatuur nog enigzins draaglijk.

Uiteraard is niets daarvan ook maar haalbaar als die noordelijke landen weigeren om al die extra vluchtelingen op te nemen. James Lovelock heeft zelfs een scenario naar voren geschoven waarin China Siberië binnenvalt en de Verenigde Staten Canada, om het leger beslag te laten leggen op het resterende bewoonbare land. Maar een bijkomend effect van elk gewapend conflict, vooral als daarbij ruimschoots kernwapens worden ingezet, zou natuurlijk zijn dat de oppervlakte op aarde die voor mensen onbewoonbaar heet te zijn, alleen maar groter wordt.

Zoals in eerdere hoofdstukken al werd aangegeven, zijn bodems die tot voor kort nog bevroren waren meestal dun, rotsig en arm, doordat ze weinig voedingsstoffen of organisch materiaal bevatten. Toch komen de noordelijke breedtegraden er in vergelijking met Afrika en Azië nog goed vanaf, omdat die volgens bovengenoemd onderzoek eenderde van hun voedselvoorziening kwijtraken. Maar ook in de noordelijke bossen van Canada verhogen zomerse hittegolven het risico op bosbranden. Eén onderzoek over het brandgevaar in een klimaat met drie maal zo veel CO_2 voorziet dat de oppervlakte die in vlammen opgaat zal verdubbelen, waardoor er per jaar 3,8 miljoen hectare in de as wordt gelegd.

De uitbreiding van het landbouwareaal en de grotere verwoesting door bosbranden zouden hoogstwaarschijnlijk grote stukken boreaal bos in het noorden van Canada, Alaska, Scandinavië en Rusland wegvagen. Dat brengt weer meer koolstof in de atmosfeer en versnelt het wereldwijde verlies aan biodiversiteit. Maar ik vermoed dat het overleven van de Siberische tijger de meeste mensen een zorg zal zijn, in een wereld waarin het overleven van de mens zelf steeds onzekerder wordt. De tijger – en de taiga – konden maar beter wegwezen.

Knal uit het verleden

Op een kille zomerdag in 1975 dwaalden fossielenjagers Mary Dawson and Robert West langzaam door het poollandschap van het Canadese Ellesmere eiland, met hun ogen strak op de grond gericht. In het oosten doemde de witte massa op van één van Ellesmere's ijskappen. In het westen lag een fjord die was bezaaid met brokken ijs; aan de voet van zijn steile wanden gaapte het donkerblauw van de Noordelijke IJszee. Dawson en West hoopten aanwijzingen te vinden die een twistpunt tussen paleontologen zouden helpen oplossen. Daarbij ging het erom of er ooit al dan niet een landbrug de noordelijke breedtegraden van Europa, Azië en Noord-Amerika met elkaar verbonden heeft. Daarlangs zouden de vroege zoogdieren gemigreerd zijn. Wat ze in plaats daarvan over het klimaat ontdekten was uitermate verrassend. Die toevalligheid heeft het wetenschappelijk inzicht in het verre verleden ingrijpend veranderd.

Aan het einde van de fjord, waar lagen gesteente bloot waren komen te liggen, ontdekten Dawson en West stukjes bot. Tot hun verrassing bleek later dat deze van een kaaiman waren geweest, een reptiel dat tegenwoordig alleen in warmere klimaten duizenden kilometers verder naar het zuiden leeft. Ook andere botten bleken van subtropische diersoorten te zijn: er kwamen drie soorten warmwater-zeeschildpadden aan het licht en verder een landschildpad en verschillende vroege zoogdieren. De fossielen werden gedateerd op het vroege Eoceen, een geologisch tijdperk dat 55 miljoen jaar geleden begon. De vondst van de fossielen riep vragen op voor nader onderzoek: wat hadden deze warmteminnende dieren honderden kilometers ten noorden van de poolcirkel te zoeken? Leefden ze daar echt, of waren de botten daar toevallig terechtgekomen? Geologen wisten al dat de Canadese landmassa toen dicht bij zijn huidige positie lag en schuivende tektonische platen konden deze tegenstrijdigheid dan ook niet verklaren. En vooral, als deze subtropische dieren inderdaad in het noordpoolgebied hadden geleefd, hoe had de temperatuur dan überhaupt boven het vriespunt kunnen blijven, als de regio elk jaar tijdens de poolnacht maandenlang in duisternis was gehuld? Niemand die het wist.

Sommige onderzoekers speculeerden dat de hoek van de aarde ten opzichte van de zon tijdens het Eoceen misschien anders was, zodat er minder verschil tussen de seizoenen was en de polen warmer konden worden. Maar bewijs om deze verklaring te schragen was niet te vinden. Intussen waren er in gefossiliseerde bomen die bij verrassing gevonden waren, duidelijke groeiringen te zien, die aantoonden dat er juist wel degelijk aanzienlijke verschillen tussen de seizoenen bestonden. Het werd allemaal nog raadselachtiger.

Buiten de Noordpool verzamelden andere onderzoekers aanwijzingen uit het begin van het Eoceen en de hieraan voorafgaande periode, het Paleoceen, over verrassingen die hiermee samenhingen. Paleontologen die zich in het Bighorn Basin in Wyoming al hamerend en gravend door honderden meter bezinksel heenwerkten, ontdekten daarin tientallen nieuwe zoogdiersoorten, die allemaal ineens rond dezelfde tijd in Noord-Amerika opdoken. Daaronder waren verschillende soorten *Plesiadapis*, een primaat met een borstelige staart, die wel wat wegheeft van een maki; diverse knaagdieren; de *Esthonyx* met zijn beitelvormige tanden; en de angstaanjagende *Coryphodon*, een monster van 300 kilo met sabeltanden, dat eruitzag als een kruising tussen een neushoorn en een beer. Veel van deze dieren waren voorouders van huidige zoogdiersoorten. Op de grens van het Paleoceen en het Eoceen doken ze ineens allemaal op. En er was maar één aannemelijke verklaring voor hun plotselinge aankomst in Noord-Amerika: zij waren vanuit Azië de legendarische landbrug in het hoge noorden overgestoken. Omdat zo'n tocht heden ten dage door het ijs en de bittere kou uitgesloten zou zijn, suggereerde dit dat de Noordpool in het verre verleden veel warmer was.

Ook op zee was er aan het eind van het Paleoceen iets vreemds gaande. Wat het ook was, het maakte het leven voor organismen op de oceaanbodem destijds knap onaangenaam. Op een normale zeebodem is het een voortdurend gefriemel van wormen, schelpdieren en piepkleine eencellige beestjes, die krijtdiertjes of *foraminiferen* heten. Twee Californische geologen die in 1991 een grondmonster uit de Weddellzee bij Antarctica onderzochten, ontdekten tot hun verrassing dat er in de 10 centimeter modderige prut die ze bekeken nauwelijks verstoring was opgetreden. En deze 10 centimeter viel nou toevallig net samen met dezelfde overgang van het Paleoceen naar het Eoceen als van de krokodillenfossielen in Canada. De twee wetenschappers, James Kennett en Lowell Stott, beseften al snel dat hun zeeboorkern onverstoorde modder aantoonde, dat alles wat normaal gesproken in en op de zeebodem leeft plotseling verdwenen was. Kennett en Stott waren bij toeval op een grootschalige uitsterving in de diepzee gestuit, misschien wel de grootste in tientallen miljoenen jaren. Ze waren er vrijwel zeker van dat deze uitsterving een klimatologische oorzaak had en dat een plotselinge opwarming van de Zuidpoolwateren de bodemorganismen van hun zuurstof had beroofd. De diepzee was zuurstofloos (anoxisch) geworden, giftig voor al het leven dat zuurstof inademt. Het was dus niet alleen de atmosfeer rond de Noordpool die veel warmer was geworden; hier was het bewijs dat ook de zeeën plotseling waren opgewarmd, tot de bodem van de Zuidelijke IJszee aan toe.

Maar deze ontdekking riep alleen maar meer vragen op. Geen van deze onderzoeken bevatte ook maar de geringste aanwijzing over wat die plotselinge opwarming van het Paleocene klimaat veroorzaakt kon hebben. Bij de eerdere overgang van het Krijt naar het Tertiair stierven de dinosaurussen uit door een inslag van een asteroïde. Maar aanwijzingen voor een catastrofale inslag van iets buitenaards aan het eind van het Paleoceen zijn er niet. Toch was het een gebeurtenis die, voor geologische begrippen, van de ene dag op de andere plaatsvond. Waarom was het klimaat zomaar ineens omgeslagen?

Hier verschijnt Gerald Dickens ten tonele, die destijds paleo-oceanografisch onderzoek deed aan de University of Michigan. Het werk van Dickens spitste zich toe op een ongebruikelijke stof, die methaanhydraat of methaanijs wordt genoemd. Deze ijsachtige combinatie van methaan en water ontstaat bij de intense kou en druk die in de diepzee heersen. Destijds was Dickens helemaal niet bezig met het verklaren van het verleden; hij probeerde oliemaatschappijen te helpen om uit te zoeken of ze methaanijs zouden kunnen opboren om er aardgas van te maken. Potentieel zou de wereldenergievoorraad daarmee te verdubbelen zijn. De onderneming was af en toe behoorlijk spannend: op één expeditie ontplofte zijn boorkoker op spectaculaire wijze, door overdruk van het methaan er binnenin. De modder schoot vijftig meter de lucht in, maar gelukkig raakte er niemand gewond.

Zoals Dickens later uitlegde is het een belangrijke eigenschap van methaanijs, dat het alleen stabiel is als het erg koud is of onder hoge druk staat. Daarom was de boorkoker ook ontploft; toen hij boven water kwam, werd het methaan warmer en ging de druk omlaag, waardoor het in een explosieve kettingreactie van ijs in gas veranderde. Verder is methaan een belangrijk broeikasgas, waarvan elk molecuul twintig maal krachtiger is dan kooldioxide. Met wat hij wist van de nog onopgeloste vraagstukken over vroegere klimaatveranderingen, veronderstelde Dickens dat er in het verleden misschien wereldwijd methaanijs was vrijkomen. Dat zou enorme hoeveelheden broeikasgas in de atmosfeer hebben gepompt, waardoor de wereldzeeën warmer werden en er als gevolg daarvan in eenzelfde soort explosieve kettingreactie nog meer methaanijs vrijkwam. Zou dat de plotselinge opwarming van 55 miljoen jaar geleden kunnen verklaren? Dickens dacht van wel. Het was, zo suggereerde hij, alsof de oceanen een gigantische methaanboer hadden gelaten, waardoor de temperatuur wereldwijd omhoogschoot.

Hard bewijs had hij echter nog niet, totdat in 1999 Miriam Katz, een collega in de paleo-oceanografie, datgene leek te vinden waar iedereen naar op zoek was. In een andere zeeboorkern, even uit de kust van Florida genomen, vond Katz op 512 meter diepte het bewijs van een onderzeese aardverschuiving. Die werd direct gevolgd door een isotopische methaanhandtekening in het sediment en het beeld van de inmiddels bekende massale uitsterving van zeebodemorganismen. Katz' zeeboorkern gaf aan dat er overal geweldige lawines van het continentale plat naar beneden waren gedonderd, waarbij er in zeer korte tijd een enorme hoeveelheid methaanijs vrijkwam. Misschien was dit een 'heterdaadje': direct bewijs van een 55 miljoen jaar oude gasexplosie. Deze had de aarde wellicht in een extreme broeikasstaat helpen slingeren.

Mogelijk was het methaanijs niet alleen. Een onderzoek dat in april 2007 in het tijdschrift *Science* werd gepubliceerd, wees een hele andere schuldige aan, die bewijsstukken over de hele Noord-Atlantische Oceaan heeft uitgestrooid. Te vinden bij de Faeröereilanden, in zee bij Rockall, in het oosten van Groenland en zelfs in Noord-Ierland: basaltbrokken, die het verhaal vertellen van een serie monumentale vulkaanuitbarstingen. Dat waren niet het soort reuzeknallen zoals die van de Mount Saint Helens of de Krakatau, maar langdurige uitstromingen van basaltlava. Hieruit ontstonden lagen die in het oosten van Groenland een duizelingwekkende vijf kilometer dik zijn, en van de huidige Noord-Atlantische Oceaanbodem in totaal 1,3 miljoen vierkante kilometer bedekken. Deze magma drong niet gewoon zomaar ergens binnen. Het kwam omhoog in koolstofrijke steenkoolsedimenten, warmde deze op en bracht daarbij gigantische hoeveelheden methaan en kooldioxide in de atmosfeer. Geologen dateren het moment waarop de grootste hoeveelheid magma uitbarstte op 55-56 miljoen jaar geleden; precies in de hete periode aan het eind van het Paleoceen.

Deze enorme en langdurige vulkanische episode was tientallen miljoenen jaren lang een unicum in de geologische geschiedenis. Dat deze zich voordeed op bijna precies hetzelfde tijdstip als een periode van aanzienlijke wereldwijde opwarming, kan bijna geen toeval zijn. Vooral ook omdat er net zulke grote vulkaanuitbarstingen in verband staan met vergelijkbaar extreme broeikasepisodes nog verder terug in de geschiedenis van de aarde – meer daarover in het volgende hoofdstuk. Bovendien kan de miljoen-jaar-durende uitbarsting ook nog een ander broeikasgerelateerd effect hebben gehad. Doordat het sediment op de zeebodem omhooggeduwd werd, kwam er minder waterdruk op het methaanijs dat daarin gevangen zat. Ook dat kan geleid hebben tot een catastrofale gasontsnapping van misschien wel 2.800 miljard ton koolstof: meer dan genoeg om de dramatische klimaatverandering te verklaren.

Wat de oorzaak ook was, de gevolgen waren ingrijpend en ook nog eens mondiaal. Hittegolven schroeiden ’s zomers de vegetatie weg uit het Spaanse vasteland en lieten een woestijngebied achter dat ’s winters door stortbuien zwaar erodeerde. Puinafzettingen op de zuidhellingen van de Pyreneeën getuigen van de vervaarlijke aard van zulke moessonvloedgolven. Geologen maakten in 2007 melding van een ‘megawaaier’ van naar schatting tweeduizend vierkante kilometer groot. Deze ontstond binnen niet meer dan een paar duizend jaar, toen de stijgende CO_2-niveaus in de atmosfeer de aarde in een nieuwe broeikasstaat stortten. In de oceaan loste deze CO_2 snel op en verzuurde de zeeën. In Noord-Amerika (in wat nu Utah is) namen de seizoensuitersten op dezelfde manier toe, met moesson-stortbuien die de grond geselden. Daarnaast bracht deze nieuwe moesson overvloedige regenval op de flanken van de Rocky Mountains, zodat er een tropische vegetatie kon groeien op een plek die nu koud en droog is. Palmbomen groeiden ver naar het noorden, tot in Engeland en België.

In het noordpoolgebied ontstonden regenwouden vol watercipressen (*Metasequoia*). Vandaag de dag kun je op het Axel Heiberg-eiland in Canada hun gemummificeerde boomstronken nog zien. Ze zijn dan wel al tientallen miljoenen jaren dood, hun hout zou nu nog steeds branden, zo goed zijn ze bewaard gebleven. Deze bomen gedijden in gematigde omstandigheden; ze zorgden voor hun eigen broeikaseffect door waterdamp uit te stoten, die het gebied tijdens de donkere poolwinter isoleerde. Ondanks de duisternis was het Noordpoolklimaat helemaal subtropisch. Boorkernen met sediment uit het midden van de Noordelijke IJszee laten zien dat de watertemperatuur dicht bij de Noordpool kon oplopen tot wel 23°C. Dat is warmer dan een groot deel van de Middellandse Zee tegenwoordig is. Ook de lucht zou een temperatuur van een verbluffende 25°C bereikt kunnen hebben, wat alweer wijst in de richting van een subtropisch klimaat waarbij het hele jaar geen ijs of sneeuw voorkomt. Wel kreeg het hele gebied veel meer regen, omdat stormen zich naar het noorden bewogen en al doende de echte subtropen en gematigde breedtes dus gortdroog achterlieten. Je zou verwachten dat de Noordelijke IJszee met zulke temperaturen compleet ijsvrij bleef en inderdaad, er zou zich daar de volgende 15 miljoen jaar geen ijs meer vormen.

In deze wereld bereikte het kooldioxidegehalte in de lucht een gevaarlijk hoog niveau en steeg de gemiddelde temperatuur met vijf graden. Het was een wereld met verzuurde zeeën, snel veranderende ecosystemen, ijsvrije polen en met zowel extreem droog als extreem nat weer. Om kort te gaan, het was een wereld die erg lijkt op de wereld waar wij deze eeuw op afstevenen.

Veel wetenschappers hebben deze overeenkomsten al onderkend. Daarom heeft de gebeurtenis die we nu het Paleoceen-Eoceen Thermisch Maximum (PETM) noemen, ook zoveel aandacht van de wetenschappelijke wereld gekregen. En inderdaad, de afgelopen jaren vermeldt vrijwel elke academische publicatie over het PETM, dat het te zien is als een natuurlijke versie van alles wat de door mensen veroorzaakte opwarming ook maar in petto zou kunnen hebben. Een van de eersten die het belang inzag van het PETM als 'natuurlijke analogie' van de huidige broeikasgasuitstoot, was Gerald Dickens. Al in 1999 schreef hij in *Nature* dat we "aspecten van de toekomst van de aarde nu in een totaal ander licht kunnen gaan zien". John Higgins en Daniel Schrag, wetenschappers van de Harvard University bevestigden dit standpunt in mei 2006. Zij stelden dat "het PETM één van de beste natuurlijke analogieën in de geologische geschiedenis is voor de huidige stijging van CO_2 in de atmosfeer, die het gevolg is van de verbranding van fossiele brandstoffen."

Met CO_2-niveaus van meer dan 1.000 deeltjes per miljoen, die zich handhaafden tot in het vroege Eoceen, was de *totale* invoer van koolstof in de atmosfeer 55 miljoen jaar geleden veel groter dan de mens tot nu toe voor elkaar heeft kunnen krijgen. Maar het *tempo* waarin er broeikasgassen bijkomen ligt nu feitelijk hoger dan toen. De huidige koolstofemissie door de mens is misschien wel dertig keer sneller dan de veronderstelde gigantische methaanboer van het PETM, zo liet paleo-oceanograaf Jim Zachos in 2006 de vergadering van de American Association for the Advancement of Science weten. En te oordelen naar de verhouding tussen koolstofisotopen in gesteente dat de gehele Paleoceen-Eoceen-overgang omspant, zijn we al ongeveer halverwege het soort verzengende hittegolf die het leven op aarde destijds over zich heen kreeg.

De vermoedelijke rol van methaanijs in het veroorzaken van deze hittegolf leert de mensheid nog een verontrustende les. Onderaan het continentale plat liggen overal ter wereld nog enorme hoeveelheden van datzelfde methaanijs rustig hun tijd af te wachten. Nu de oceanen opwarmen bestaat de kans dat een deel van dat methaanijs onstabiel wordt, ontsnapt en in de atmosfeer komt, als beangstigende echo van de methaanboer van 55 miljoen jaar geleden. Dat zou de temperatuur van de atmosfeer nog verder opjagen en een onhoudbaar terugkoppelingseffect van de op hol geslagen wereldwijde opwarming nog verder versterken. Mensen zouden er machteloos bij staan, terwijl hun planeet in Venus begon te veranderen.

Maar hoe waarschijnlijk is dit apocalyptische scenario eigenlijk? Helaas hebben tot nu toe maar weinig wetenschappers zich eraan gewaagd om hierover een uitspraak te doen. Het is niet eens duidelijk hoeveel methaanijs er alles bij elkaar eigenlijk is, of hoe snel dat op de opwarming van het zeewater zou reageren. Misschien is het geruststellend dat het tijdens het PETM zo'n tienduizend jaar duurde, voordat het methaanijs volledig vrij kwam. Voor een geoloog mag dat dan in een oogwenk zijn, maar op de menselijke tijdschaal ziet dat er al veel minder griezelig uit. Bedenk wel, dat het eeuwen duurt voordat hogere temperaturen aan de oppervlakte tot in de diepte van de oceaan zijn doorgedrongen. Dat maakt het onwaarschijnlijk dat de hydraten à la minute zouden destabiliseren en bezwijken. De opwarming van de aarde kan nog steeds 'op hol slaan', maar de versterkende terugkoppelingsspiraal doet er duizenden jaren over om zich te voltrekken.

Niettemin komt, zoals we hierboven zagen, de koolstof nu veel sneller in de atmosfeer terecht dan tijdens het PETM, en dat verhoogt de kansen wel weer enigzins. Als de opwarming zo extreem is dat deze de bodem van de oceaan sneller zou bereiken, dan kon het nog wel eens heel heftig worden. Een modelsimulatie door Bruce Buffett en David Archer, twee methaanijsexperts, geeft aan dat de opgeslagen hoeveelheid hydraten in de zeebodem met 85 procent zou afnemen als reactie op een opwarming van slechts drie graden. Maar ze zeggen er niet bij hoe lang dat zou kunnen duren.

In een ander artikel suggereert David Archer dat we vooral op de Noordelijke IJszee moeten letten. Deze is relatief ondiep en zal waarschijnlijk de meest extreme opwarming meemaken, zodat de reactietijd van het methaanijs daar veel korter zou kunnen zijn. Het Hadley Centre in Groot-Brittannië vergroot op dit punt de bezorgdheid. Daar kwam men met een kaart die de indruk wekt, dat grote stukken van de Noordelijke IJszee waar nu methaanijs zou kunnen zitten, zich in de zone bevinden waar in 2090 alle methaan al gesmolten zou zijn. Niemand weet precies hoeveel van dat spul er nou op de bodem van de Noordelijke IJszee ligt te wachten om te gaan smelten en met een klap naar de oppervlakte te komen. Maar zelfs een kleine hoeveelheid zou al genoeg zijn om de wereldwijde opwarming een flinke zwiep te geven.

Tsunamiwaarschuwing

We zijn gewend om te denken dat als we nu maar samen allemaal onze voet van het koolstofpedaal afhalen, de mondiale temperatuurstijging langzamer zal gaan. Op dit moment klopt dat ook nog. Maar als er in het bekken van de Noordelijke IJszee substantiële hoeveelheden methaanijs gaan smelten, komt dat pedaal vast te zitten. Dan kunnen we niets meer doen om de snelheid van de klimaatverandering nog af te remmen. Nogmaals, niemand kan met zekerheid zeggen waar dat omslagpunt precies ligt, maar het lijkt logisch dat hoe harder we het klimaat opjagen, hoe dichter we bij het randje van die afgrond komen.

Buffett en Archer besluiten hun artikel ietwat raadselachtig met de volgende verklaring: "Het is onbekend of de toekomstige opwarming voldoende is om de hellingen van het continentale plat op wereldschaal te laten bezwijken, maar isotopische gegevens over het snelle vrijkomen van koolstof in het verleden geven te denken." Met andere woorden, het bewijs van Miriam Katz over catastrofale onderzeese aardverschuivingen zou wel eens een grimmige waarschuwing voor de toekomst kunnen inhouden. Door het op grote schaal vrijkomen van methaanijs zou de hellende oceaanbodem kunnen destabiliseren en dat zou vergelijkbaar zware aardverschuivingen in gang zetten.

Net als glijdende tektonische platen kunnen deze aardverschuivingen in zee enorme hoeveelheden water verplaatsen. Als dat gebeurt verspreiden zich krachtige schokgolven vanuit het gebied waar de verstoring plaatsvindt. Het was de hele wereld ineens duidelijk hoe zulke golven eruit zien, toen op 26 december 2004 de tektonische platen ten westen van Indonesië dramatisch verschoven in een aardbeving met maatje 9,2. Iedereen kent nu de naam van die golven: ze heten tsunamis.

Het was alweer in 1965 toen twee Schotse geologen toevallig op het bewijs stuitten dat precies zo'n tsunami 8.000 jaar geleden de Britse eilanden trof. Lopend door het westelijke deel van de Forthvallei, niet ver van Edinburgh, ontdekten ze een dun laagje zand in het verder zo ruim aanwezige veen. Die zandlaag was daar duidelijk neergelegd door een grootschalige gebeurtenis, want hij liep een kilometer verder door. De twee geologen opperden dat een grote overstroming van de rivier de oorzaak geweest zou kunnen zijn. Later onderzoek op andere plekken in het oosten van Schotland liet echter vergelijkbare afzettingen zien, die zich zelfs nog een eind naar het zuiden uitstrekten, helemaal tot aan de kust van Northumberland. De afzettingen hadden het meest om het lijf op de Shetlandeilanden, waar in het laagveen omgewoelde modder en grote rolstenen werden ontdekt, vele meters boven de vloedlijn. Het was duidelijk dat hier geen plaatselijke gebeurtenissen als rivieroverstromingen of vloedgolven achter zaten. De ontdekking, eind jaren '80, van de locatie van een grote onderzeese aardverschuiving voor de kust van Noorwegen verschafte het doorslaggevende bewijs: een zware tsunami had de kust van Groot-Brittannië getroffen.

De Storegga Slide, zoals de onderzeese aardverschuiving later werd genoemd, was werkelijk gigantisch; van het Noorse continentaal plat was er 3.500 kubieke kilometer sediment bergafwaarts de diepere Noordelijke IJszee ingeschoven. De resulterende tsunami zette 600 kilometer kust rondom de Noordzee onder water. In het oosten van Schotland kwam hij 3 tot 6 meter boven zeeniveau, in het westen van Noorwegen 9 tot 12 meter, op de Faeröereilanden meer dan 10 meter en op de Shetlands een verwoestende 20 meter – vergelijkbaar met de aanslag van de Aziatische tsunami op Banda Atjeh in 2004. Net als bij die tsunami, die zo tragisch uitpakte, denken de meeste wetenschappers dat ook de Storegga Slide door een aardverschuiving werd veroorzaakt, hoewel het plotseling vrijkomen van methaanijs ook een factor kan zijn geweest. Het is veelzeggend dat de zeebodem daar helemaal pokdalig is van de gasontploffingen van lang geleden. Bovendien zijn de onverstoorde zeebodemsedimenten naast de Storegga Slide nog rijk aan methaan, terwijl uit het gedeelte waar de lawine zich heeft afgespeeld alle methaanijs die er mogelijk ooit in gezeten heeft, verdwenen is.

Destijds was dat niet genoeg om het klimaat te veranderen, maar het geeft wel aan dat de destabilisatie van methaanijs en onderzeese aardverschuivingen hand in hand gaan. En helaas, als één van die twee zich voordoet, is de eerste waarschuwing die veel kustbewoners krijgen die van torenhoge golven die op het strand afsnellen.

Het vooruitzicht voor de mensheid

Afgezien van de tsunamis klinkt de wereld aan het begin van het Eoceen in sommige opzichten bepaald aangenaam. Zonder kille ijskappen die de boel afkoelden, floreerden er weelderige bossen tot de polen aan toe. Plekken die normaal gesproken een gematigd klimaat zouden hebben werden subtropisch, terwijl zich een fascinerend scala aan soorten over de aardbol verspreidde.

Maar laat je niet voor de gek houden. In haar natuurlijke toestand kan de wereld nooit een volmaakte analogie zijn voor de aardbol zoals die nu bestaat. We zijn al een heel eind op weg in een nieuw geologisch tijdperk, het Antropoceen, waarin menselijke bemoeienis de overheersende factor is in vrijwel elk ecosysteem op aarde – wellicht ten nadele van allemaal. De oplopende hitte van het Paleoceen-Eoceen Thermisch Maximum voltrok zich over ongeveer 10.000 jaar. Dat gaf planten en dieren de tijd om weg te trekken en zich aan nieuwe omstandigheden aan te passen. Geologische data uit Noord-Amerika laten zien dat subtropische plantensoorten in staat waren om in die tijd het bereik van hun leefgebied 1.500 kilometer naar het noorden te verschuiven, van wat nu Mississippi is naar Wyoming. Maar zelfs toen verloren vele soorten die zich minder makkelijk aanpasten de strijd en stierven uit, zoals we eerder al bespraken.

Wij hebben geen tienduizend jaar. De hier beschreven veranderingen zouden zich voltrekken in een paar decennia na nu. Voor ecosystemen, of voor de menselijke beschaving is dat een veel te hoog opwarmingstempo om zich ook maar enigszins te kunnen aanpassen. Zoals gezegd zou dit wel eens de snelste grootschalige klimaatopwarming kunnen zijn die de wereld ooit heeft meegemaakt. Zelfs nog sneller dan de klimaatveranderingen die catastrofale uitroeiingen veroorzaakten, zoals het volgende hoofdstuk laat zien. Wat vooral wel eens heel bedrieglijk zou kunnen zijn is de indruk dat de warme periode van het PETM flink nat was en dat zware moessonregens daarbij de dorst kwamen lessen van plekken die nu halfwoestijnen zijn. Maar in feite waren de eerste migrerende planten die in Wyoming aankwamen kleinbladige en droogtebestendige soorten, wat aangeeft dat het PETM in het begin zowel droog als heet was.

Uitkomsten van eerder besproken modelstudies over uitdijende woestijnen en watertekorten worden hierdoor gestaafd. Ook de moessons die karakteristiek zijn voor het latere PETM, ontwikkelden zich in de loop van duizenden jaren. In de overgangsfase verdampte er door de hogere temperaturen meer water, zodat de toch al droge gebieden nog verder uitdroogden. Dat is de reden waarom een herleefde Chinese moesson waarschijnlijk niet snel verlichting zal brengen in het door droogte geteisterde noorden. Het verklaart ook waarom de tekortschietende gletsjerrivieren in Pakistan voorlopig nog niet door een sterkere Indiase moesson zullen worden aangevuld. En impliciet staaft het ook de voorspellingen van een veel droger klimaat in de noordelijke helft van Zuid-Amerika. Wanneer het ecosysteem van de Amazone bezwijkt, zullen zich van daaruit nieuwe woestijngebieden naar het westen uitbreiden.

We roerden al eerder het begrip 'onbewoonbare zone' aan: plekken die in de vijf-gradenwereld ongeschikt zijn geworden voor grootschalige, ontwikkelde menselijke samenlevingen. Als we echter de geologische gegevens over de dramatische veranderingen aan het begin van het Eoceen bekijken, is het duidelijk dat zelfs die discussie nog wel eens te optimistisch zou kunnen zijn. In plaats daarvan moeten we het misschien maar eens gaan hebben over bewoonbare zones: toevluchtsoorden.

Voor de meeste voedselgewassen worden de tropen te heet en aanhoudende droogte haalt ook de subtropen uit productie. De zone waar grootschalige menselijke beschaving mogelijk blijft, de 'bewoonbare gordel', zal daardoor inkrimpen in de richting van de polen. (Het is goed om hier nog even te bedenken dat dit voor zowel het land als de zee opgaat. Vermoedelijk zal de vernietiging van koraalriffen en de opwarming van de oceanen ook het meeste zeeleven in diezelfde gordel van tropen en subtropen wegvagen.)

Voor de mensheid betekent dit, dat er waarschijnlijk een nieuw tijdperk aankomt waarin het leven noodgedwongen lokaler is. Daarin gaat de globalisering in z'n achteruit en meten mensen zich weer een beperktere identiteit aan. Op dit moment is onze economie een wereldwijd netwerkachtig verband, waarin enorme hoeveelheden goederen worden verhandeld tussen ver uit elkaar liggende gebieden. Maar hypothetische klanten uit de een of andere verwoeste kustplaats kunnen in de toekomst niets meer kopen, terwijl producenten in de door droogte geteisterde subtropen niets meer hebben om te verkopen. Voordat het zover is, zullen de gevoelige, vluchtige kapitaalmarkten beslist allang zijn ingestort. Daarmee worden de eigendomsverplichtingen tussen buiten- en binnenlands kapitaal uitgewist, wat een wereldwijde economische depressie bespoedigt. De grote economische crisis uit de jaren '20 en '30 van de 20e eeuw liet zien hoe moeilijk het voor samenlevingen is om zich aan te passen aan zulke spanningen en ook hoe onfrisse politieke filosofieën aan trekkracht winnen als de sociale onzekerheid groeit.

Zoals hierboven aangegeven, zouden machtige beschavingen kunnen proberen om hun bevolking te verhuizen naar subarctische gebieden. Op die manier zouden ze grootschalige honger en interne conflicten kunnen afwenden als ze worden geconfronteerd met de instorting van hun bewoonbare geboorteland. Dat lijkt wel wat op Hitler's *Lebensraum*-idee: een imperium, te veroveren op Rusland en Oost-Europa, ten behoeve van de bevolking van een uitdijend Derde Rijk. James Lovelock heeft ook gesuggereerd dat Afrika, de geboortegrond van onze eigen soort, kleine toevluchtsoorden zou kunnen bieden in regenachtige hooglanden. Kandidaten daarvoor zouden onder meer gebieden als de Ethiopische hooglanden en Lesotho in Zuid-Afrika kunnen zijn. In zulke bergachtige bolwerken kan de landbouw blijven bestaan en zijn geïsoleerde valleien gemakkelijker te verdedigen tegen binnenvallende plunderaars. Ten overvloede kunnen we stellen, dat de dagen van voedselhulp en internationale samenwerking dan allang geteld zijn.

Elders op de wereld kan ik me voorstellen dat het noorden van Europa, inclusief de Britse eilanden en Scandinavië, een vergelijkbaar druk en omstreden toevluchtsoord zou kunnen worden. Die regio blijft waarschijnlijk in de gordel vallen waar 's winters regen valt. Het uitvallen van de Golfstroom – de joker van Noord-Europa – zou Groot-Brittannië echter ook in een droger klimaat kunnen achterlaten, waarbij de temperatuur zich stabiliseert, of zelfs een tijdje zakt. Op het zuidelijk halfrond zou de westenwind in Patagonië en Vuurland in Chili nog steeds voor ruim voldoende regen blijven zorgen. En nog verder naar het zuiden zouden menselijke kolonies misschien op het dan net ijsvrije Antarctisch Schiereiland kunnen overleven, of zelfs geleidelijk nog verder naar het zuiden blijven trekken naarmate het slinkende ijs nieuw land beschikbaar stelt. Ook Tasmanië en het Zuideiland van Nieuw-Zeeland blijven binnen de gematigde regenzone en ook zij zouden een toevluchtsoord kunnen vormen voor overlevenden uit de hetere gebieden verder naar het noorden, zoals Australië en Indonesië. Maar uiteraard zou daar niet genoeg land zijn om veel soelaas te bieden aan de klimaatvluchtelingen, die tegen die tijd met zijn honderden miljoenen zouden kunnen zijn.

In al die gevallen zouden de migranten er goed aan doen om hun nieuwe gemeenschappen op veilige afstand van de kust te stichten. De stijgende zeespiegel zal met zijn golven al menige kustplaats tot spookstad hebben gebeukt, waarin verlaten gebouwen bij elke storm tot strandzand verkruimelen. Het wassende water blijft de komende eeuwen nog overal land onder water zetten en verjaagt daarbij de landbouw uit laaggelegen vlaktes zoals de Nijl-, Yangtze- en Meghnadelta's (Ganges-Brahmaputra), net als uit vruchtbare laaglanden zoals de Britse oostkust.

Kustbewoners moeten tevens op hun hoede zijn voor acute bedreigingen vanuit zee. Ver buitengaats kunnen methaanijsvoorraden op de zeebodem tot leven komen, waarbij zij hun dodelijke gaslading in salvo's naar de oppervlakte spuiten.

Van buitenaf zou het eruitzien alsof de zee aan het koken was, met boven de ziedende baren misschien wat gelige vlammen, waar een deel van de methaan affakkelt. Diep daaronder zou een siddering in het water en gerommel uit de bodem getuigen van een onderzeese aardverschuiving, waarin miljoenen tonnen bezinksel van hun plaats komen. Terwijl de klok blijft tikken, zou er een tsunami worden ontketend; op zee amper merkbaar, maar zich dichter bij de kust verheffend tot ontstellende hoogtes. We weten welke signalen ons op het naderende gevaar zouden wijzen: het water trekt zich geleidelijk terug van de kust, dan doemt er aan de horizon een witte lijn op, waarna een muur van water op het strand afdendert, gevolgd door een dodelijke afvalstroom van modder en takken, die tot ettelijke kilometers landinwaarts alles plat walst. Op iedere plek die niet veilig op tientallen meters boven de rusteloze zee lag, zou het leven een hachelijke zaak zijn.

Overleven

Overal waar geen schuilplekken zijn en waar de gewassen en de watertoevoer het laten afweten, lijkt de meest waarschijnlijke uitkomst helaas dat we afglijden naar burgeroorlog, rassengeweld en andere onderlinge conflicten. De geschiedenis leert ons nu eenmaal dat mensen niet stilletjes de dood gaan zitten afwachten als het slecht gaat; ze pakken elk wapen dat ze maar kunnen vinden en trekken naar gebieden waar het beter lijkt te zijn. En dat leidt dan weer tot oorlog met de groepen die al in dat betwiste gebied wonen. Onze tribale erfenis heeft ons bovendien ingefluisterd om 'buitenstaanders' de schuld te geven van vermeende onrechtvaardigheden en tekorten. Zo werden in Europa de joden ooit vervolgd omdat ze in tijden van schaarste voedsel zouden hamsteren. Conflicten die ooit met speren en zwaarden werden uitgevochten, zullen echter nu met geweren, granaten, of kernwapens worden beslecht.

Dus wat moet je doen om te overleven? Het eerste antwoord dat bij de meeste mensen opkomt, zou waarschijnlijk zijn om voor zichzelf een afgelegen stukje berg af te palen, waar zij het dan samen met hun dierbaren rustig aan zouden doen totdat de crisis voorbij is. Dat zou inderdaad een optie kunnen zijn in uitgestrekte gebieden met dunbevolkte hooglanden, zoals het westen van de Verenigde Staten. Sommige gebieden, zoals Montana, hebben al een sterke traditie op overlevingsgebied, hoewel die natuurlijk niet is ingegeven door zorgen over de wereldwijde opwarming.

In de praktijk hebben echter maar weinig mensen die mogelijkheid. Hoeveel van ons zouden er nu echt genoeg wild kunnen vangen of doden om een familie mee te voeden? Hoeveel moderne mensen zou het echt lukken om van het land te leven, wanneer het voordringen bij de kassa van de supermarkt de enige jager- en verzamelaarstechniek is waarover de meeste stadsbewoners beschikken? Zelfs als het grote aantallen mensen zou lukken om zich over het platteland te verspreiden, dan nog zouden de wildpopulaties snel teruglopen onder de plotselinge druk van het menselijk roofdier. Om in zijn levensonderhoud te voorzien heeft een jager-verzamelaar tien tot honderd keer zoveel grond nodig als iemand in een landbouwgemeenschap. Voor de biodiversiteit zou een grootschalige toevlucht tot zulke overlevingsstrategieën een verdere ramp betekenen, omdat hongerige mensen alles doden en opeten wat er maar beweegt. Op die manier heeft de handel in *bushmeat* inmiddels ook de wildstand in tropisch Afrika geruïneerd.

In dichter bevolkte gebieden zoals Europa of China is overleven in afzondering domweg geen optie. Nergens bestaan plekken die voldoende afgelegen en te verdedigen zijn en toch voldoende mogelijkheden bieden om te overleven. Hamsteren lijkt een andere mogelijkheid te zijn: voorraden voedsel en water verstoppen en proberen om de ramp uit te zitten. Maar je voorraden verdedigen tegen hongerige aanvallers is nooit eenvoudig en op de lange duur is het praktisch onmogelijk. Honger is een krachtige drijfveer en mensen die gek zijn van honger of jaloezie, geven niet op. Vroeg of laat raak je door je munitie heen, of word je op een onbewaakt ogenblik in je slaap overrompeld. De orkaanramp in New Orleans liet ons al even zien, dat echt wanhopige plunderaars hun angst voor vuurwapens al snel kwijt raken.

In ernstige conflicten zijn invallers niet bepaald aardig voor bewoners die hen voedsel weigeren. Als er een voorraad ontdekt wordt, zo leert ons de geschiedenis, lopen het gezinshoofd en zijn familie de kans gemarteld en vermoord te worden, als straf en ten voorbeeld aan anderen. Kijk ter vergelijking maar eens naar de ervaring van het huidige Somalië, Soedan, of Burundi. Daar liggen conflicten over tekorten aan voedsel en land aan de wortel van zich voortslepende stammenoorlogen en het uiteenvallen van het staatsapparaat. Het merendeel van de geschiedenis van de mensheid bestaat uit zulke donkere episodes met genocide, verkrachting en plundering. Ons relatief welvarende intermezzo zou achteraf wel eens een gelukkige uitzondering kunnen blijken te zijn geweest, die vooral te danken is aan de enorme oppepper aan voedsel en energie die onze beschaving aan alle fossiele brandstoffen weet te onttrekken. Diezelfde fossiele energie die onze soort in staat stelt om, in wat historisch gezien een oogopslag is, zich in aantal gigantisch te vermenigvuldigen en prachtige, complexe samenlevingen op te bouwen, zou op de langere termijn wel eens onze ondergang kunnen zijn.

Een drastische inkrimping van de menselijke bevolking is ondubbelzinnig de meest waarschijnlijke uitkomst van een mondiale temperatuurstijging van vijf graden. James Lovelock noemt dat wat ongelukkig 'het afschot'. Zelfs met het huidige aantal zal de planeet nog moeite genoeg hebben om de menselijke samenleving voor onbepaalde tijd overeind te houden. Dat kunnen we nu al in talloze vormen zien, van overbevissing tot bodemerosie. Maar naarmate de wereld warmer wordt en de verwachte bevolkingsgroei de toch al enorme aantallen mensen nog verder opblaast, wordt de hele toestand langzaamaan wanhopiger. De conclusie dat er in een dergelijk scenario miljoenen en later miljarden mensen zullen sterven, lijkt me bijna onontkoombaar. In Gaia-termen heet dat vermoedelijk, dat de planeet haar evenwicht probeert te herstellen.

Het is misschien onvoorstelbaar, maar dit is nog steeds niet het allerberoerdste scenario. Het volgende hoofdstuk laat zien hoe het overleven van de mensheid zelfs als soort bedreigd zou kunnen worden door de ultieme Apocalyps: zes graden wereldwijde opwarming.

oooooo

Zes graden

Wanneer we een wereld binnengaan die zes graden warmer is dan nu, zijn er maar weinig aanknopingspunten voor wat ons werkelijk te wachten staat. Mijn gidsen in deze moderne variant van Dante's Inferno zijn tot nu toe met name de wetenschappers geweest die klimaatmodellen hebben ontwikkeld. De meesten van hen zijn inmiddels echter achterop geraakt: van de huidige generatie klimaatmodellen gaat er bijna geeneen tot zes graden opwarming in 2100. Maar zoals we hiervoor al zagen, zitten modellen qua ontwerp vaak wat behoudend in elkaar en zodoende valt die uitkomst niet uit te sluiten. Het zes-gradenbeeld is trouwens ook wel degelijk onderdeel van het IPCC-scenario waarop dit boek is gebaseerd. In plaats van op klimaatmodellen zullen we nu dan ook moeten vertrouwen op de schetsmatige geologische informatie over extreme broeikasperiodes in het verre verleden van de aarde. Daarmee moeten we onszelf zien bij te lichten wanneer we deze Zesde Kring van de Hel ingaan. Dante waarschuwt zijn lezers en ik zal dat ook doen. Als dit een televisieprogramma was, zou het vooraf gegaan worden door de woorden: "Waarschuwing: de volgende beelden kunnen als schokkend worden ervaren".

De wereld in het Krijt

De langste extreme broeikasperiode, het Krijt-tijdperk, was het grootste deel van de tijd goedaardig – ook al was de planeet toen geografisch en ecologisch een heel andere dan nu.

Gedurende deze periode, tussen de 144 en 65 miljoen jaar geleden, werd het land gedomineerd door varens, cicaden en coniferen. Bloeiende planten begonnen zich nog maar net te ontwikkelen. Het grote supercontinent Pangea scheurde doormidden en Zuid-Amerika werd van Afrika gescheiden alsof het een stukje van een reusachtige drijvende legpuzzel was. Het smalle water tussen hen in, de jonge Atlantische Oceaan, was niet breder dan de Middellandse Zee tegenwoordig is. Elk jaar verschoven de tektonische platen een paar millimeter en daarbij werd de planeet door elkaar geschud door enorme vulkanische uitbarstingen.

Op het zuidelijk halfrond lag India veel verder naar het zuiden dan nu en dreef het nog steeds vredig voor de oostkust van Madagaskar. Ook zagen de grootste continenten er heel anders uit: omdat de zeespiegel minstens 200 meter hoger lag dan vandaag de dag, stonden de meeste continentale binnenlanden onder water. Door het binnendringen van de oceanen was Noord-Amerika verdeeld in drie afzonderlijke eilanden, terwijl ook delen van Noord-Afrika, Europa en Zuid-Amerika onder ondiepe zeeën waren verdwenen. De invallende zeeën lieten kenmerkende kalksteenplateaus achter, die van de Middellandse Zee tot aan China nog steeds zichtbaar zijn. Ook lieten ze kalk achter: het Latijnse woord voor kalk, creta, is de stam van ons woord krijt. De beroemde witte kliffen en krijtheuvels in Engeland stammen allemaal uit de periode van het Krijt.

Ook was de wereld een stuk platter. Bergen ontstaan waar platen op elkaar stoten – maar in het Krijt scheurden de continenten van elkaar af, in plaats van op elkaar te botsen. Door de hogere zeespiegel en kleinere continenten bestond nog slechts 80 procent van het huidige landoppervlak; de rest was diepblauwe zee. De geografische verschillen waren net zo groot als de klimatologische, want ten tijde van het Krijt lagen de gemiddelde temperaturen op aarde 10 tot 15 graden boven de huidige waarden. En niet zomaar eventjes, maar miljoenen jaren lang.

Tekenen van dat langdurige en extreme broeikasklimaat zijn over de hele wereld te vinden in afzettingsgesteentes uit die tijd. Af en toe komen er uit de bevroren hellingen van Noord-Alaska fossiele boomstronken tevoorschijn die sterk lijken op hedendaagse palmbomen. In die weelderige subpolaire bossen graasden dinosaurussen – sommige bijna 20 meter lang, zoals de herbivore Edmontosaurus, een zogenaamde eendesnaveldinosauriër – die in de Krijtrotsen botten achterlieten en afdrukken van poten en zelfs van huid. Vorst was een zeldzaamheid of kwam helemaal niet voor, zelfs niet aan de rand van van de Noordelijke IJszee. Het Siberische Noord-Oosten van Rusland werd het hele jaar gekoesterd door mediterrane temperaturen, ondanks de twee maanden durende poolnacht. Voorvaderlijke krokodillen, heel toepasselijk Champsosaurus genoemd, beloerden in de ondiepe, warme moerassen in het arctische Canada scholen voorbij komende vissen. Bosjes tropische broodbomen tierden welig aan de westkust van Groenland.

Maar deze wereld was niet alleen maar zonneschijn, grazende dinosaurussen en zacht wuivende palmen. In sommige rotsformaties zijn afzettingen gevonden die 'tempestieten' worden genoemd, en die afkomstig zijn uit het puin van zware stormen. Dit soort woeste orkanen, die vanwege de ho gere temperatuur van de oceanen veel sterker dan de huidige moeten zijn geweest, heeft zelfs op de zeebodem sporen nagelaten. Daar hebben ze grote heuvels opgebouwd, die geologen zijn gaan bestuderen. Ontstaan halverwege het Krijt, toen het CO_2-gehalte en de temperaturen het hoogst waren en de broeikas op zijn top was, zijn deze heuvels de grootste van allemaal.

Deze tempestiet-afzettingen geven aan dat het door een intensere hydrologische cyclus in sommige gebieden veel harder regende. In het overstroomde binnenland van Noord-Amerika, waar een tropisch klimaat heerste, viel er wel 4.000 millimeter per jaar. Dit soort buien, dat we vandaag de dag in het Indiase regenseizoen zien, doorweekte het land. De temperatuur in de oceaan die zulke regenbuien aanjaagt, was veel hoger dan nu: in de tropische Atlantische Oceaan is die misschien wel 42°C geweest – eerder een warm bad dan een oceaan. In de subpolaire Zuidelijke Atlantische Oceaan, vlakbij de Falklandeilanden, was de temperatuur van het zeewater aan de oppervlakte gemiddeld zo'n 32°C. Zo warm is het nu zelfs middenin de tropen bijna nergens meer.

Als we al het geologische bewijsmateriaal in één beeld bij elkaar leggen, tekenen zich al gauw verschillende zones af. Rond de evenaar zien we een brede vochtige gordel met de meeste regenval en de zwaarste stormen; koraalriffen en regenwouden waren er echter nauwelijks. Een veel breder gebied daaromheen, waartoe Afrika, Zuid-Amerika en het zuiden van de Verenigde Staten en van Europa behoren, wordt gekenmerkt door grote droogte. De planten en dieren in dat gebied waren daarop ingesteld.

Hoger op de gematigde breedtegraden was het warm en vochtig, maar in deze gordel deden zich vaak felle branden voor; sommige Krijt-varianten van de varen waren op dezelfde manier aan brand aangepast als de eucalyptusbomen in het huidige Australië. Ook de fysiologie van de planten was aan de droogte aangepast. Fossiele bomen uit Zuid-Engeland laten ongelijkmatige jaarringen zien met droge jaren waarin de regens uitbleven. In de poolgebieden heerste er op beide halfronden een gematigd en vochtig klimaat. Zowel in Siberië als op het Antarctisch Schiereiland groeiden weelderige bossen. Het mag duidelijk zijn dat er in deze wereld geen ijs op de polen lag. Waarschijnlijk stonden er zelfs bossen op de Zuidpool zelf. Zij bleven het hele jaar door groen, ook al stonden ze vanwege de poolnacht zowat de helft van het jaar in het donker. Te bewijzen valt het echter niet, aangezien vandaag de dag een pak van 3 kilometer ijs verhindert dat er eventueel fossiel hout wordt ontdekt. De watertemperatuur aan de Noordpool moet met twintig graden heerlijk zacht zijn geweest.

Men neemt aan dat het CO_2-gehalte al met al zo'n drie tot zes keer hoger was dan tegenwoordig. Die situatie en de huidige zijn echter niet direct met elkaar te vergelijken, omdat de zon wat minder sterk was in het Krijt. Dat compenseerde de opwarming van de broeikas enigszins. Het meeste van die extra CO_2 was van vulkanische oorsprong, dankzij de grotere vulkanische activiteit die samenhing met de splitsing van het supercontinent Pangea. Vandaag de dag leveren vulkanen jaarlijks slechts twee procent van de totale atmosferische CO_2, maar in het Krijt vonden de uitbarstingen echt op een gigantische schaal plaats en hielden ze bovendien vele duizenden jaren aan.

Toch stuurt het systeem aarde altijd weer op een evenwicht aan – net zoals warmbloedige dieren, waaronder de mens, onbewust hun stofwisseling aanpassen om hun lichaamstemperatuur constant op een optimaal niveau te houden. Zo'n beeld van de planeet als zelfregulerend systeem is in feite het basisprincipe van de Gaia-theorie van James Lovelock. Lovelock beweert nog net niet dat de aarde een wezen met gevoel is, maar zijn observatie dat verschillende planetaire mechanismen haast met opzet een temperatuur handhaven die gunstig voor het leven is, klopt precies. Dat wordt uitstekend geïllustreerd door de werking van de koolstofcyclus op de lange termijn: als de kooldioxidegehaltes in de atmosfeer te hoog worden, komen de levensvormen in gevaar doordat er een steeds sneller broeikaseffect ontstaat; dat is ook waarom Venus een dode planeet is. Maar als de gehaltes te laag worden, zal de planeet bevriezen. Voor schommelingen in het koolstofgehalte is slechts een relatief smalle bandbreedte wenselijk. Daarom stoten levende mechanismes CO_2 uit als er te weinig van is en absorberen ze het als er teveel van komt.

Ten tijde van het Krijt waren de enorme kalkplateaus op zee in de subtropen de grootste onder deze levende koolstofputten. Laag op laag vormden de schelpen ervan plateaus van tientallen miljoenen vierkante kilometers op de ondiepe zeebodem. Sommige daarvan kwamen later bloot te liggen als het kalkstenen plaveisel op plekken als Mallorca en in Griekenland. Als je goed kijkt, kun je daar in de kalksteenrotsen vaak opeenhopingen van gemalen schelpen zien. Het opbouwen daarvan was een langzaam proces: het duurde een slordige miljoen jaar om 30 meter kalksteen op te bouwen.

Ook de vegetatie was van groot belang voor het vastleggen van koolstof. Onder bossen en in moerassen ontstonden grote veengewelven, die gaandeweg tot steenkool werden samengeperst. Zo bevatten de fossiele bossen op de North Slope van Alaska dikke lagen steenkool en wordt er steenkool uit het Krijt gevonden in Noordoost-Rusland, West-Canada, de binnenlanden van de Verenigde Staten, Duitsland (vooral het vuile 'bruinkool', oftewel ligniet), Noord-China, Australië en Nieuw Zeeland. Ook onder het ijs op Antarctica zouden nog aanzienlijke steenkoolafzettingen kunnen liggen, als nalatenschap uit een warmere periode waarin er op de pool nog grote bossen groeiden.

Tevens werden er grote hoeveelheden koolstof opgeslagen in sedimenten in de oceaan, doordat de overblijfselen van plankton op de bodem bezonken als vette lagen organische modder. Een deel van deze koolstof, die bij wijze van spreken door geologische processen werd 'gekookt' en door poreuze rotsen in reservoirs werd geperst, is voor de moderne mens een welbekende substantie: aardolie.

Eén les die er uit de werking van deze oeroude koolstofcyclus valt te leren is zonneklaar. Het leven op aarde is miljoenen jaren lang druk bezig geweest om gevaarlijk hoge niveaus CO_2 uit de atmosfeer te halen en zo de temperatuur op de planeet binnen aanvaardbare grenzen te houden. De mens is op dit moment druk bezig om veel van diezelfde koolstof terug in de atmosfeer te brengen door het verbruik van steenkool, olie en gas. Die worden niet voor niets 'fossiele brandstoffen' genoemd. Bovendien is de mens veel beter in het omzetten van koolstof dan mosselen, oesters en plankton: we maken het zo'n tien miljoen keer sneller vrij dan de levensvormen in het Krijt het al die eonen geleden wisten vast te leggen.

Toch zou je je door het geologische bewijsmateriaal gemakkelijk een gevoel kunnen laten aanpraten, dat het Krijt, met zijn weelderige, steenkoolvormende bossen en uitbundige dierenleven, best een aantrekkelijke plek geweest is, al was het dan een beetje warm en plakkerig. Wijst het er immers niet op dat de aarde kan overleven en dat levensvormen zelfs kunnen opbloeien bij veel hogere temperaturen? Zou dat onze zorgen voor de toekomst niet wat kunnen verlichten? Misschien. Maar in het broeikasklimaat ten tijde van het Krijt ontwikkelden de ecosystemen zich over een hele lange tijd en veel van de planten en dieren die we nu als fossielen tegenkomen waren daar duidelijk uitstekend aan aangepast. En dat is nu dus niet het geval: we delen de planeet met soorten die in het algemeen aan koelere omstandigheden zijn aangepast. Als het ons inderdaad lukt om de aarde terug te laten kantelen naar het extreme broeikasklimaat van het Krijt, zullen er van de ecosystemen die wij nu kennen maar weinig overblijven. Zoals we hierna zullen zien, staat de boel niet afgesteld op welvarende palmbomen in Alaska, maar op de beroerdste van alle aardse uitkomsten: massale uitsterving.

Olie onder de golven

Een wat toepasselijker analogie uit het verleden zou niet zozeer de langdurige broeikasperiode in het Krijt zijn, maar een aantal van die keren dat de planeet in de loop der tijden juist sneller opwarmde. Het Paleoceen-Eoceen Thermisch Maximum, dat we in het vorige hoofdstuk bespraken, is er daar één van. Ook in het Krijt waren er zulke pieken in de temperatuur en zij hangen op eenzelfde manier samen met dramatische veranderingen in het klimaat en in de voorkomende levensvormen. Die opwarmingspieken zijn deels verantwoordelijk voor de overvloed aan ruwe olie in sedimenten op aarde. Ironisch genoeg legde de ene opwarmingspiek daarbij de basis voor de volgende.

Die warmtepieken worden gemarkeerd door banen zwarte schalie in de verder kalkhoudende Krijtrotsen. Het zijn de overblijfselen van het stinkende slijk dat door een regen van plankton en andere zee-organismen op de oceaanbodem werd neergelegd. Onder normale omstandigheden zou deze organische koolstof door allerlei beestjes op de zeebodem zijn opgegeten. Maar tijdens de pieken in de opwarming ging er in de oceanen iets mis. De zuurstofspiegel daalde en het water werd langzaamaan anoxisch: alle zuurstof verdween eruit. Zonder de bodemdiertjes moeten de oceanen een soort stilstaande vijvers zijn geweest, waarin alleen helemaal bovenin nog een dunne laag leven was die aan zuurstof kon komen. Niemand is er zeker van wat deze gevallen van zogeheten 'oceanische zuurstofnood' veroorzaakte, noch hoe ze precies verliepen – maar dat zij samenhingen met pieken in de opwarming lijkt wel duidelijk.

Een mogelijkheid is dat catastrofale uitbarstingen van methaanijs het klimaat zo sterk opwarmden, dat de oceanen ophielden hun water goed om te zetten. In de atmosfeer begint de convectie van warmte onderaan: warmere lucht zet uit, wordt lichter en stijgt op, en het resultaat is dat de lucht circuleert. In de oceaan loopt de opwarming echter van boven naar beneden. Daarbij blijft de lichtere, warme laag dus als een deksel bovenop de diepere koude lagen liggen en op die manier sluit deze de zuurstofaanvoer af, wat tot massale sterfte kan leiden. In El Niño-jaren kan langs de kust van Peru zo'n gelaagdheid in het oceaanwater plotseling ontstaan wanneer de warme stroom zich aandient. Daarbij worden de vis- en vogelstanden gedecimeerd, terwijl die normaal gesproken goed gedijen bij de opwellende koudere Humboldt-stroom.

Deze gelaagdheid in de oceanen verklaart ook waarom tropische wateren er zo helder en smetteloos uitzien. Ze bevatten zo weinig voedingsstoffen dat er bijna niets in kan overleven; het zijn een soort zeewoestijnen. Daar tegenover staan de goed gemengde, koudere oceanen dichter bij de polen, waarin grote hoeveelheden plankton kunnen floreren.

Daar is de zee modderig en groen, maar hij voedt wel een overvloedige visstand. Tijdens voorbije gevallen van 'oceanische zuurstofnood' beperkte deze gelaagdheid zich niet tot een bepaalde regio, maar trof de hele planeet, wat een massale sterfte van het leven in zee tot gevolg had.

Een andere hypothese is dat in deze extreme broeikasperiodes een snellere hydrologische kringloop heerste, waarbij zware regenval de voedingsstoffen van het land spoelde en zo voor een wereldwijde algenbloei zorgde. Een hedendaagse versie daarvan zou de giftige 'rode vloed' kunnen zijn, die elk jaar aanspoelt voor de kust van China, of de zuurstofloze 'dode zone' in de Golf van Mexico, die veroorzaakt wordt door uitgeloogde kunstmest die de Mississippi af komt stromen. Ook kunnen hardere winden de voedingsstoffen naar zee geblazen hebben, net zoals zandstormen uit de Sahara tegenwoordig de Atlantische Oceaan bemesten – in het bijzonder omdat de woestijnen in het Krijt veel groter zouden zijn geweest.

Als verklaring voor de grootste opwarmingspiek en de bijbehorende oceanische zuurstofnood, namelijk die van 183 miljoen jaar geleden tijdens de Jura, is wel een bijzonder dramatische theorie naar voren geschoven. In die periode steeg het CO_2-gehalte in de atmosfeer met 1.000 ppm, waardoor de temperatuur wereldwijd met ongeveer zes graden steeg – wat opvallend sterk overeenkomt met het *worst case scenario* van het IPCC. Dat had ingrijpende gevolgen, want het leidde tot de meest omvangrijke uitsterving van het leven in zee uit de hele periode van Krijt en Jura samen (een tijdspanne van 140 miljoen jaar). Geologen verschillen van mening over de mogelijke oorzaken van dat gebeuren. De ene theorie gaat ervan uit dat er in zuidelijk Afrika heet vulkanisch magma naar binnen sijpelde in oude steenkoollagen die duizenden kilometers lang waren. In een vergelijkbare periode als die aan het eind van het Paleoceen (dat we in het vorige hoofdstuk bekeken) kan hete lava deze steenkool hebben vergast, waardoor methaan en kooldioxide de lucht instroomden. Dat zou een versnelde opwarmingspiek teweeg hebben gebracht, die alle zuurstof uit de oceanen heeft getrokken.

Merkwaardig genoeg hebben geologen duizenden verticale rotskanalen ontdekt, in doorsnee variërend van 20 tot 150 meter, waardoor zo'n 1.800 gigaton CO_2 vanuit deze vulkanisch hardgebakken sedimenten de Jura-atmosfeer ingeblazen zou kunnen zijn. De Karoo-vlakte in Zuid-Afrika ligt bezaaid met deze zogenoemde 'brecciepijpen'. Op luchtfoto's zien ze eruit als piepkleine vulkaantjes, een zwakke geologische echo van de schoorstenen van moderne krachtcentrales, die vandaag de dag natuurlijk net zo'n rol in de uitstoot van koolstof hebben.

Een andere theorie sleept er de standaardverdachte bij: methaanijs uit het continentaal plat langs de oceaanranden, waarvan er in gasvorm vanonder de zee een stoot van misschien wel 9.000 miljard ton CO_2 is vrijgekomen. Misschien kan een combinatie van deze laatste twee de dramatische opwarming nog het beste verklaren. Hoe dan ook, de hele geologische koolstofkringloop liep kortsluiting op, waardoor de aardse klimaat-stoppen doorsloegen. Een waarschuwing uit het verre verleden voor onze zeer nabije toekomst.

De uitkomst was desastreus, maar toch zijn de meeste soorten die in die tijd leefden de crisis op één of andere manier weer te boven gekomen. Misschien omdat het allemaal nog relatief langzaam ging. Datzelfde kan niet worden gezegd van een vergelijkbare, maar veel grotere ramp, die aan het eind van het Perm, 251 miljoen jaar geleden, zowel in zee als op het land levende soorten trof. Die periode vormde de ergste crisis die het leven op aarde ooit te verduren heeft gehad. Nooit kwam de planeet zo dichtbij het punt, waarop zij haar wonderbaarlijke levende biosfeer helemaal kwijt kon raken, om te eindigen als een dood, godverlaten rotsblok in de ruimte. Als het hypothetische gebeuren met de Jura-steenkool al een stop was die doorsloeg, dan kwam deze massale sterfte aan het eind van het Perm erop neer dat het huis tot op de grond afbrandde.

Slachting in het late Perm

De Chinese arbeiders die inhakten op de rotsen in de steengroeven van Meishan in de provincie Zhejiang in het zuiden van China, zullen aan de scheidslijn tussen de grijze kalksteen en het wat donkerder kleiig gesteente niets bijzonders hebben gezien. Ze zullen misschien gemerkt hebben dat het gesteente net eronder iets brokkeliger was dan normaal, waardoor het vervelend genoeg ongeschikt is voor de bouw. Ook zal hen de plotselinge kleurverandering van lichtgrijs in bijna-zwart wel opgevallen zijn. Maar het opblazen en wegslepen van deze grauwe gesteenten zal voor hen een dag werk zijn geweest als alle andere. Geen van die arbeiders zal beseft hebben dat zij met hun drilboren, houwelen en schoppen bezig waren om één van de grootste en belangrijkste geologische vindplaatsen ooit bloot te leggen. Ze hadden hun steengroeve precies op de grens van het Perm en het Trias gelegd, die het decor vormde van de grootste massale uitroeiing aller tijden.

De bodemprofielen van Meishan zijn de gouden maatstaf gaan vormen voor de geologie van het late Perm, omdat daarin de opeenvolging van gesteenten zo scherp afgebakend is. De afzettingen vonden plaats op een ondiepe zeebodem en de kalkstenen profielen onder de Perm-Triasgrens zitten tjokvol fossielen. Met name de piepkleine micro-organismen die foraminiferen en conodonten worden genoemd, zijn overvloedig aanwezig, maar ook worden er zee-egels, zeesterren en kleine schaaldiertjes gevonden, net als koralen, vissen en haaien. Voordat de uitroeiing plaatsvond, was de zee duidelijk heel productief en boordevol leven. Elk dier en elke plant was helemaal aangepast aan de plek die was ontstaan in het ingewikkelde netwerk van ecosystemen.

En dan voltrekt zich de ramp. Fossielen verdwijnen en in plaats van kalksteen verschijnt er een omgewoelde laag klei, met daarin stukjes kwarts en as van een zware vulkaanuitbarsting. Hier bovenop ligt het donkere kleiig gesteente, rijk aan organisch materiaal – een veelzeggend teken van de zuurstofarme toestand van de zeebodem. Verder zit er pyriet in (het 'goud der dwazen'), dat ook al wijst op een zwavelige, zuurstofarme situatie. De eerdere overvloed aan fossielen is compleet verdwenen. Waar eens honderden verschillende soorten in een complex netwerk samenleefden, zitten er nu een paar eenzame schelpen in de modder geklemd. Bijna al het leven in zee is weggevaagd. En volgens de geologen die aan het Meishan-profiel werken, is de hele catastrofe vastgelegd in laagjes van in totaal niet meer dan 12 millimeter.

Er liggen in de gesteenten van Meishan nog meer geheimen verscholen. De laag vulkanische as maakte een nauwkeurige datering mogelijk, gebaseerd op het verval van uranium-isotopen tot lood; deze datering geeft aan dat dit gebeuren zich 251 miljoen jaar geleden heeft afgespeeld. Aan de veranderingen in de koolstof-isotopen is te zien dat er met de biosfeer en de koolstofkringloop iets grondig is misgegaan. Een aanwijzing voor het waarom daarvan komt vanuit de zuurstof-isotopen; ook die lieten een gigantische verschuiving van zuurstof-16 naar zuurstof-18 zien, wat wijst op grote temperatuurschommelingen. En daarin schuilt het meest schokkende nieuws: de temperatuur was niet zomaar met één graad, of twee of zelfs met vier graden omhoog gelopen. Hij was met maar liefst zes graden omhoog geschóten. De uitroeiing in het late Perm, zo lijkt het, vond plaats in een periode van razendsnelle broeikasopwarming.

Buiten China vertellen andere vindplaatsen van het Perm-Trias-overgangsgesteente hetzelfde verhaal van een noodlottige, mondiale apocalyps. In Noord-Italië bevatten mariene sedimentlagen uit een kustgebied in het late Perm bodemmateriaal dat in een enorme vlaag van bodemerosie is weggespoeld. Onder normale omstandigheden verankeren planten de bodem, zodat deze niet door de regen wordt weggespoeld. Maar dat is hier niet gebeurd en de grimmige conclusie is, dat vrijwel alle plantaardige begroeiing van de bodem weggevaagd moet zijn. Iets heeft de bossen, de moerassen en de savannen kaal gemaaid en toen de moessonregens kwamen was er niets meer om de kostbare bodem vast te houden. In één grote stortvloed werd deze in de prehistorische oceaan gedumpt.

Daar waar op het land nog dode vegetatie overbleef, is die domweg ter plekke weggerot. In gesteenten in de Israëlische Negev-woestijn en elders in de wereld is men een 'schimmel-piek' tegengekomen; deze is af te lezen uit de bewaard gebleven sporen van paddestoelen, die enorm zijn gaan woekeren door op te schieten uit de afstervende bomen en struiken. Voor organismen die smullen van dood en verderf, was het een tijd van ongekende weelde.

In het Karoobekken in het tegenwoordige Zuid-Afrika stuitten onderzoekers die zochten naar fossielen uit de Perm-Trias-overgang, op een merkwaardige laag uit de tijd van de uitroeiing. Deze afzetting wijst wederom op een catastrofale erosie. Ze is volkomen levenloos; er is geen enkel bekend fossiel in te vinden. Tevens wijst het op een rampzalige verandering van het klimaat van nat naar kurkdroog, precies in de periode dat alle levensvormen verdwenen. Waar ooit een diep uitgesneden vallei liep, met oevers die bruisten van het leven, lag nu een vlechtwerk van geulen in een verdroogd, gebarsten landschap. Nu er geen vegetatie meer was om de oevers op hun plaats te houden, meanderde het water door de woestijn die aan het onstaan was. Wat ooit een Hof van Eden was geweest, was veranderd in een Vallei des Doods.

Meer aanwijzingen voor een apocalyptische superbroeikas komen van onverwachte kant: Antarctica. Een kleine drieduizend meter hoog op de Graphite Peak in het centraal gelegen Transantarctische Gebergte wijzen bodemmonsters op een scherpe toename in de snelheid van chemische verwering, waarschijnlijk omdat het gestegen CO_2-niveau in de atmosfeer voor zure regen zorgde. De afzettingen in de rotsen laten ook zien dat de overgang van gewone omstandigheden naar die van een broeikas ongekend snel was – althans in geologisch opzicht – namelijk iets in de orde van tienduizend jaar of minder.

De geologen David Kidder en Thomas Worseley kwamen met een fascinerend model voor hoe deze broeikaswereld werkte en ook hoe deze tot stand kwam. Zij betogen dat de kiem voor dit massale uitsterven al tientallen miljoenen jaren eerder werd gelegd, toen er een einde kwam aan de tektonische gebergtevorming. Daarmee kwam ook de chemische verwering stil te liggen, zodat het kooldioxidegehalte in de atmosfeer gaandeweg tot gevaarlijk hoge waarden kon oplopen. Tegen het einde van het Perm was het CO_2-gehalte vier keer zo hoog als nu, waardoor de temperatuur op de hele aardbol tot grote hoogten kon stijgen.

Als bij een dodelijk spelletje domino leidde de klimaatovergang tot een kettingreactie van feedbackmechanismes, die ieder op hun manier de crisis alleen maar verergerden. Woestijngebieden breidden zich uit, terwijl bossen zich terugtrokken naar koelere oorden aan de polen, waardoor er weer minder CO_2 door fotosynthese kon worden weggevangen. In het noorden reikten de woestijnen tot aan de 45e breedtegraad – Midden-Europa en Noord-Amerika bij de huidige ligging van de continenten – en misschien drongen ze zelfs door tot de 60e breedtegraad, vlakbij de Noordpoolcirkel. Deze woestijnen moeten onvoorstelbaar heet zijn geweest. Door de hoge verdamping uit de kustwateren werd het zeewater veel zouter en zwaarder, waardoor warm water dieper de oceaan in zakte. Dat is het omgekeerde van wat er vandaag de dag gebeurt, namelijk dat het koude water aan de polen de oceanische afgrond in verdwijnt. In de Perm-broeikas vertraagden de hetere polen echter die neerwaartse beweging, totdat die uiteindelijk helemaal stopte.

Warm water mag dan lekker zijn om in te zwemmen, maar zoals we al eerder zagen, als het zich eenmaal over de oceanen heeft verspreid, is het dodelijk. In warmer zeewater lost minder zuurstof op en dus kwam het water over de hele diepte geleidelijk aan stil te staan en werd het zuurstofloos. Waterbewoners die zuurstof ademen – alle hogere levensvormen, van plankton tot haaien – stierven zo de verstikkingsdood. Omdat warm water ook nog eens uitzet, steeg de zeespiegel tijdens de Perm-crisis zo'n 20 meter, waardoor het continentaal plat werd overspoeld. Waar het zuurstofarme water over het land gutste, ontstonden ondiepe, hete zeeën.

Deze hetere oceanen moeten schrikbarend felle stormen teweeg hebben gebracht, vele malen heftiger dan we vandaag de dag meemaken. De stormen van tegenwoordig worden afgeremd door het koude water, zowel in de diepere zeelagen als op de hogere breedtegraden. Maar in de broeikas van het late Perm omspanden de warme oceanen de aardbol van pool tot pool. Superorkanen zouden genoeg energie gehad hebben om op te stomen naar de Noordpool en weer terug, en misschien zelfs om de aardbol een paar keer rond te gaan. Alleen droog land zou hen hebben kunnen stoppen, maar wanneer zo'n superorkaan op een kust stuit, ontstaan springvloeden die geen levend organisme sparen. Deze kolossale stormen moeten ook grote hoeveelheden warmte naar hogere breedtegraden hebben gebracht, zodat waterdamp en wolkenvelden het broeikaseffect alleen nog maar versterkten.

En toch was dat nog maar het begin. Als het systeem aarde in evenwicht was geweest, had het zulke klappen nog wel kunnen hebben. Maar helaas besloot het noodlot anders. Juist op het moment dat de Permische broeikas zijn hoogtepunt naderde, werkte zich een gigantische kolom magma vanuit de gesmolten aardmantel omhoog naar de aardkorst, als een mes op het hart van Siberië gericht. Toen deze het oppervlak bereikte, barstte het vloeibare gesteente met onvoorstelbaar geweld naar buiten en werden as en vulkanisch puin honderden kilometers ver weggeslingerd, waarbij de zon werd verduisterd door stof en zwaveldioxide. In de loop van duizenden jaren barstte er steeds meer magma uit. Het hoopte zich op in lagen van honderden meters dik, over een gebied dat groter is dan West-Europa. Met elke volgende eruptie stroomde er meer basalt over het land, waarbij er uit de gapende helse scheuren in het aardoppervlak miljarden tonnen CO_2 vrijkwamen.

De overlevingskansen zouden groter zijn geweest als de Siberische basaltstroom zich niet had aangediend op een moment dat de verregaande opwarming de biosfeer toch al aan de rand van haar voortbestaan had gebracht. Op deze manier deelden de uitbarstingen nog eens een extra dreun uit, door giftige gassen en CO_2 in gelijke hoeveelheden uit te braken, donderbuien met zure regen te ontketenen en tegelijkertijd de broeikas nog verder in een extreme toestand te brengen. In zijn boek *When Life Nearly Died* schetst Michael Benton hoe deze moessons van zwavelzuur het land van vegetatie ontdeden en rottende boomstronken en dode bladeren in de toch al stilstaande oceanen spoelden. Tegen die tijd was het leven voor het grootste deel dood of bezig te sterven. Levende wezens in diepe holen zouden het begin van de crisis misschien nog hebben overleefd, maar alles wat bovengronds kwam zou spoedig bezwijken van hitte of van uithongering. Aangezien de meeste vegetatie, de basis van de voedselketen zowel op het land als in zee, was weggevaagd, zou niets nog lang stand hebben kunnen houden. Het zuurstofgehalte in de atmosfeer dook omlaag naar een schamele 15 procent (vergeleken met 21 procent nu). Laag genoeg om elk snel bewegend dier – zelfs op zeeniveau – naar adem te laten happen.

En het ergste moest nog komen. Warm water bereikte steeds sneller de diepere oceaanlagen en een monster dat inmiddels geen onbekende meer voor ons is, roerde zich langs het onderzeese continentaal plat: methaanijs. De opwarming van de aarde sloeg op hol.

Veel van het methaan dat aanvankelijk vrijkwam zal zijn opgelost in de zuil water erboven en hoopte zich daar gaandeweg op. Aangezien de stroom gasbellen maar steeds doorging, bereikte elke volgende laag oceaanwater op een gegeven moment zijn verzadigingspunt. Toen deze explosieven eenmaal klaar lagen, was er alleen nog een ontsteking nodig.

Dit is hoe uitbarstingen zich ontvouwen: eerst stuwt een kleine verstoring op de zeebodem een pakket water omhoog dat met methaangas is verzadigd. Terwijl het opstijgt, beginnen er bellen te verschijnen, omdat opgelost gas door de dalende waterdruk gaat bruisen – net als een fles frisdrank gaat spuiten wanneer je de dop er te snel afhaalt. Deze bellen verhogen de opwaartse druk, waardoor het pakket water nog sneller gaat stijgen. Terwijl het water zichzelf omhoog stuwt en een explosieve kracht ontwikkelt, wordt daardoor ook het omringende water meegesleurd, waardoor de beweging zich verspreidt. Aan het oppervlak schiet het water honderden meters de lucht in als het vrijgekomen gas de atmosfeer in knalt. Schokgolven planten zich in alle richtingen voort, wat in de omgeving weer tot nieuwe uitbarstingen leidt.

Niets hiervan is theoretisch giswerk. Eenzelfde soort proces, zij het in mini-formaat, vond kort geleden plaats, in 1986 in het vulkaanmeer Nyos in Kameroen. Onder de bodem van het meer komt door vulkanische gasontsnappingen doorlopend kooldioxide vrij. Laat op de avond van de 12e augustus spoot dit gas ineens naar buiten in een gas-waterfontein van wel 120 meter hoog. Daarbij ontstond een dodelijke wolk kooldioxide; in de omgeving stikten daar 1700 mensen in. Omdat CO_2 zwaarder is dan lucht, zakte de wolk kooldioxide naar de grond en smoorde veel slachtoffers in hun slaap.

Een wolk methaan zou zich net zo kunnen gedragen. Beladen met waterdruppeltjes verspreidt die zich als een giftige deken over het landoppervlak. Anders dan kooldioxide is methaan bovendien ontvlambaar. Zelfs met een percentage methaan in lucht van niet meer dan 5 procent zou het mengsel door de bliksem of een ander soort vonk in brand kunnen vliegen, waarbij angstaanjagende vuurballen door de lucht zouden razen. Een hedendaagse vergelijking zouden de aerosol-explosieven kunnen zijn, die door het Amerikaanse en het Russische leger worden gebruikt en die zo'n beetje de vernietigende kracht van tactische kernwapens hebben. Deze zogenaamde 'vacuümbommen' sproeien een wolk brandstofdruppeltjes uit boven een doel, wat idealiter een gesloten ruimte is, zoals een grot. Vervolgens steken ze die aan, waardoor alle lucht naar buiten wordt gezogen en de ontploffing een schokgolf veroorzaakt die krachtig genoeg is om over een groot gebied doden en gewonden achter te laten.

Vergeleken bij de wolken van methaan-luchtmengsels die ontstaan vanuit uitbarstingen in de oceaan, valt dit moderne, zware wapentuig echter in het niet. Explosies in de grootste methaanwolken zouden schokgolven kunnen genereren die zich sneller voortplanten dan het geluid. Bij een supersonische klap is het de luchtdruk van de schokgolf zelf die het methaan-luchtmengsel aansteekt. Daardoor wordt er een explosiefront weggestuwd dat snelheden van 120 kilometer per uur kan bereiken en alles op zijn weg verdampt.

De vermoedelijke gevolgen hiervan voor de planten en dieren in het Perm zijn nauwelijks voorstelbaar. Een relatief kleine methaanuitbarsting op de oceaanbodem zou dan ook razendsnel een uiterst effectief instrument in de massale uitroeiing kunnen worden. Zoals chemisch ingenieur Gregory Ryskin schrijft in een artikel dat specifiek gaat over dodelijke mechanismes in het late Perm, zou dit methaan "het leven op aarde vrijwel compleet kunnen vernietigen". Een grote oceanische methaanuitbarsting, zo schat hij, "zou een energie vrijmaken die overeenkomt met 10^8 megaton TNT, oftewel zo'n 10.000 keer de wereldvoorraad nucleaire wapens". Zo'n wereldomvattende brand zou op de korte termijn zelfs voor afkoeling kunnen zorgen, als een soort nucleaire winter, voordat hij de opwarming mondiaal verder zou opjagen door de CO_2 die ontstaat bij de verbranding van het methaan. Het methaan dat niet verbrandt zou voor de opwarming zelfs nog ernstiger gevolgen hebben.

Het dodelijke methaan zal niet alleen zijn geweest. Vegetatie en dierlijke karkassen lagen te rotten in de stilstaande oceanen en daarbij hoopten zich in de diepte grote hoeveelheden waterstofsulfide op. Bewijs voor deze zwavelrijke oceaan is bewaard gebleven in het Permgesteente in het oosten van Groenland. Het is in dit verband veelzeggend hoeveel pyriet er aanwezig is in de zwarte leisteen die daar ten tijde van de ramp is afgezet. Waterstofsulfide – dat naar rotte eieren ruikt – is al giftig in hele lage concentraties en waar het ook maar in de atmosfeer terechtkwam, moet het de dieren die op één of andere manier de methaanuitbarstingen hadden overleefd, om zeep hebben geholpen.

Even belangrijk is dat het zwavelbrouwsel in de oceaan zelf een uiterst effectief middel in de uitroeiing van de onderzeese wereld moet zijn geweest, door daar alle levensvormen die van zuurstof leven af te maken. En alsof dat allemaal nog niet genoeg was, zou de wolk waterstofsulfide ook de ozonlaag hebben aangetast, zodat er gevaarlijke ultraviolette straling van de zon binnen kon komen. Recentelijk zijn er misvormde plantensporen ontdekt in diezelfde Oost-Groenlandse Perm-gesteentes, die aangeven dat overlevende landplanten inderdaad DNA-mutaties hebben ondergaan, die zijn veroorzaakt door langdurige blootstelling aan UV-straling.

In hele hoge concentraties vernietigt methaan ook ozon. Eén modelstudie die specifiek de omstandigheden aan het eind van het Perm onderzocht, rekende uit dat als de methaanconcentratie aan de oppervlakte vijfduizend keer het normale niveau zou halen – zoals bij een grote uitbarsting van methaanijs – de ozonlaag nog maar half zo dik zou zijn. Daardoor zou de UV-straling aan het oppervlak van de aarde zeven keer zo sterk worden. Dat alleen al zou volgens de auteurs een belangrijke oorzaak van de uitsterving kunnen zijn. Bovendien zou de combinatie van waterstofsulfide en methaan het verwoestende effect op de ozonlaag nog eens aanzienlijk versterken.

Met al die rampen die de één na de ander op de aarde werden losgelaten, kan het nauwelijks een verrassing zijn dat de massale uitsterving aan het eind van het Perm alle andere ruimschoots overschaduwt. Volgens sommige berekeningen werd zowel op land als in zee 95 procent van alle soorten weggevaagd. In de oceanen hielden een paar schelpdieren het vol, diep verscholen in de modder. Op het land ontsprong slechts één groot gewerveld dier de dodelijke dans: de varkensachtige

Lystrosaurus, die de planeet vervolgens miljoenen jaren lang zo'n beetje voor zich alleen had. Er is een duidelijk 'steenkool-gat' van het begin tot het midden van het Trias, de geologische periode na het Perm. Dat toont aan dat de vegetatie die het overleefd had uiterst schaars was en in niets leek op de weelderige bossen die de dikke lagen steenkool uit het eerdere Perm en Carboon hadden neergelegd. Het duurde 50 miljoen jaar, tot dik in de Jura, voordat de biodiversiteit weer in de buurt kwam van het niveau van vóór de uitroeiing.

Back to the future

Alle geologen zijn het erover eens dat de crisis aan het eind van het Perm de moeder van alle rampen was. Dus hoe zouden wij hier lering uit kunnen trekken als onze wereld op zes graden opwarming afstevent? Gegeven het tussenliggende gat van 251 miljoen jaar dat inmiddels is verstreken, is het duidelijk dat de gebeurtenissen zich niet zomaar simpelweg zullen herhalen. Om te beginnen liggen de continenten er heel anders bij en kan het oceaanwater nu wellicht beter circuleren. Er is meer zuurstof in de atmosfeer, zodat we waarschijnlijk zelfs bij het hoogste niveau van broeikasopwarming niet zullen stikken. Ik wil overigens niet beweren dat het vooruitzicht van methaan-vuurballen die door het luchtruim schieten in de huidige wereld ook maar enigszins waarschijnlijk is. Het is slechts één van de vele theorieën die naar voren zijn geschoven om de sterfte in het late Perm te verklaren. Op die manier kan het verwijzen naar het ergste dat de broeikas-aarde haar bewoners kan aandoen.

Aan de andere kant zijn er aspecten van de huidige broeikascrisis die juist bij uitstek zorgwekkend zijn, zelfs ten opzichte van de gruwelen die de aarde in het late Perm getroffen hebben. Er is al een periode van uitroeiing onderweg, die voorlopig wordt betiteld als de Antropocene Massale Uitsterving, en die grotendeels onafhankelijk is van de opwarming van de aarde. Er zijn zoveel planten en dieren die in aantal drastisch achteruit zijn gegaan en tot aan de rand van hun voortbestaan zijn gedrongen, dat de natuurlijke wereld minder veerkrachtig is en minder verandering aankan dan in het late Perm. Denk maar aan onze neven, de grote apen, die inmiddels met zo weinig zijn, dat er dagelijks meer mensenbabies worden geboren dan de hele populatie gorilla's, chimpansees en orang-oetans bij elkaar. Dankzij de roofzuchtige praktijken van *Homo sapiens* zijn er zoveel levensvormen die aan een zijden draadje hangen, dat ook kleine klimaatveranderingen hen over de rand kunnen duwen.

Menselijke verstoringen maken het voor dieren en planten ook veel moeilijker om zich te verplaatsen en aan te passen, zoals we in eerdere hoofdstukken al zagen. Wat er nog rest van de natuur bestaat uit 'reservaten': eilandjes, die worden belegerd door agrarische en stedelijke woestijnen. Wanneer de temperatuur stijgt en de echte woestijnen opschuiven naar de gematigde breedtegraden, zullen die eilandjes één voor één worden bedolven, voorgoed uit de weg geruimd door het veranderende klimaat.

Bedenk ook eens hoe snel de veranderingen gaan. Zelfs op het hoogste niveau van de vulkanische CO_2-uitstoot duurt het duizenden jaren voordat er enig effect op het klimaat te meten valt. Wij leveren datzelfde kunststukje in een paar tientallen jaren. Zoals al eerder gesteld: de broeikassituatie in het late Perm heeft vermoedelijk minstens 10.000 jaar nodig gehad om volledig tot stand te komen. Wij kunnen in een eeuw datzelfde niveau van opwarming halen, honderd maal sneller dan tijdens de grootste catastrofe die de wereld ooit heeft gekend. Zelfs met de onzekerheden in de geologische boekhouding valt het nauwelijks genoeg te benadrukken, dat de menselijke lozing van kooldioxide mogelijk sneller verloopt dan enige natuurlijke koolstofuitstoot sinds het ontstaan van het leven op aarde. Zowel het Paleoceen-Eoceen Thermisch Maximum als de anoxische oceaan in het Krijt zagen de broeikasgassen minder snel toenemen dan nu het geval is. Puur in termen van hoeveelheden koolstof zitten we nog steeds ruim onder het niveau van toen. Maar de snelheid waarmee dat verandert is nog niet eerder vertoond en dat brengt ons op onbekend terrein.

Uiteraard hebben we met onze CO_2-uitstoot niets kwaads in de zin. Voor de meesten van ons is ons enorme energieverbruik gewoon deel van het moderne leven. Maar voor de biosfeer doet dat er nauwelijks toe. Want als we zoveel mogelijk leven op aarde hadden *willen* vernietigen, dan hadden we dat niet beter kunnen doen dan door fossiele koolwaterstoffen uit de grond te halen en te verbranden – zoveel als we ook maar enigzins konden.

Veel mensen hebben instinctief het gevoel dat wij mensen, zo klein als we zijn, nooit echt serieuze invloed kunnen hebben op zoiets groots als de planeet. Maar als je twijfelt aan de schaal van de onderneming waar de menselijke samenleving momenteel zo druk mee bezig is, ga dan maar eens aan de rand van een drukke snelweg staan en kijk eens omhoog de lucht in. Bedenk daarbij dat de atmosfeer waarin wij kunnen ademen op 7.000 meter boven je hoofd alweer ophoudt. En sta er dan eens bij stil hoeveel andere snelwegen er inmiddels kris-kras over onze planeet lopen, van Bangkok tot Berlijn, allemaal tjokvol auto's en vrachtwagens, elk met een uitlaatpijp die doorlopend zijn dodelijke brouwsel van kooldioxide en andere gassen uitademt. En denk daar dan ook al die elektriciteitscentrales bij, al die vliegtuigen, al die verbrandingsketels en gashaarden – en dat 24 uur per dag, 7 dagen per week, over de hele planeet.

Of nog beter: kijk eens naar een samengestelde satellietfoto van de aarde 's nachts, en zie dan hoe elk continent oplicht door een warrig spinnenweb van steden. En verwonder je dan over het visuele geheel van deze overmaat aan doorlopende menselijke energieconsumptie, waarvan 80 procent afkomstig is van de verbranding van fossiele brandstoffen. Dan lijkt het misschien minder verbazend dat de CO_2-concentratie elk jaar hoger is dan het jaar daarvoor en dat je elke keer dat je ademhaalt meer kooldioxide binnenkrijgt dan welke mens dan ook vóór jou in de hele evolutionaire geschiedenis van onze soort heeft gedaan. Dan kan het toch ook nauwelijks meer een verrassing zijn dat het klimaat zo snel verandert. Het zou pas een verrassing zijn als alles gewoon z'n gangetje bleef gaan.

De les die we uit het late Perm kunnen trekken is dan ook deze: de planeet kan inderdaad in korte tijd heel onaardig worden als ze eenmaal ver genoeg in de war is gebracht. Ook nu liggen er enorme hoeveelheden methaanijs op het onderzeese continentale plat te wachten op het moment dat de stijgende watertemperatuur de trekker overhaalt. Ze kunnen wel tegen een stootje, maar hoe lang nog? Dat weet niemand.

Ook is er geen enkele reden om de gelaagdheid in de oceanen en de vergiftiging door waterstofsulfide uit te sluiten als eventuele doemscenario's. De geleidelijke verzwakking van de Golfstroom zou net dat ene radertje in die veel grotere machine kunnen zijn. Als de oceanen niet langer circuleren, dringt er warmer water door tot in de diepte, met daarin minder opgelost zuurstof. Dat zou de levensvormen die zuurstof nodig hebben geleidelijk elimineren. Voor ons landbewoners zouden stilstaande oceanen grotendeels onzichtbaar blijven. Zo is een groot deel van de Zwarte Zee inmiddels zuurstofloos, maar houdt koud, zuurstofrijk oppervlaktewater de deksel op de giftige vloeistof daaronder.

Niettemin is de mogelijkheid van een rampzalige ontsnapping van waterstofsulfide vanuit de diepzee niet alleen maar speculatie. In de wereld van vandaag gebeurt dat af en toe voor de kust van Namibië, zij het op veel kleinere schaal. In enorme explosies barst daar giftige zwavel omhoog vanuit het rottende organische materiaal op de zeebodem. Dat levert een giftig brouwsel op dat het zee-oppervlak over zo'n groot gebied verkleurt, dat het fenomeen vanuit een satelliet gemakkelijk te observeren is. Gigantische aantallen vissen leggen daardoor het loodje en eigenlijk sterft in de omgeving al het leven in de oceaan. Aan de nabijgelegen kust lijden de mensen onder de onaangename geur en de bijtende werking van het giftige waterstofsulfidegas. Volgens wetenschappelijk onderzoek worden de uitbarstingen met name aangedreven door het methaan in de zeebodem, dat door het water omhoog bruist en daar van alles teweeg brengt, precies zoals dat volgens sommigen aan het einde van het Perm op wereldwijde schaal kan zijn gebeurd.

Vandaar dat Andrew Bakun en Scarla Weeks, experts op het gebied van het Namibische waterstofsulfide-fenomeen, expliciet betogen dat de mondiale opwarming ervoor kan zorgen dat het giftige gas op veel grotere schaal vrijkomt, omdat er dan in de oceanen meer water omhoog borrelt. Kwetsbare plekken, waar water vanuit de diepte nu al naar de oppervlakte komt – al is het gelukkig nog zonder giftige gasexplosies – zijn onder meer de kusten van Marokko, Mauretanië, Peru en Californië. Zou die onzalige verandering ooit op gang komen, dan zouden de kustbewoners de eersten zijn die rotte eieren zouden ruiken. De menselijke reukzin kan waterstofsulfide onderscheiden in een concentratie van enkele delen per duizend miljard (triljoen). In hogere concentraties raakt de reukzenuw verlamd en verliezen we het vermogen om het gif te onderscheiden. Het zou een stille moordenaar zijn. Zoiets als de taferelen die we zagen van Bhopal in 1984, nadat er gas uit de bestrijdingsmiddelenfabriek van Union Carbide was ontsnapt. Die zouden zich dan opnieuw afspelen, om te beginnen in woongebieden aan de kust en van daaruit over de hele wereld in het binnenland van alle continenten. Tegen die tijd zou ook de ozonlaag zijn aangetast, zouden we de zon op onze huid voelen inbranden en zouden de eerste celmutaties kanker veroorzaken bij iedereen die het had overleefd.

Zou de mensheid als zodanig ooit uit kunnen sterven? Dat lijkt mij onwaarschijnlijk. In het algemeen beschikken mensen over een unieke combinatie van intelligentie en een sterke overlevingsdrang. Mensen gaan buitengewoon ver om zichzelf in leven te houden; daarvan getuigen ontelbare waargebeurde verhalen waarin mensen in de meest onwaarschijnlijke omstandigheden wisten te overleven. Zelf ben ik in de Andes ooit van een berg afgekropen in een soort half-bewuste ijltoestand, terwijl het veruit het gemakkelijkst was geweest om te gaan liggen en het op te geven. Maar het overlevingsinstinct was natuurlijk te sterk. Zelfs bij de ergste opwarming die we ons kunnen voorstellen, moet het toch ergens nog wel mogelijk zijn om gewassen te telen en voedsel te verbouwen. Het houdt niet op met regenen en de smeltende ijskappen zullen de poolgebieden van enorme hoeveelheden water voorzien. Nu is het voeden van een wereldbevolking van 8 of 9 miljard mensen natuurlijk nog iets anders, maar het idee dat echt ieder van ons afzonderlijk eraan zou gaan, wil er bij mij niet in. Anders dan de landdieren in het Perm kunnen wij voedsel opslaan in geconserveerde vorm en het jarenlang bewaren. We kunnen kunstmatige atmosferen bouwen om onszelf af te schermen van wat er zich daarbuiten afspeelt. Zoals sommige wetenschappers hebben voorgesteld, zouden we als noodmaatregel ons klimaat geo-technologisch bij kunnen sturen. Door zonnespiegels in de ruimte te hangen bijvoorbeeld, of door hoog in de atmosfeer sulfaten uit te strooien in een laatste poging om de boel af te koelen. Op een dag zouden we zelfs op andere planeten kolonies kunnen stichten.

En toch biedt dat op de één of andere manier nauwelijks troost, gezien de verschrikkingen die mogelijk in het verschiet liggen. De extreme opwarming van de aarde is dan misschien geen crisis in het voortbestaan van de menselijke soort, maar wel degelijk in het voortbestaan van de meeste mensen die de pech hebben om op een snel warmer wordende planeet te wonen. En dat is toch al erg genoeg. Stalin had het mis toen hij zei dat een miljoen doden niet meer is dan een statistisch gegeven. Daar wordt hij nog steeds om gehaat. Elke mens die overlijdt, elke baby, elke moeder, elke broer, vader of zus zal een unieke tragedie zijn, waar de hele wereld om zou moeten rouwen. Niet in de laatste plaats omdat zo'n uitkomst nog steeds te vermijden valt.

Veel mensen die met zulke vreselijke mogelijkheden worden geconfronteerd, verschuilen zich in een soort geologisch fatalisme. Zij zingen dat vaakgehoorde refrein dat het leven wel door zal gaan, met of zonder ons, en dat het er uiteindelijk niet echt toe doet. Sommigen zullen beweren dat de planeet zonder *Homo sapiens* zelfs beter af zou zijn. Behalve de morele kwesties die zo'n houding oproept (het is een beetje alsof je zegt dat de holocaust door de nazi's er niet toe deed omdat de hoge geboortecijfers van na de oorlog die zes miljoen doden al snel vervingen), is het ook allerminst duidelijk of het leven inderdaad wel altijd door zal gaan. De zon wordt steeds heter terwijl ze haar eindige voorraad nucleaire brandstoffen opsoupeert. Miljoenen jaren lang zal het voor onze planeet de grootste uitdaging zijn om zichzelf koel te houden, aangezien de straling van de zon onvermijdelijk steeds sterker wordt.

Het is een gevaarlijk moment om aan de aardse thermostaat te zitten prutsen. Wetenschappers hebben berekend dat er nog maar een miljard jaar resteert voordat de biosfeer door oververhitting voor altijd verloren zal gaan. De planeet is al 4,6 miljard jaar oud en het grootste deel van die tijd was zij levenloos. De tientallen miljoenen jaren die het duurt voordat nieuwe levensvormen zichzelf op de kaart hebben gezet en voordat de biodiversiteit na een door mensen veroorzaakte massale uitsterving tot nieuwe complexe ecosystemen is geëvolueerd, nemen een aanzienlijk deel van die resterende bewoonbare tijd in beslag. Zoals James Lovelock schrijft: "Moeder Aarde is inmiddels een oude dame van in de zestig, niet meer zo veerkrachtig als ze vroeger was. Met ons bewuste optreden zijn we nu bezig om haar levensduur meetbaar te bekorten."

Voor zover wij nu weten is dit de enige planeet in het hele universum die leven heeft voortgebracht, in al haar schittering en variatie. Het is ongetwijfeld een misdaad om deze bloei willens en wetens af te kappen – één die erger is dan de wreedste genocide of de verschrikkelijkste oorlog. Als elk individu een unieke waarde heeft, dan heeft elke soort dat des te meer. Er is in mijn ogen geen enkel excuus om aan zo'n misdaad mee te werken. We hebben van de na-oorlogse Neurenberg-rechtspraak geleerd, dat onwetendheid geen verweer kan zijn, net zo min als het opvolgen van bevelen. Volgens mij ligt de morele weg niet in het passief aanvaarden van onze destructieve rol, maar in het actief weerstand bieden aan zo'n weerzinwekkend lot.

Zoals ik aan het begin van dit boek al zei: de toekomst staat niet in steen gebeiteld. We hebben nog steeds het vermogen – ook al wordt dat dagelijks kleiner – om dit vreselijke drama een andere afloop te geven. Het hoeft niet als een treurspel te eindigen. En om dat punt nog eens te onderstrepen, zal het laatste hoofdstuk nagaan welke mogelijkheden we hebben om achtereenvolgens elke graad temperatuurstijging te voorkomen. Daarin, en alleen daarin is er hoop.

Zoals Dylan Thomas schreef:

Ga niet zo minzaam in die goeie nacht,
De oude dag moet oplaaien en tieren tegen 't einde van de dag;
Razen, razen tegen 't sterven van het licht.

Vertaling: F. Janssens, E. Van Vliet

7

De keuze voor onze toekomst

"Wij zien", zei hij, "zoals vèrziende lieden,
Alleen maar wat men op een afstand ziet;
Dat licht althans wil ons de hemel bieden.

Zo ijdel is ons weten dat wij niet
Zien wat nabij is; wordt ons niets ontsloten,
Dan zijn wij blind voor wat het heden biedt.

Dus alle kennis zal voor ons als dood en
Begraven zijn, zodat eenmaal de poort
Der toekomst voor altoos wordt dicht gesloten."

Dante, *Inferno*, Canto x, Zesde Kring van de Hel. Vertaling: Ike Cialona, Peter Verstegen. (De Goddelijke Komedie, Dante Alighieri, Athenaeum–Polak & van Gennep, Amsterdam, 2000)

Net als voor Farinata, de geestverschijning die zich in de klinkende passage hierboven tot Dante richt, is het voor ons allemaal veel makkelijker om gebeurtenissen te zien als ze nog op afstand liggen. Ook is het voor ons dan veel makkelijker om ze te beïnvloeden. Want tenzij we er binnen een paar jaar voor kiezen om de uitstoot van broeikasgassen terug te dringen, zal ons lot vastliggen en zal de weg naar de hel wellicht niet meer te veranderen zijn. Dan dreigen namelijk de feedbackmechanismes in de koolstofcyclus, die in de voorgaande hoofdstukken uiteengezet zijn, de één na de ander in werking te treden. Net als de gekwelde zielen die Dante tegenkomt in de Zesde Kring van de Hel, zouden we op het moment dat in de Amazone, Siberië of het Noordpoolgebied de "poort der toekomst wordt gesloten", wel eens machteloos kunnen staan om de afloop van dit angstaanjagende verhaal nog te beïnvloeden.

De boodschap is duidelijk, maar hebben we ook de collectieve wil om die te horen? Wetenschappers van het Global Carbon Project maakten in november 2006 bekend dat de emissies op dat moment vier maal sneller toenamen dan tien jaar daarvoor. In mei 2008 publiceerden wetenschappers van de National Oceanic and Atmospheric Administration (NOAA) de cijfers voor kooldioxide in de atmosfeer voor 2007. De toename was 2,14 ppm, erger dan verwacht. En de nieuwe stand is 387 ppm. Met andere woorden, al onze moeite – voor de handel in emissierechten, lichten uitdoen, het Kyotoprotocol, enzovoorts – heeft tot nu toe een waarneembaar effect gehad: *minder dan nul*. De deelnemers aan het project wijzen erop dat we met elke dag die er verstrijkt verder en verder wegraken van welke van de 'stabilisatieroutes' van het IPCC dan ook. Het ziet er niet best uit.

Bovendien stijgt de temperatuur door de thermische traagheid van de planeet sowieso nog met 0,5 à 1°C, hoeveel berouw we intussen ook hebben. Dat gebeurt zelfs als de atmosferische concentratie van broeikasgassen snel stabiliseert – wat, laten we wel wezen, niet zal gebeuren. Net als de wandelende doden die Dante tegenkomt in de Eerste Kring van de Hel, zijn ook de gletsjers in de Alpen, de weidegronden in Nebraska en de schitterende koraalriffen nu al ten dode opgeschreven door gebeurtenissen in het verleden. De laatste studies laten ook duidelijk zien dat we in het noordpoolgebied dicht bij een omslagpunt zitten. Nu kan alleen een grootschalige internationale inspanning de poolkap daar nog redden van de totale ineenstorting waarmee de Noordpool al in 2040 een ijsvrije zomer zou krijgen. Als we het bewijs uit het Plioceen moeten geloven, zou het huidige

CO_2-gehalte zelfs al drie graden opwarming in petto hebben, met een uiteindelijke zeespiegelstijging van 25 meter. Wel zou dat eeuwen duren om zich te voltrekken, wat dit alweer een iets minder pessimistische vergelijking maakt dan ze op het eerste gezicht lijkt.

Volgens geraffineerde computermodellen van toekomstige snelheden van klimaatverandering hebben we nog heel even de tijd om de uitstoot terug te dringen. Daarmee is een 'gevaarlijk' niveau van opwarming nog te voorkomen en kunnen we nog aansturen op een 'veilige landing' op de baan van 1 à 2 graden. Die kans is echter al bijna verkeken. Mijn conclusie in dit boek is dat we minder dan tien jaar over hebben, om het hoogste punt in de mondiale uitstoot te bereiken en te beginnen om die terug te dringen. Die stelling wordt ondersteund door het IPCC-rapport van 2007. Dat is een heel krap, maar niet onmogelijk tijdschema. Het lijkt me dat de nijpende situatie waarin we ons bevinden niet om fatalisme, maar om drastische maatregelen vraagt.

Weten wat we niet weten

Wat betreft de klimaatverandering is één van de grote 'bekende onbekenden', om een term van Donald Rumsfeld te gebruiken, de toekomstige uitstoot. Dat is eigenlijk ook het enige onderdeel van de klimaatformule waar we überhaupt controle over hebben: hoeveel miljard ton broeikasgas de mens de komende jaren nu nog precies gaat uitstoten door het opstoken van fossiele brandstoffen en het kappen van bos. Het IPCC heeft een complexe serie 'emissiescenario's' geschreven. Elk onderdeel bouwt voort op verschillende aannames over economische ontwikkelingen, bevolkingsgroei, mondiale versus lokale oriëntaties en andere sleutelfactoren die de komende eeuw een rol zullen spelen. Het zijn 'scenario's' en niet zozeer 'voorspellingen', want we hebben eenvoudigweg geen idee welk daarvan de meeste kans maakt om uit te komen. Het IPCC stelt in zijn analyse nadrukkelijk geen waarschijnlijkheden vast: elk scenario wordt even waarschijnlijk geacht.

Emissiescenario's zijn eigenlijk een veel grotere ·onbekende dan al die andere veelbesproken onzekerheden uit de klimaatwetenschap, waar tegenstanders altijd maar op blijven hameren. Die onzekerheden verwijzen tenminste naar verschijnselen in de fysieke werkelijkheid, waar wetenschappers uiteindelijk wel de vinger achter zullen weten te krijgen, zolang er maar voldoende denk- en computerkracht voorhanden is. Daarentegen hangen toekomstige emissies af van miljarden beslissingen die nog genomen moeten worden, door mensen zoals u en ik. Ze hangen af van de economie en de politiek, en niet van de vastere grond van de natuurkunde. Om die reden zijn de emissies op lange termijn vermoedelijk nooit nauwkeurig te voorspellen.

De tweede 'bekende onbekende' is puur wetenschappelijk: wat academici 'klimaatgevoeligheid' noemen. Daar wil ik bij opmerken dat geen van deze onzekerheden van invloed is op de scenario's die in de vorige hoofdstukken zijn geschetst. Die gaan namelijk over de impact van feitelijke temperatuurstijgingen, los van de emissiescenario's die daar de oorzaak van zouden zijn. Ik breng ze hier naar voren als eerste stap in het beantwoorden van de vraag waarom het in dit hoofdstuk draait: welk emissiepad leidt naar welk temperatuurniveau? In de technische terminologie is klimaatgevoeligheid gedefinieerd als de evenwichtstemperatuur die het systeem aarde bereikt als reactie op een verdubbeling van de pre-industriële CO_2-concentraties in de atmosfeer. Dat is belangrijk, want als de klimaatgevoeligheid laag is (dat wil zeggen dat het klimaat niet erg gevoelig is voor koolstof), dan geeft een hoge koolstofuitstoot een temperatuurstijging die nog relatief beheersbaar is. Echter, als de klimaatgevoeligheid hoog is, dan zou zelfs het drastisch beknotten van de emissies ons niet kunnen behoeden voor een snelle stijging van de temperatuur.

Omdat klimaatmodellen door verschillende teams worden ontwikkeld, die elk net iets andere parameters gebruiken, rollen er voor dit cruciale getal ook net iets andere uitkomsten uit. Dat is bepaald geen giswerk; die modellen zijn tenslotte gebaseerd op natuurkundige wetten, ook al begrijpen we die niet allemaal volledig. De meeste van die modellen komen rond 3 °C uit. Dat houdt in, dat een verdubbeling van het pre-industriële kooldioxidegehalte, van rond de 280 naar 550 deeltjes per miljoen, op de lange duur zal uitmonden in een temperatuurstijging van 3 °C.

Onlangs opperde een aantal onderzoeksteams echter dat de werkelijke waarde voor de klimaatgevoeligheid wel eens veel hoger zou kunnen liggen. Eén van de bekendste daarvan is het team achter het *climateprediction.net*-project van de University of Oxford. Daarin lieten zij duizenden mensen een klimaatmodel downloaden en thuis op hun computer draaien. Elk gedownload model verschilde net iets van het volgende en door het bestuderen van duizenden uitkomsten hoopten de onderzoekers een cluster van 'beste schattingen' voor klimaatgevoeligheid te krijgen. Al doende werden ze internationaal voorpaginanieuws: terwijl de meeste van de thuis verkregen uitslagen rond diezelfde 3 °C lagen, kwam er een behoorlijk aantal uit op hogere klimaatgevoeligheden, tot een ongelofelijke 11 °C aan toe. Zoals projectcoördinator Dave Frame verslaggevers liet weten: "De mogelijkheid van zulke hoge waarden heeft ingrijpende gevolgen. Als de waarden in het echt ook maar enigzins in de buurt komen van de bovenkant van onze bandbreedte, zou zelfs het huidige niveau van broeikasgassen al gevaarlijk hoog kunnen zijn."

Een van de grootste hindernissen voor het berekenen van de klimaatgevoeligheid is het verschijnsel van '*global dimming*'. Het is al langer bekend dat sulfaat-aërosolen, die vrijkomen bij de verbranding van fossiele brandstoffen en flink bijdragen aan het ontstaan van zure regen, het klimaat kortstondig afkoelen. Ze schermen ons namelijk af tegen het volledige effect van broeikasopwarming door een deel van de zonnestralen weg te vangen. Hoogstwaarschijnlijk zijn deze aërosolen ook de boosdoener in de verwarrende, kleine temperatuurdaling die zich in de 20e eeuw tussen ongeveer 1940 en 1960 voordeed, net toen de uitstoot van broeikasgassen snel op begon te lopen.

De meeste voorspellingen wekken de indruk dat *global dimming* de komende decennia zal afnemen, nu maatregelen tegen de vervuiling beginnen aan te slaan. En inderdaad is dat proces vermoedelijk al een eind op streek, wat wellicht de snellere opwarming sinds de jaren '80 zou verklaren. Aërosolen blijven niet lang in de atmosfeer: binnen een paar dagen worden ze door de regen uitgewassen, terwijl CO_2 daarentegen gemiddeld een eeuw blijft hangen. Als dit aërosolen-schild eenmaal verwijderd is, zouden de temperaturen wel eens tot helemaal bovenin de IPCC-berekeningen kunnen komen; volgens de laatste onderzoeken dichter bij de zes dan bij de twee graden.

Bovendien blijft het verschil tussen de modellen en de paleoklimatologische gegevens verontrustend. Zoals gezegd lijkt het huidige CO_2-niveau op datgene dat in het Plioceen waarschijnlijk een opwarming van ongeveer 3°C heeft veroorzaakt. Op dezelfde manier kunnen de huidige modellen de broeikastoestand in het Eoceen – toen de Noordelijke IJszee zo lekker warm was als de Middellandse Zee – niet reproduceren zonder onrealistisch hoge CO_2-niveaus te simuleren. Datzelfde probleem doet zich voor in de broeikas van het Krijt. Als het geschatte CO_2-gehalte uit het Krijt in de klimaatmodellen wordt ingevoerd, komt de berekende opwarming veel lager uit dan wat zich volgens geologen 100 miljoen jaar geleden werkelijk moet hebben afgespeeld. Dus óf de fossiele gegevens over de temperatuur en CO_2-niveaus in het verleden kloppen niet, óf de modellen onderschatten de terugkoppelingen in het klimaat. Ze kunnen niet allebei waar zijn.

Klimaatmodellen zijn in wezen nu eenmaal het product van een reductionistische wetenschappelijke onderneming, waarin de verschillende stukjes van het klimaatsysteem uit elkaar worden gepeuterd en wordt gepoogd om ze ieder afzonderlijk te begrijpen en te beschrijven aan de hand van natuurkundige vergelijkingen. Als je al die vergelijkingen over alle mogelijke verschijnselen van wolkvorming tot aan pakijs bij elkaar zet, zo luidt de redenering, dan is dat je model. Maar het geheel van een complex en interactief systeem is niet per se zomaar de som der delen. Dat is ook waarom, om maar eens een grove vergelijking te gebruiken, artsen niet opnieuw een volledig functionerend menselijk lichaam in elkaar kunnen zetten door huid, oren, tanden, bloed, zenuwen en botten van een ontlede donor aan elkaar te naaien. Het geheim zit hem in de interactie tussen alle chemische en biologische componenten van een levend organisme. Hetzelfde geldt voor een planetair 'organisme'. De Gaia-theorie laat zien dat dit veel van dezelfde zelfregulerende mechanismen aan de dag legt als een levend lichaam.

Mogelijk vormen de klimatologische feedbacks en interacties die niet in de modellen zitten de ontbrekende schakel. Sommige elementen van de koolstofcyclus die we beter begrijpen zijn inmiddels opgenomen, maar er zijn veel feedbackmechanismes waarvan de onzekerheden domweg niet te kwantificeren zijn. Niemand weet bijvoorbeeld precies hoeveel kooldioxide en methaan er vrij kan komen bij het ontdooien van de permafrost. En er is ook niemand die precies weet wanneer de bom van het methaanijs barst, of hoe dit proces zich in het Krijt zou hebben afgespeeld. Jim Hansen heeft dit raadsel misschien voor een deel opgelost door onderscheid te maken tussen de tijdschalen die in de terugkoppelingsprocessen van de aarde van toepassing zijn.

'Snelle feedbackmechanismes', zo geeft hij aan, zijn onder meer veranderingen in waterdamp, wolken, stof in de atmosfeer, pakijs en sneeuw, en zijn ruimschoots in de modellen verwerkt. Tel ze allemaal op en je krijgt het algemeen aanvaarde getal van 3°C bij een verdubbeling van de CO_2. Maar tragere feedbackmechanismes zijn niet goed in de modellen opgenomen. Dan gaat het bijvoorbeeld om het instorten van ijsvelden en om veranderingen in het broeikasgas door verschuivingen in de vegetatie en de koolstofcyclus. Zij verhogen de klimaatgevoeligheid op de langere termijn aanzienlijk.

De modellenmakers zijn de schade echter aan het inhalen en die andere terugkoppelingseffecten worden nu zorgvuldig bestudeerd. Een studie uit mei 2007 laat zoals verwacht zien dat modellen die terugkoppelingen in de koolstofcyclus meenemen een dramatisch snellere opwarming te zien geven. Een ander onderzoek bekeek de werking van feedbackmechanismes in de broeikasgassen aan het begin en het eind van ijstijden. Met deze harde gegevens uit de echte wereld voorspelden zij dat de bovenwaarde van 5,8°C van het IPCC uit 2001 "tot 7,7°C zou kunnen oplopen, oftewel met bijna 2°C extra". Een tweede internationaal onderzoek, waarin men informatie over temperaturen van de laatste 1.000 jaar gebruikte, kwam in wezen tot dezelfde conclusie. Beide wekken de indruk dat de discrepantie tussen de modellen en de paleoklimatologie uiteindelijk zal worden beslist in het voordeel van de laatste; geen geruststellend vooruitzicht. Zes Graden? Maak daar misschien maar Acht Graden van.

Een doel stellen

Zoals we eerder al zagen, is het zeer waarschijnlijk dat er als gevolg van de thermische traagheid van het systeem aarde sowieso tussen de 0,5 en 1°C aan verdere opwarming op stapel staat. Dus zelfs als we de toename van CO_2 morgen stilleggen, treden we toch nog de 'één-graadwereld' binnen. Door de enorme hoeveelheden koolstof die we al in de atmosfeer hebben gedumpt zal de temperatuur nog dertig jaar blijven oplopen, zelfs als de uitstoot per direct wordt teruggedrongen. De modellen suggereren dat we nog de tijd hebben om het klimaat binnen de twee graden te stabiliseren. En daarmee zouden we in principe het gros van de mondiale biodiversiteit voor uitsterven kunnen behoeden, het wegsmelten van Groenland kunnen afremmen en de bijbehorende zeespiegelstijging onder een acceptabel niveau kunnen houden. En ook kunnen we dan de gevaarlijke, versterkende feedbackmechanismes vermijden die op gang kunnen komen als we in de buurt van de drie graden opwarming komen.

Het is dat laatste doel dat van absoluut levensbelang is en dat misschien de centrale boodschap van dit boek vormt. Hoofdstuk 3 laat zien, hoe ergens boven de twee graden het 'omslagpunt' ligt waarbij de Amazone bezwijkt en er daar koolstof uit de bodem vrijkomt. Dan zouden er aan CO_2 nog eens 250 ppm de atmosfeer in kunnen stromen, wat nog eens anderhalve graad opwarming oplevert, wat ons rechtstreeks de vier-gradenwereld binnenloodst. Wanneer we daar eenmaal zijn, voegen de hoeveelheden koolstof en methaan die door de versnelde dooi vrijkomen uit de Siberische permafrost nog meer broeikasgassen aan de atmosfeer toe. De opwarming die dat teweegbrengt, duwt ons misschien in één keer door naar de vijf-gradenwereld. Zoals hoofdstuk 5 laat zien moeten we op dat niveau van opwarming serieus rekening houden met het ontsnappen van methaanijs uit zee, wat ons de massale uitsterving in zou slingeren die hoort bij de apocalyptische zes graden.

De boodschap is even duidelijk als afschrikwekkend: als we er zeker van willen zijn dat we de mensheid en de planeet kunnen redden van wat de ergste massale uitroeiing aller tijden zou kunnen zijn, zelfs nog erger dan die aan het eind van het Perm, dan *moeten we bij twee graden stoppen.*

Gaan we dat redden? Een academisch analist heeft berekend dat er een kans van slechts 7 procent is dat we al over de drempel voor twee graden heen zijn. Dat is op zich al een onrustbarend grote kans: persoonlijk zou ik bijvoorbeeld geen voet zetten op een schip dat een kans heeft van

7 procent om op volle zee te zinken. Maar goed, aangezien we aan ons lot zijn overgelaten op de enige planeet in het universum waar, voor zover we weten, leven mogelijk is, zit er weinig anders op.

Maar als we het van de zonnige kant bekijken, dan heeft de wereld, als we van dat cijfer uitgaan, nog altijd 93 procent kans om onder de twee graden uit te komen – maar dan alleen met het huidige kooldioxidegehalte. Elk jaar dat we het CO_2-niveau verder laten stijgen, stijgt ook de kans dat we de twee graden voorbijschieten. Over zeven jaar zal onze bewegingsruimte aanzienlijk kleiner zijn geworden; dan zal het CO_2-gehalte, dat in 2008 op 387 ppm lag en jaarlijks met ongeveer 2 ppm stijgt, de 400 ppm bereiken. Zelfs als we uitgaan van een relatief lage klimaatgevoeligheid, dan hebben we tegen die tijd een minder geruststellende kans van nog maar 75 procent om het twee-gradendoel te halen. Dat is het soort kans dat veel mensen nog wel accepteren voor een potje poker waarbij de inzet heel laag is; maar het is beslist geen goede kans om mee te gokken als de planeet de inzet is.

Toch, ik zeg het nogmaals: we hebben weinig keus. Het is weinig realistisch om te eisen dat de uitstoot van broeikasgassen in tien jaar tijd met zo'n 60 procent wordt teruggebracht. Dat is wat er nodig zou zijn om het CO_2-gehalte te stabiliseren onder de 400 ppm. Een evenwicht op 550 ppm, zoals de Britse econoom Sir Nicholas Stern voorstelt, lijkt de enige optie te zijn die politiek haalbaar is.* Daarbij zijn onze

* Nvdv: De voormailige hoofdeconoom van de Wereldbank Sir Nicholas Stern woog in opdracht van de Britse regering de kansen op en gevolgen van klimaatverandering af. Dit resulteerde in okotober 2006 in de invloedrijke publicatie *The Economics of Climate, The Stern Review*. In april 2008 stelde Stern, naar aanleiding van zijn rapport: "We hebben de risico's onderschat... we hebben de schade die gepaard gaat met temperatuurstijging onderschat... en we hebben de kansen op temperatuurstijging onderschat."

kansen om onder de twee graden te blijven erg gering – minder dan 20 procent. Met zulke hoge CO_2-niveaus wordt het zelfs steeds lastiger om de drie graden te ontlopen. Sterker nog, volgens de academici is er bij een CO_2-niveau dat op 550 ppm is gestabiliseerd, zelfs een kans van 10 procent om boven de vier graden uit te schieten, terwijl de kans om bij dat CO_2-gehalte onder de drie graden te blijven maar *fifty-fifty* is. (Geen zorgen: verderop vat ik dit allemaal nog samen in een tabel.) Het is duidelijk dat het doel dat we onszelf stellen afhankelijk is van het risico dat we bereid zijn te accepteren. Daarbij moeten we in gedachten houden dat een mislukking kan betekenen dat de opwarming uit de hand gaat lopen en het meeste leven op aarde wordt vernietigd.

Behalve de vakspecialisten zal het grootste deel van deze discussie zo ongeveer iedereen ingewikkeld en geheimzinnig in de oren klinken. Dat zou niet zo moeten zijn. Het gaat hier feitelijk om het cruciale vraagstuk waarvoor de mensheid zich nu gesteld ziet. Het is vele malen belangrijker dan terrorisme, misdaad, gezondheidszorg, onderwijs, of welke andere alledaagse zorgen waar onze kranten en televisieschermen bol van staan dan ook. We staan met ons allen voor een beslissing: welke temperatuur en, in samenhang daarmee, welk CO_2-gehalte stellen we onszelf ten doel? 400 ppm? 550 ppm? Ik vermoed dat er in een standaardenquête onder de doorsnee bevolking maar weinig antwoorden zouden binnenkomen. De meeste mensen zouden het vakje 'weet ik niet' aankruisen. Zelfs politici beginnen nog maar net de terminologie te begrijpen die hierbij relevant is, terwijl er voor zover ik weet nergens in de wereld ook maar één grote politieke partij is, die op dit gebied ondubbelzinnig beleid ontwikkeld heeft. Uiteindelijk gaat het hier echter om een politieke beslissing en wel één waaraan alle wereldburgers deel moeten kunnen nemen, goed geïnformeerd en op een democratische manier, om ervoor te zorgen dat iedereen die beslissing ook steunt en naleeft.

Dit punt roept ook een serieuzere vraag op over onze plek op aarde. Wij mensen, één diersoort tussen miljoenen andere, zijn nu *de facto* de bewakers van de klimaatstabiliteit van de planeet geworden. Die dienst werd altijd gratis geleverd door de natuur, met soms wat *ups* en *downs*. Zonder het te beseffen hebben we onszelf tot conciërge benoemd en nu leunen onze zweterige apenhanden zwaar op de thermostaat van het klimaat. Een ontzagwekkender verantwoordelijkheid is nauwelijks voor te stellen.

Wat zijn dan wel de details van een twee-gradendoelstelling? Zoals ik eerder al zei, moet voor 2015, *dus in de komende zes jaar*, de uitstoot van broeikasgassen wereldwijd haar top hebben bereikt. Dan is er 75 procent kans dat de temperaturen onder de magische twee-gradendrempel blijven. Daarna moeten de emissies blijven dalen en in 2050 moeten zij met 85 procent zijn gezakt. Dan stabiliseert het CO_2-gehalte zich rond de 400 delen per miljoen, of 450 ppm 'CO_2-equivalent', waarbij het opwarmende effect van alle broeikasgassen, zoals methaan en stikstofoxide, in CO_2-termen worden uitgedrukt. Als de gehaltes boven dit niveau uitkomen, neemt de kans om onder de twee graden te blijven navenant af. Die conclusie baseer ik op mijn eigen uitleg van het meest recente onderzoek, maar deze wordt ook gestaafd door het IPCC-rapport uit 2007. Ook dat laatste stelt duidelijk dat de emissies wereldwijd in 2015 op hun hoogste punt moeten zijn om het CO_2-gehalte op of onder de 400 ppm te houden en de bijbehorende temperatuurstijging tot twee graden te beperken.

In een poging de bovenstaande uiteenzetting wat te verduidelijken, volgen hier mijn beste inschattingen in tabelvorm. Om te voorkomen, dat elke volgende graad opwarming met een grote waarschijnlijkheid (75 procent) plaatsvindt, is mijn inschatting dat we als volgt actie moeten ondernemen:

Graden verandering	*Werkelijke temperatuur*	*Benodigde actie*	CO_2*-doel*
Eén graad	0,1–1,0°C	Vermoedelijk niet te vermijden	350 ppm (het huidige niveau is 387 ppm)
Twee graden	1,1–2,0°C	Wereldwijde emissiepiek in 2015	400 ppm
Drempel voor feedback in koolstofcyclus?			
Drie graden	2,1–3,0°C	Wereldwijde emissiepiek in 2030	450 ppm
Drempel voor feedback Siberisch methaan?			
Vier graden	3,1–4,0°C	Wereldwijde emissiepiek in 2050	550 ppm
Vijf graden	4,1–5,0°C	Voortdurend stijgende emissie toegestaan	650 ppm
Zes graden	5,1–5,8°C	Zeer hoge emissie toegestaan	800 ppm

De tabel laat zien hoe hopeloos inconsequent het huidige klimaatbeleid is – zelfs dat van sommige grote milieugroeperingen. De Europese Unie heeft een doelstelling van 550 ppm genoemd. Niettemin eist ze tegelijkertijd dat de temperatuurstijging wereldwijd onder de twee graden blijft. De tabel laat zien dat 550 ppm naar alle waarschijnlijkheid vier graden opwarming betekent, plus bijkomende versterkende feedbackmechanismes. Friends of the Earth (Milieudefensie) is een fatsoenlijke en toegewijde milieuorganisatie, die schitterend werk heeft gedaan om mensen bewust te maken van de klimaatverandering. Ook zij willen dat de temperatuur aan deze kant van de twee graden blijft om dezelfde redenen als ik. Toch eist hun politieke campagne slechts een CO_2-evenwicht op 450 ppm, ondanks het feit dat er bij dit koolstofgehalte volgens de huidige stand van de wetenschap een kans van 75 procent is om die twee-graden-doelstelling *niet* te halen. Veel andere groepen zitten verstrikt in hetzelfde dilemma: alleen door te ijveren voor 'politiek onrealistische' CO_2-gehaltes is extreme opwarming met enige zekerheid te vermijden. Dan staat wat voor mensen politiek realistisch is dus helemaal los van wat voor de planeet natuurkundig realistisch is.

Als ons doel dus twee graden is, moet de uitstoot van broeikasgassen in 2015 zijn hoogste punt hebben bereikt. Dan kunnen we erop vertrouwen dat er geen onhoudbaar klimatologisch domino-effect van versterkende feedbackmechanismes optreedt. Na 2015 moet de uitstoot dan gestaag teruglopen tot een uiteindelijk evenwicht op 400 ppm (of 450 ppm CO_2-equivalenten), hoe politiek onrealistisch zo'n emissietraject er ook uit mag zien. Het werkelijke percentage uitstootverlaging dat dit doel van ons vergt, hangt af van hoe de koolstofcyclus van de aarde zich gedraagt. Naar mijn idee betekent het volgens de huidige stand van de wetenschap een afname van 60 procent in 2030 en van 85 procent in 2050. En dat komt opnieuw overeen met de berekeningen uit het *Fourth Assessment Report* uit 2007 van het IPCC.

Omdat de koolstofemissie per persoon van land tot land enorm verschilt, kan niemand verwachten dat deze procentuele vermindering voor iedereen van hetzelfde laken een pak zal zijn. India stoot momenteel bijvoorbeeld ongeveer 1 ton CO_2 per persoon uit, China 4 en de Verenigde Staten 20 ton. Als al die landen tegelijkertijd hun uitstoot met 60 procent zouden verlagen, zouden de fundamentele ongelijkheden duidelijk blijven bestaan. India zou per persoon 0,4 ton uitstoten, China 1,6 ton en de Verenigde Staten 8 ton. Het is zonneklaar dat het strak vasthouden aan zo'n structurele ongelijkheid nooit de basis kan vormen voor een succesvolle mondiale emissieovereenkomst, om de eenvoudige reden dat die volstrekt onrechtvaardig zou zijn.

Wat zou er dan wel over de hele linie aanvaardbaar zijn, gegeven de verschillende niveaus in ontwikkeling? Voor dat raadsel is er maar één logische oplossing: rijke landen moeten erin toestemmen om de ongelijkheid waaraan zij gewend zijn geraakt, in te ruilen voor de deelname van arme landen in een algemeen geaccepteerd klimaatregime. Zo'n compromis dat bekend staat als *Contraction and Convergence* (of C&C, in *Hitte* vertaald als "Verminderen van emissies en verschillen") werd voor het eerst voorgesteld door het Global Commons Institute. Onder C&C zouden alle landen, op een afgesproken datum, tenslotte uitkomen op een gelijke portie uitstoot per persoon, terwijl dat gebeurt in een context van inkrimping van de mondiale uitstoot tot op een duurzaam niveau. Dat zou een historische overeenkomst zijn: de armen zouden gelijkheid krijgen, terwijl iedereen (inclusief de rijken) zou overleven.

In de Verenigde Staten, waar de uitstoot per persoon veel hoger is dan op de meeste andere plekken in de wereld, zou men in dat proces van verminderen naar een duurzaam niveau dus ook veel forser moeten terugschroeven dan gemiddeld wereldwijd. Afhankelijk van de aard van het C&C akkoord zou dat voor de VS in 2030 misschien wel 85 procent moeten zijn. Om het hele systeem zowel flexibel als efficiënt te maken is het echter wel van doorslaggevend belang, dat er een internationale markt voor de handel in emissierechten komt. Daar zouden arme landen hun ongebruikte quota aan de rijke landen kunnen verkopen en al doende behoorlijke inkomsten verwerven. Die inkomsten uit de mondiale koolstofhandel zouden de aanpak van de armoede verder kunnen helpen en er voor zorgen dat armere landen de mogelijkheid krijgen om een koolstofarme ontwikkeling na te streven.

Dus om het maar eventjes bot te zeggen: de conclusie van dit boek is, dat we nog maar zeven jaar hebben om de wereldwijde uitstoot op zijn hoogste punt te brengen en dat we daarna de escalerende gevaren van een uit de hand gelopen opwarming onder ogen moet zien. Ik ben de eerste om toe te geven dat dat doel hopeloos onbereikbaar lijkt. Maar volgens mij is dat het wat de wetenschap vereist, zelfs op basis van niet te sombere aannames en ervan uitgaande dat we nog niet over de rand zijn. En om eerlijk te zijn, er zijn genoeg redenen om het allemaal wel somber in te zien, van verschillende soort zelfs. Zoals ik al eerder aangaf, is de snelheid waarmee de wereldwijde koolstofuitstoot toeneemt over de afgelopen tien jaar verviervoudigd. Over de hele wereld groeit de uitstoot nog steeds snel. De grootste boosdoener, de Verenigde Staten, stoot nu 16 procent meer CO_2 uit dan in 1990. Intussen is de totale emissie van China met een nog hoger percentage gestegen, al ligt die per persoon veel lager. Volgens sommige rapporten heeft China de Verenigde Staten al ingehaald als het land met de allergrootste totale emissie ter wereld.

Verder vooruit kijkend voorziet de IEA (International Energy Agency) dat de wereldwijde energiebehoefte in 2030 met meer dan de helft zal zijn gestegen. Van die toename zal 80 procent van fossiele brandstoffen afkomstig zijn en niet van schone energiebronnen. In dit 'business as usual'-scenario groeit het gebruik van hernieuwbare energie wel snel, maar het is bepaald zorgwekkend dat dit in 2030 toch nog maar op 2 procent van de totale energiebehoefte neerkomt, enkel en alleen door de schaal van de groei. Volgens die berekening zou de CO_2-emissie daarom op datzelfde moment met een angstaanjagende 52 procent zijn toegenomen. Zelfs het IEA geeft nu toe dat deze trends naar "een toekomst leiden die niet duurzaam is". Daarom schuift het IEA tevens een *World Alternative Policy Scenario* (Alternatief Wereldbeleidsscenario) naar voren, "waarin energie-importerende landen doortastende maatregelen nemen om de vraag terug te dringen en het patroon van brandstofgebruik te veranderen". Bij nader inzien blijkt dit optimistische scenario helemaal niet zo optimistisch te zijn: er wordt nog steeds voorzien dat de emissies tot 2030 met eenderde zullen stijgen, in plaats van met zestig procent te dalen, zoals nodig is om het doel van twee graden te halen.

Het zou inmiddels duidelijk moeten zijn, dat de trend om op dezelfde voet door te gaan (en dat doen we, ondanks Kyoto) een hoge kans oplevert om in 2100 een opwarming van vier, vijf of zelfs zes graden te bereiken. Tel daar alle onzekerheden nog eens bij op en het zou toch wel zonneklaar moeten zijn dat een verdere forse toename van de emissie de wereld meesleept in een gokspel, waarin we feitelijk geen schijn van kans hebben. En hoe verder de emissie stijgt, hoe meer de kans verkeken is. Kop – de opwarming wint, munt – wij verliezen. Een grapjas wees erop dat dat zoiets is als Russisch roulette met een Luger in plaats van met een revolver. Eén kogel, één kamer – en wij halen de trekker over.

Een reality check

Veel boeken over de opwarming van de aarde eindigen met de een of andere gemeenplaats over duurzame energie. Alsof de auteurs geloven dat je, net als in een sprookje, gewoon een wens kunt doen en daarin kunt geloven en dat dat genoeg is om hem uit te laten komen. Mij lijkt het, dat als het zo makkelijk was om fossiele brandstoffen op te geven, het vast allang gebeurd was, of dat we in ieder geval al een flink eind op de goede weg zouden zijn. In plaats daarvan zagen we net dat de wereld in volle vaart de verkeerde kant opgaat en vast van plan lijkt te zijn om dat ook te blijven doen.

Moeten we dan wanhopen over de vooruitzichten om de twee-gradendoelstelling te halen? Nee, maar we moeten ons beleid ook niet baseren op *wishful thinking*. Daarom moeten we misschien eerst maar eens beginnen met openlijk toe te geven dat een instantoplossing niet bestaat. Fossiele brandstoffen spelen inmiddels een centrale rol in bijna elk aspect van het moderne leven, van transport tot verwarming, en ze voorzien in 80 procent van onze energiebehoefte. Inderdaad, onze beschaving wordt meer bepaald door het gebruik van energie dan door wat dan ook: zonder massale energietoevoer zou de maatschappij al snel krakend tot stilstand komen en zouden er miljarden omkomen van de honger.

Mij werd dat duidelijk door de brandstofprotesten die in de herfst van 2000 plaatsvonden in heel Groot-Brittannië en die wel iets van een klucht hadden. Ze leidden tot benzine- en dieseltekorten die hooguit een paar weken duurden, maar al doende werd het land er bijna door op zijn knieën gebracht. In de supermarkten ontstonden dikke rijen van mensen die in paniek aan het hamsteren sloegen. Mensen reden hele einden om een benzinestation te vinden dat nog niet droogstond. In het midden van Wales stonden de koeien ongemolken in de wei, terwijl tegelijkertijd in alle winkels de verpakte melk uitverkocht was. Alleen in het museum waren nog bruikbare melkbussen te vinden; om melk van de boerderij naar de winkel 200 meter verderop te krijgen, waren grote vrachtwagens nodig, die het product zo'n 150 kilometer naar een centraal verpakkings- en distributiepunt versleepten en dan weer terug. En daar was natuurlijk allemaal diesel voor nodig.

In een notendop illustreert dat hoe afhankelijk we van fossiele brandstoffen zijn geworden, maar hetzelfde probleem is ook op macroniveau te zien. Jeffrey Dukes van de University of Utah is één van de weinigen die hieraan heeft zitten rekenen en zijn uitkomsten zijn verbluffend. Dukes berekende dat er in de oudheid gemiddeld zo'n 90 ton plantaardig materiaal in de oceaan nodig was voor de vorming van een Amerikaans *gallon* benzine – dat is 3,785 liter. Denk daar bij het tanken maar eens aan. Op wereldschaal berekend en uitgedrukt in termen van netto primaire productie door planten in eerdere geologische tijdperken, consumeert de mens per jaar, via de fossiele brandstoffen die we verbruiken, een equivalent van 400 jaar zonne-energie. Dat geeft toch wel aan dat er een drastische beperking van het energieverbruik voor nodig is, voordat de mens kan proberen om binnen het jaarlijkse budget aan binnenkomende zonne-energie te blijven.

Het onderstreept bovendien hoezeer onze beschaving afhankelijk is van een eenmalige energiesubsidie uit het verleden – in de vorm van de fossiele brandstoffen –, in de loop van miljoenen jaren door planten gevormd via de fotosynthese uit het zonlicht van toen. In het huidige tempo verbruiken we elk jaar waarschijnlijk inderdaad een miljoen jaar aan fossiele brandstoffen, uitgedrukt in de tijd die het kostte om ze te vormen. Als enige diersoort hebben wij mensen weten te ontsnappen aan de ecologische beperkingen van een eindig jaarbudget aan zonne-energie, door de chemische energie te gebruiken die geologisch ligt opgeslagen in aardolie, kolen en gas. We zijn niet langer afhankelijk van de jaarlijkse gulheid van de natuur, want per slot van rekening kunnen we aardolie eten.

Meer dan enige andere factor, zijn het dus de fossiele brandstoffen die de mens succesvol hebben gemaakt. Andere dieren moeten leven binnen de beperkingen van hun ecosystemen, waarbij hun aantal wordt gereguleerd door de hoeveelheid voedsel, roofdieren, enzovoorts. De *Homo sapiens* is uit dit ecologische keurslijf ontsnapt. Onze voedselvoorziening wordt niet langer beperkt door wat we op het land verbouwen en in het bos verzamelen. In plaats daarvan veranderen we fossiele brandstoffen in voedsel, door middel van de gemechaniseerde landbouw en het transport over lange afstand. Aardgas wordt gebruikt om stikstofkunstmest te maken en de tractoren en maaidorsers die het meeste werk doen, lopen op olie. Het zou honderden ciderdrinkende mensen op spierkracht vergen om de oogst binnen te halen van één oliedrinkende maaidorser op mechanische kracht – cider was ooit zonder meer de ultieme duurzame biobrandstof.

Nog meer aardolie wordt gebruikt om ruwe grondstoffen tot eetbare voedingsmiddelen te verwerken, die te verpakken en als kant-en-klaar product naar de markt te vervoeren. Het systeem zit nu eenmaal zo in elkaar dat het veel meer energie verbruikt dan een systeem uit het pre-industriële tijdperk. Het is ook nog eens heel inefficiënt: er gaan veel meer calorieën energie uit fossiele brandstof in, dan we eruit krijgen in de vorm van calorieën voedsel. Als het zou kunnen, konden we de aardolie nog beter direct opeten. Het kost bijvoorbeeld 127 calorieën brandstof om één calorie ijsbergsla uit de Verenigde Staten naar Groot-Brittannië te vliegen. Volgens één schatting verbruikt de voedingsindustrie in de Verenigde Staten tien keer zoveel fossiele energie als het produceert in voedselenergie.

Door deze grote fossiele-energiesubsidie kreeg de mens een diepgaande invloed op de planeet en op de natuurlijke ecosystemen. Mensen hebben zich al een kwart tot veertig procent van de netto primaire productie op de planeet toegeëigend. (Netto primaire productie wordt gedefinieerd als de netto hoeveelheid zonne-energie die via fotosynthese in plantaardig organisch materiaal wordt omgezet.) Zoals de auteurs van een wetenschappelijk onderzoek hierover opmerkten: "Voor een soort die ruwweg 0,5 procent van de dierlijke biomassa op aarde vertegenwoordigt, legt zij daarmee een opmerkelijk groot beslag." En bedenk wel, dat komt *bovenop* de hoeveelheid eerdere netto primaire productie ter waarde van 400 jaar, die we elk jaar verbruiken in de vorm van fossiele brandstoffen. In onze vraatzucht verbruiken we niet alleen de eigentijdse natuur, maar ook de natuur uit de oudheid.

Soms heeft fossiele energie de directe invloed van de mens ook beperkt. Zo ontdekten de Russen bijvoorbeeld dat ze op kolen konden stoken in plaats van op hout, waardoor de druk op de bossen minder werd. Vóór de tijd van de fossiele brandstoffen had Zweden bijvoorbeeld veel minder bos dan nu. Het is zeer onwaarschijnlijk dat er zonder de fossiele-energiesubsidie in grote delen van Noord-Amerika en Eurazië nog enig bos van betekenis zou staan. Volgens dat criterium zou de overstap van kolen op hout, hoe wenselijk ook in termen van broeikasgasemissie, de natuur nog verder in het gedrang brengen.

Staten van ontkenning

De realiteit van de energiesituatie is niet de enige reden waarom onze respons op de wereldwijde opwarming tot nog toe zo halfslachtig is geweest. De evolutie heeft ons psychologisch zo geconditioneerd dat we niet reageren op dreigingen als we die reactie tot later kunnen uitstellen. We zijn goed in het mobiliseren voor de directe strijd, maar minder goed in het voorkomen van moeilijkheden die nog ver vóór ons liggen. Daarom is 'ontkenning' waarschijnlijk de meest passende term om de reactie van zowel individuen als van de maatschappij te typeren. Dat is hetzelfde mentale vermogen dat rokers gebruiken om zichzelf wijs te maken dat ze niet eerder doodgaan. En bergbeklimmers die de Mount Everest beklimmen, zetten het in om te geloven dat zijzelf onkwetsbaar zijn, terwijl ze langs de bevroren lijken komen van eerdere bergbeklimmers die op precies dezelfde route omgekomen zijn.

Dit soort ontkenning vormt een complex mechanisme, waarbij verschillende defensieve antwoorden worden ingezet. Die variëren van het bekende "klimaatverandering is een fabeltje" tot het beter te begrijpen, maar uiteindelijk even onbruikbare "maar ik heb mijn auto nodig voor mijn werk". Het is natuurlijk ook niet toevallig, dat dezelfde mensen die zo ongeveer getrouwd zijn met het hoge fossiele-brandstofverbruik – oliehandelaren bijvoorbeeld – meestal ook degenen zijn die de realiteit van de klimaatverandering het hardst ontkennen. Zoals Al Gore tijdens de diashow voor de film *An Inconvenient Truth* zijn publiek eraan herinnert, is er niets zo moeilijk, als proberen iemand iets uit te leggen als diens salaris afhangt van zijn onbegrip. Dat is een klassieke vorm van ontkenning: niemand heeft graag een beeld van zichzelf als slecht of boosaardig, en dus worden immorele handelingen noodzakelijkerwijs bedekt met een mantel van intellectuele zelfrechtvaardiging.

Volgens psychologen is ontkenning een manier voor mensen om de tegenstrijdigheid op te lossen, die ontstaat als nieuwe informatie diep gekoesterde denkbeelden of gedragspatronen ter discussie stelt. Automobilisten nemen bijvoorbeeld niet zo makkelijk informatie op die vraagtekens zet bij hun vermeende behoefte om hun auto te gebruiken. Ook vakantiegangers zijn meestal niet geneigd om al te diep na te denken over de opwarming van de aarde als ze op het punt staan het vliegtuig naar Thailand te nemen. Dat heeft belangrijke gevolgen voor mensen die campagne voeren of voorlichting geven. Die ontkenningsreactie maakt dat het domweg verstrekken van meer feiten over klimaatverandering mensen nog niet noodzakelijkerwijs doet besluiten om er echt iets aan te doen op een manier waarin oorzaak en gevolg direct met elkaar samenhangen.

Waarom is het voor mensen toch makkelijker om iets te ontkennen, dan om eerlijk te zijn en hun gedrag te veranderen? Voor een deel is dat een maatschappelijk probleem. We worden dagelijks geconfronteerd met de sociale druk ons te conformeren aan een levensstijl met een hoog verbruik van fossiele brandstoffen en daarom vergt persoonlijke gedragsverandering in werkelijkheid een hele hoop moed. Diegenen die wel de moeite nemen, worden door het gros van de mensen al gauw neergezet als ‘geitenwollensokkentypes’ of ‘bomenknuffelaars’. Een levenswijze die energie slurpt geldt als teken van maatschappelijk succes.

TV- en filmreclames proberen bijvoorbeeld dure, snelle auto’s voor te stellen als statussymbolen, en zakenlui mogen graag opscheppen over hoe vaak ze naar het buitenland reizen. We hebben allemaal bevestiging van onze omgeving nodig en als die omgeving zich op een manier gedraagt die onze ideeën over klimaatverandering ondermijnt, kunnen we ons vervreemd gaan voelen in plaats van tevreden.

Aangezien de discrepantie moeilijk oplosbaar is en de ontkenning onoprecht, zoeken veel mensen een andere uitweg uit het dilemma: afwenteling. Kort gezegd geef je dan iemand anders de schuld. Veel gewone mensen zoeken dan iemand uit die zich nog slechter gedraagt: zo kan de Minirijder naar de Hummerbezitter wijzen. Voor beleidsmakers kan dat neerkomen op het beschuldigen van hele landen. Zo weigert de Byrd-Hagel-resolutie van de senaat van de Verenigde Staten om ook maar enige verandering in de Amerikaanse levenswijze aan te moedigen, tenzij ontwikkelingslanden hun emissie ook terugdringen; in werkelijkheid beschuldigden de Verenigde Staten daarmee China. Zelfs milieuactivisten zijn tot doorschuiven te verleiden: het zwart maken van George Bush – hoe onverdedigbaar zijn standpunt ook mag zijn – is voor velen van ons gemakkelijker dan om lastige knelpunten dichter bij huis onder ogen te zien.

Klimaatverandering is een klassiek probleem van 'de tragiek van het gemeenschapsgoed' (*tragedy of the commons*). Daarbij is gedrag dat zinnig is op individueel niveau, als iedereen hetzelfde doet uiteindelijk rampzalig voor de gemeenschap. Garrett Hardin, de bedenker van het concept, illustreert het probleem aan de hand van het voorbeeld van veehouders die hun koeien laten grazen op de 'meent', de gemeenschappelijke weidegrond. Elke boer heeft er individueel profijt van als hij er op de meent nog een koe bij zet, want dat levert vlees en melk op. Maar als alle boeren dat op die manier zouden doen, leidt dat tot overbegrazing en de vernietiging van de gemeenschappelijke grond. Psychologische ontkenning is een onderdeel van dat proces. Hardin schrijft: "Mensen profiteren als individu van hun vermogen om de waarheid te ontkennen, ook al lijdt de hele maatschappij, waarvan zij deel uitmaken, eronder."

Een intrigerende Zwitserse studie op dit vlak onderzocht de houding ten opzichte van klimaatverandering onder de doorsnee bevolking door zich op een aantal willekeurige focusgroepen te richten. De resultaten daarvan lieten duidelijk zien hoe de 'tragiek van het gemeenschapsgoed' wordt weerspiegeld in het algemene idee dat "het individu te onbelangrijk is om de orde der dingen te veranderen". Daardoor lijkt het of de "kosten voor jezelf groter zijn dan de baten voor anderen". De onderzoekers ontdekten echter ook, dat de sterkste motivatie voor ontkenningsgedrag doodgewoon egoïsme is: de onwil van mensen om persoonlijk comfort in te leveren en consumptiepatronen te doorbreken. Mensen klaagden dat het openbaar vervoer laat, vies en vol is en dat ze daarom hun auto's 'nodig hebben'. Of ze stellen dat hun leven druk en zwaar is, en ze daarom elk jaar een paar weken op vakantie naar het buitenland 'moeten'. Al die uitvluchten zijn bedoeld om gedrag te rechtvaardigen dat op collectief niveau uiterst destructief is.

De studie noemt een reeks andere manieren waarop ontkenning plaatsvindt. Zo is er de 'metafoor van de verschoven toewijding' ("Ik zet me op andere manieren voor het milieu in, zoals door recycling"); het ontkennen van verantwoordelijkheid ("Ik ben niet de belangrijkste oorzaak van dit probleem"); het terugfluiten van de beschuldigende partij ("Je hebt het recht niet om me zo aan te spreken"); het verwerpen van schuld ("Ik heb niks fouts gedaan"); onbenul ("Ik ken de gevolgen van mijn daden niet"); machteloosheid ("Wat ik doe, maakt toch niks uit"); gemakzucht ("Het is te moeilijk voor me om mijn gedrag te veranderen"); en 'verzinsels' ("Er zijn gewoon te veel struikelblokken"). Het is nogal een lijst. En hij komt iedereen die het wel eens met anderen over klimaatverandering heeft gehad vermoedelijk bekend voor. Elk van die bezwaren heb ik in verschillende vormen denk ik honderden keren gehoord.

De meest hardnekkige en indringende vorm van ontkenning is wat de Zwitserse onderzoekers 'het geloof in de een of andere managementoplossing' noemen. Daarmee doelen ze vooral op het idee dat de technologie als de prins op het witte paard te hulp zal komen schieten. Net als andere vormen van ontkenning is ook het geloof in 'de ingenieurs' een manier om de noodzaak van echte gedragsverandering te ontlopen. Zo steken politici bijvoorbeeld maar al te graag de loftrompet over het laatste prototype waterstofauto, omdat ze daarmee de aandacht kunnen afleiden van de toch veel gewonere modellen die op benzine of diesel rijden. De meeste mensen denken dat de aanpak van de klimaatverandering gewoon een zaak is van genoeg windturbines bouwen, zonnepanelen op voldoende daken schroeven en meer flessen naar de glasbak brengen. Maar de berekeningen van Jeffrey Dukes, die de harde cijfers van het gebruik van fossiele brandstoffen onderstrepen, laten zien dat het in werkelijkheid toch net een beetje anders zit.

In het algemeen zou je kunnen stellen, dat het hele economische systeem van de moderne westerse samenleving gebaseerd is op ontkenning en dan in het bijzonder de ontkenning van grondstofschaarste. Schoolkinderen leren dat de grondstoffen die de aarde ons verschaft, van ijzererts tot aan de visserij, in de categorie 'gratis goederen' vallen, en als bij toverslag verschijnen aan het begin van het economische proces. Allerlei economieprofessoren met een Nobelprijs op zak lijken dat trouwens nog steeds te geloven. Ook alle diensten van ecosystemen waar de menselijke soort gebruik van maakt, vallen onder deze 'gratis goederen'. Ze worden geacht geen financiële waarde te hebben, en vallen buiten de conventionele economische boekhouding.

De standaard maatstaf voor nationaal economisch succes, het 'bruto nationaal product' (bnp), telt de waarde van productie en consumptie bij elkaar op, zonder daarin de duurzaamheid van het proces mee te nemen. In een meesterzet van creatief boekhouden telt de gangbare economie zodoende de uitputting van hulpbronnen als toenemende rijkdom. Dat staat gelijk aan iemand die al het geld op zijn rekening uitgeeft en dat als 'inkomen' telt. Het is absurd, maar die absurditeit is wel de hoeksteen van onze hele economie.

Met deze maatschappelijke functiestoornis in het achterhoofd is het misschien niet helemaal eerlijk om individuen er de schuld van te geven dat ze de klimaatverandering niet onder ogen willen zien. Tenslotte zitten de economie en de samenleving er met hun hele gewicht in om dat te voorkomen. Bob Dylan zong ooit dat de blanke uit het zuiden van de Verenigde Staten, die in 1963 de zwarte leider van de burgerrechtenbeweging Medgar Evers doodschoot, ook maar een 'pion in hun spel' was. Dat zijn we allemaal, pionnen in het spel van de wereldwijde opwarming. Maar we zijn niet geheel machteloos en ook niet geheel vrij van schuld. De collectieve hand die de pionnen verzet, is de onze.

Oliepiek

Zelf de keuze maken om fossiele brandstoffen vrijwillig op te geven – misschien krijgen we daar niet eens de kans meer voor. De afgelopen jaren zijn steeds meer goed ingelichte mensen tot de conclusie gekomen dat de olieproductie dicht bij zijn maximum zit. Daarmee doemt het spookbeeld van een energiecrisis op die tot ongekende ellende zou leiden. Er zijn goede redenen om aan te nemen dat deze mensen wel eens gelijk kunnen hebben. Sinds het midden van de jaren '60 is het aantal vondsten van nieuwe oliereserves gestaag afgenomen. In 1980 kruisten de grafieklijnen van productie en vondsten elkaar, en sindsdien hebben we elk jaar meer aardolie verbruikt dan er ontdekt werd. Sommige analisten opperen dat de echte oliepiek zich nu al voordoet, of zelfs al achter ons kan liggen. Niemand die het met zekerheid kan zeggen, want de piek in de oliewinning is per definitie slechts achteraf te zien.

Dit komt deels door een simpel geologisch feit: aardolie is namelijk uiterst zeldzaam. Een olieveld ontstaat pas, als er aan een reeks van onwaarschijnlijke voorwaarden is voldaan. In de eerste plaats moet er zich een grote hoeveelheid koolstof ophopen op een anoxische zeebodem. Er dwarrelt voortdurend dood plankton en ander organisch materiaal naar beneden, maar veruit de meeste tijd wordt deze koolstof door bacteriën geconsumeerd en geoxideerd. Zoals we zagen bij de bespreking van het Krijt-tijdvak is een ernstig zuurstofgebrek in de oceaan zeldzaam en bovendien van voorbijgaande aard.

Ten tweede moet dit koolstofrijke sediment zich zo vormen en samenpakken, dat het water eruit wordt geperst terwijl het zelf toch doordringbaar blijft. Daarvoor moeten er genoeg poriën zijn waar de olie doorheen naar buiten kan lekken, waarna die zich verzamelt in een reservoir van poreuze steen daarboven.

Ten derde moet deze doordringbare laag afgesloten zijn door een ondoordringbare laag erboven (het 'afsluitingsgesteente'), dat als een soort deksel voorkomt dat de olie naar de oppervlakte lekt en verdwijnt. Ten vierde moet hij precies op de juiste diepte zijn begraven om door de geothermische warmte op de juiste temperatuur te worden 'gekookt'. Als de temperatuur te laag is gebeurt er niets, maar als ze te hoog is, wordt er gas in plaats van aardolie gevormd. En ten vijfde moet deze onwaarschijnlijke combinatie van omstandigheden tenslotte verpakt zitten in een zadelvormige 'anticlinaal' (een soort omgekeerde 'U'). Deze vangt de olie op in een holte onder het afsluitingsgesteente, zodat die niet kan ontsnappen, net als een luchtbel die onder het plafond van een ondergelopen grot gevangen zit. Alleen wanneer aan al die voorwaarden is voldaan, worden de oude planktonlijkjes waarschijnlijk miljoenen jaren later door ons ontdekt in de vorm van laagzwavelige ruwe aardolie.

Veruit het grootste veld ter wereld is de 'superolifant' Ghawar in Saudi-Arabië. Dat produceert een verbijsterende vijf miljoen vaten olie *per dag* en is daarmee goed voor de helft van de Saudische olieproductie. In Ghawar komen alle hiervoor beschreven onwaarschijnlijke gebeurtenissen naadloos samen in wat de American Association of Petroleum Geologists hijgerig een geologisch droomscenario noemt. Het brongesteente en het oliereservoir worden gevormd door rijke organische kleisteen en zeer goed doordringbare, korrelige kalksteen, en daar bovenop ligt een ondoordringbaar afsluitingsgesteente van steenzout dat het deksel er stevig op houdt. Het hele olieveld heeft de vorm van een omgekeerde 'U' en ligt precies op de juiste kookdiepte. "Dit is geologie volgens het boekje" zegt Abdulkader Afifi van Saudi Aramco. "Er zijn vijf voorwaarden voor de vorming van een grote hoeveelheid aardolie en die komen hier in een groot gebied op een prachtige manier samen."

Maar het kan best zijn dat Ghawar al over zijn top heen is – daar zeggen de Saudiërs niets over – en het is bekend dat men de hoge productie alleen maar handhaaft door grote hoeveelheden zeewater te injecteren om de resterende olie naar boven te duwen. Inmiddels hebben geologen de aardbol praktisch helemaal geïnspecteerd en de kans dat men in de speurtocht naar aardolie ergens een veld zoals Ghawar over het hoofd heeft gezien, lijkt dus te verwaarlozen. Nu de huidige voorraden worden opgebruikt zonder dat er nieuwe worden gevonden, lijkt het 'oliepiek'-gezelschap dus wel een punt te hebben.

De Britse klimaatactivist en voormalig geoloog Jeremy Leggett waarschuwt dat het negeren van de piek in de olieproductie tot een wereldwijde economische crisis zou kunnen leiden. Die zou gepaard kunnen gaan met een groeiend aantal militaire conflicten in het Midden-Oosten over de resterende oliereserves; conflicten waarvan de oorlog in Irak een voorproefje zou kunnen zijn. De energie-analist Richard Heinberg staat een strategie voor, die hij 'powerdown' noemt. Daarin zou de wereld zich bewust van zijn energieslurpende levensstijl moeten afkeren, om te voorkomen dat de boel instort op het moment dat de oliebronnen droog komen te staan.

Er is een verwarrende overlap tussen de vraagstukken over de oliepiek en de klimaatverandering. Je zou zeggen dat een dalende olietoevoer goed is voor de stabilisering van het klimaat. Die dwingt ons er immers toe om van fossiele brandstoffen af te stappen – iets wat we waarschijnlijk niet vrijwillig zullen doen. Bovendien maakt de hoge energieprijs mensen zuiniger in hun energieverbruik en daarmee neemt de uitstoot af. Hoge olieprijzen verbeteren ook de concurrentiepositie voor hernieuwbare energiebronnen, wat de investeringen in wind- en zonne-energie ten goede komt.

Maar aardolie is niet de enige fossiele brandstof. Steenkolen wekken nog altijd het grootste deel van de elektriciteit ter wereld op en dragen meer bij aan de uitstoot van broeikasgassen dan olie. En er is genoeg steenkool om de wereld nog een paar eeuwen vooruit te helpen, waarmee elk redelijk emissiequotum volledig aan flarden gaat. Steenkool is bovendien te verwerken tot synthetische brandstoffen, via een techniek waar de nazi's het eerst mee waren en die later door het apartheidsregime in Zuid-Afrika verder is ontwikkeld. Deze synthetische brandstoffen leveren in Zuid-Afrika nog steeds de helft van alle benzine en diesel, en door de hoge wereldolieprijzen begint synthetische brandstof uit steenkool ook elders concurrerend te worden. Omdat bij het vloeibaar maken van steenkool veel meer CO_2 vrijkomt dan bij de conventionele olieraffinage, zou de oliepiek in dit geval de opwarming van de aarde alleen maar erger maken.

Andere 'onconventionele' bronnen van olie zijn ook al zo vervuilend. Voor de extractie van olie uit teerzanden in de Canadese provincie Alberta zijn enorme hoeveelheden stoom en aardgas nodig. Daardoor is de verhouding tussen de geïnvesteerde energie en de gewonnen energie gevaarlijk laag en de emissie zelf gevaarlijk hoog. De wereldgasvoorraad houdt het langer vol dan olie, maar is ook niet onbeperkt. De schattingen over de 'gaspiek' lopen uiteen van tien tot tachtig jaar na nu. En tegen de tijd dat de conventionele gaswinning wereldwijd terugloopt, zijn de energiebedrijven hoogstwaarschijnlijk al begonnen om het methaanijs in de oceanische platen te exploiteren. Voor bedrijven als Exxon-Mobil en Texaco is dat een potentiële bron waar zij nu al flink warm voor lopen.

Het is een ingewikkeld plaatje, maar het ziet er niet naar uit dat de piek in de olieproductie de wereld voor verdere opwarming zal behoeden. Zelfs als de goedkope aardolie nu snel opraakt, is de wereld voorlopig nog lang niet door zijn koolwaterstoffen heen. Overvloed maakt niet gelukkig.

Wiggen slaan

In veel landen is een kribbige discussie ontstaan over welke energiebronnen het beste de fossiele brandstoffen kunnen vervangen. De meeste mensen verbinden zich daarbij snel aan de een of de andere oplossing. In de groene hoek heeft men over het algemeen de pest aan kernenergie en is men geneigd te kiezen voor hernieuwbare bronnen als zon en wind. Anderen hebben weer dezelfde weerzin tegen windturbines en zetten luidruchtige campagnes op tegen de ontwikkeling ervan. Sommigen kiezen beide zijden of geen enkele. In Cape Cod, Massachusetts, heeft een prominente milieuactivist als Robert F. Kennedy junior geprotesteerd tegen een groot windturbinepark op zee, ondanks de potentie voor schone energiewinning; volgens sommigen omdat dat zijn uitzicht zou bederven. De wetenschapper James Lovelock in Groot-Brittannië is tenminste consistent: hij fulmineert tegen windturbines maar is een gepassioneerd voorstander van nucleaire energie.

Als elke hoek zo zijn eigen wondermiddel voor het energieprobleem aanbiedt, krijgt het publiek onterecht de indruk dat we gewoon maar één van de aangeprezen oplossingen moeten kiezen om uit de problemen te komen. In werkelijkheid biedt alleen een combinatie van gedegen energiebesparing en een grote variëteit in nieuwe technologieën enige hoop op een uitweg uit deze crisis. Die ontnuchterende waarheid werd een paar jaar geleden heel goed geïllustreerd door Robert Socolow en Steve Pacala van de Princeton Universiteit in New Jersey. Hun idee was om elke technologie te beschouwen als een potentiële 'wig'. Al die 'wiggen' samen zouden het verschil moeten uitmaken tussen een oplopende en een stabiliserende emissietrend. Elke wig vertegenwoordigt een reductie van de jaarlijkse koolstofuitstoot met een miljard ton in het jaar 2055. Door het drijven van zeven van zulke wiggen zal de wereld het doel kunnen halen om in 2055 niet meer CO_2 uit te stoten dan nu. Socolow en Pacala drongen er op aan om vooral niet "betoverd te raken door de mogelijkheid van revolutionaire technologie" zoals kernfusie, kunstmatige fotosynthese, of de winning van zonne-energie in de ruimte. In plaats daarvan benadrukten ze dat "de mensheid de koolstof- en klimaatproblemen in de eerste helft van deze eeuw kan oplossen, door dat wat we al kunnen gewoonweg op te schalen".

Socolow en Pacala maken in hun werk volstrekt duidelijk dat er geen panacee is die in zijn eentje de mens van zijn koolstofverslaving afhelpt, terwijl we tegelijkertijd elk jaar meer energie blijven gebruiken. Eén wig kan worden geslagen door de efficiëntie van het hele mondiale wagenpark te verdubbelen, waardoor iedereen niet 1 op 11 maar 1 op 22 rijdt. Diezelfde verschuiving is echter ook te halen door per auto de helft minder te rijden. Hogere energie-efficiëntie in gebouwen en in de elektriciteitsopwekking kunnen ook elk een wig opleveren. Wanneer er aardgas in plaats van steenkool wordt gebruikt voor de opwekking van elektriciteit, levert een verviervoudiging van het aantal gasgestookte centrales eveneens een wig op. Als er in plaats van kolencentrales wereldwijd dan nog 700 kerncentrales van elk 1 gigawatt bijkomen, is dat ook weer een wig, net als de introductie van 'CO_2-afvang en -opslag' bij 800 kolencentrales met hetzelfde vermogen, waarbij CO_2 uit schoorstenen wordt opgevangen en naar ondergrondse geologische reservoirs wordt gepompt. Bedenk dat we alleen al om de emissie op het huidige niveau te *stabiliseren*, zeven van zulke wiggen nodig hebben.

De aanpak van Socolow en Pacala is vooral zo nuttig, omdat die laat zien hoe belangrijk de juiste schaal is. Vooral bij de hernieuwbare energiebronnen is die bepaald duizelingwekkend. Om een wig te krijgen met windenergie, zouden er 2 miljoen windturbines van 1 megawatt nodig zijn; vijftig maal zo veel als er nu zijn. Die turbines zouden 30 miljoen hectare beslaan – 3 procent van het totale landoppervlak van de Verenigde Staten. Een wig aan fotovoltaïsche zonne-energie zou 700 maal zoveel zonnepanelen vergen als nu, die samen 2 miljoen hectare land bestrijken, oftewel 3 vierkante meter per persoon. Windenergie zou water kunnen elektrolyseren en daarmee schone waterstof produceren voor auto's die op brandstofcellen rijden. Maar daarvoor zijn dan wel weer 4 miljoen windturbines van een 1 megawatt nodig, die benzine en diesel ter waarde van een wig vervangen. Een gigantisch herbebossingsprogramma, in combinatie met de stopzetting van de kaalkap van het tropisch regenwoud, zou ook nog een wig aan dalende koolstofemissie kunnen opleveren.

Elk van deze benaderingen heeft natuurlijk zo zijn voor- en nadelen. Windturbines doden vogels, hoewel dat effect te beperken is door ze slim te plaatsen, ver weg van trekroutes en van gebieden waar roofvogels zoals adelaars hun territorium hebben. Tegenstanders overdrijven ook nogal eens. Een onderzoek geeft aan dat er in de hele Verenigde Staten jaarlijks 40.000 vogels in de wieken van windturbines omkomen. Dat lijkt een hele hoop, totdat we er het aantal vogels naast leggen dat aan huiskatten ten prooi valt; volgens een schatting loopt dat momenteel in de honderden miljoenen. Daarom, als ze echt consequent zouden zijn, konden de anti-windmolendemonstranten vermoedelijk maar beter een geweer pakken om het kattenbestand in de buurt wat uit te dunnen. Windenergie is potentieel een enorme energiebron. In een onderzoek uit 2007 werd geopperd dat 166.000 windturbines van 5 megawatt elk op het continentale plat voor de oostkust van de Verenigde Staten die hele oostkust, van Massachusetts tot North Carolina, van elektriciteit zouden kunnen voorzien. Fossiele brandstoffen zouden niet alleen uit kolencentrales verbannen kunnen worden, maar ook uit gebouwen en voertuigen. Daarvoor zouden voertuigen met hybride-aandrijving of brandstofcellen, koude-warmte-opslag en andere elektrische vervangingstechnieken op grote schaal ingevoerd moeten worden. Bij elkaar opgeteld zou bijna 70 procent van de CO_2-uitstoot voorgoed uit te bannen zijn door die ene energiebron. Als we dat overal deden, zou de resulterende reductie ons een flink eind op weg brengen om het klimaat wereldwijd te stabiliseren. Het enige wat ontbreekt is politieke wil en investeringen.

Onder windturbines kunnen landbouw en visserij min of meer ongehinderd hun gang gaan. Land waar zonnepanelen op staan is echter eigenlijk nergens anders meer voor te gebruiken, hoewel ik me geen grote bezwaren kan voorstellen tegen zonnepanelen op daken. Er is wel geopperd om grote stukken woestijn vol te zetten met zonnepanelen (of zonnespiegels). Dat zou een goede manier zijn om het helderste zonlicht op te vangen zonder de broodnodige landbouwgrond op te geven. En des te meer als de opgewekte elektriciteit dan via gelijkstroomkabels met weinig verlies vervoerd kan worden naar landen die veel energie gebruiken. Zelfs al zouden zulke kolossale projecten realistisch op te zetten zijn, dan nog is het zo dat woestijnen ook ecosystemen zijn. Ze spelen een rol in de natuurlijke stabiliteit van de planeet, ook al zien ze er op het oog kaal en weinig gastvrij uit. Toch komt er zonder twijfel genoeg zonnestraling de dampkring binnen, om – samen met wind – de menselijke energiebehoefte ruimschoots te dekken.

Controversiëler dan die beide duurzame energiebronnen is kernenergie. Als energiebron genereert zij heel weinig koolstof en haar reputatie op het gebied van energieopwekking is bewezen. Daaromheen spelen echter ook de gevaren door dodelijke ongelukken en van de verspreiding van kernwapens. En dan is er het nog altijd niet opgeloste vraagstuk wat er met hoog-radioactief afval moet gebeuren.

De afvang en opslag van koolstof door vloeibaar CO_2 in diepe ondergrondse zoutwaterlagen of oude oliebronnen te pompen, is een nog onbewezen technologie. Daarbij zou er onverwacht CO_2 uit kapotte reservoirs kunnen lekken, hoewel het IPCC dat risico heel laag inschat.

Aan maatregelen om energie efficiënter te gebruiken kleven minder bezwaren. Toch kan een hogere efficiëntie in gebouwen en voertuigen ook verrassend genoeg tot een hoger totaalverbruik leiden, omdat energie daardoor goedkoper wordt dan ze anders zou zijn. Het blijft gewoon een open vraag in hoeverre grootschalige energiebesparende maatregelen werkelijk samengaan met een groeiende economie.

De meest eenvoudige en gunstige manier om de emissie te verlagen is wellicht door te stoppen met de vernietiging van het tropisch regenwoud. Hoewel ik in dit boek vooral de nadruk heb gelegd op uitstoot door de verbranding van fossiele brandstoffen, geven schattingen aan dat tot zo'n 20 procent van de menselijke broeikasgasemissie voortvloeit uit ontbossing in de tropen. Brazilië en Indonesië zijn twee van de landen met de hoogste koolstofuitstoot ter wereld en dat is niet omdat hun bevolking zo dol is op autorijden, maar omdat hun enorme bosgebieden steeds sneller met de grond gelijk worden gemaakt. Wanneer die mondiale *blitzkrieg* zou stoppen, zou dat in een eeuw net zoveel koolstof schelen als tien jaar lang stoppen met alle emissie door fossiele brandstoffen. Aangezien de regenwouden van levensbelang zijn voor de biodiversiteit en om koolstof af te vangen, levert het duidelijk een win-win-situatie op als we ze beschermen. 'Vermeden ontbossing' werd uitgesloten in de eerste ronde van het Kyoto Protocol, zowel omdat de betrokken landen vreesden voor hun soevereiniteit, als uit twijfel over hoe het effect te berekenen zou zijn. Dat zou echter kunnen veranderen in de tweede ronde die in 2012 moet beginnen. Het enige probleem is geld. Het hout dat in deze bomen zit opgeslagen vertegenwoordigt een hoge waarde, terwijl de koolstof daarin momenteel een waarde van nul heeft. Als wij in de rijke landen willen dat armere landen ophouden met hun bossen om te hakken, zullen we hen daarvoor moeten betalen.

Gesteld dat het voorkomen van ontbossing de beste keus voor een wig zou zijn, dan is de keus voor biobrandstoffen misschien wel de slechtste. Nu al wordt er in de Verenigde Staten ethanol uit maïs bijgemengd in de benzine, ogenschijnlijk om de CO_2-uitstoot te verminderen. In werkelijkheid heeft dat echter meer te maken met subsidies aan de politiek invloedrijke boerenlobby. Het is bovendien verre van duidelijk of er ook maar enige koolstof mee wordt bespaard, gezien de hoeveelheden fossiele brandstof die er in vrachtwagens, tractoren en fabrieken wordt verbruikt voor de productie, de verwerking en het transport van de maïs. Sommige groene enthousiastelingen laten hun auto nu al op gebruikt frituurvet rijden en zijn grote voorstanders van biobrandstoffen. Maar ook hier is de schaal weer van doorslaggevend belang. Niemand kan er bezwaar tegen hebben wanneer gebruikte plantaardige olie uit restaurants als grondstof voor biobrandstof dient. Maar het is een bron die nooit meer dan een paar honderdste van een procent van de behoefte van het nationale wagenpark zal kunnen dekken.

Andere voorstanders van biobrandstof wijzen erop dat uit de cellulose in afvalstro en houtsnippers ethanol te maken is, misschien ook met behulp van genetisch aangepaste enzymen. Die route lijkt in termen van het vervangen van koolstof veel meer te beloven, omdat ethanol zo veel efficiënter te produceren is dan uit voedselgewassen. Maar de technieken zijn nog volop in ontwikkeling en het zal nog jaren duren voordat die zodanig zijn opgeschaald dat zij ook maar enig effect op de uitstoot hebben. Bovendien zijn er nog meer bezwaren. Als stro niet wordt ondergeploegd, raakt het land biomassa kwijt. Daardoor daalt het humusgehalte van de bodem en dus ook de voedingswaarde voor planten. En als het gebruik van houtafval ertoe leidt dat er op bestaande 'marginale gronden' steeds meer hakhoutplantages komen, blijft er nog minder natuur over waar wilde soorten zich aan kunnen vastklampen. De destructieve honger van de mens naar voedsel zal steeds meer vergroeien met een destructieve honger naar energie.

Laten we het vraagstuk van de biodiversiteit even terzijde schuiven en ons concentreren op de bestaande productietechnieken. Om volgens de analyse van Socolow en Pacala een wig met ethanol te slaan, zouden er 250 miljoen hectare maïs- of suikerrietplantages nodig zijn. Dat is een oppervlakte die gelijk is aan een zesde deel van het huidige wereldareaal aan landbouwgrond. Aangezien de wereldvoedselvoorraden door de bevolkingsgroei en optredende droogtes nu al op een historisch dieptepunt zitten, grenst het aan waanzin om meer van onze beste landbouwgrond op te offeren om brandstof voor auto's te verbouwen. Het lijkt ook immoreel. Mensen die auto's hebben, behoren per definitie tot de rijke elite van de wereld. Het gebruik van voedingsgewassen ter vervanging van benzine zou schaarste creëren en de prijzen op de wereldvoedselmarkt opdrijven, waardoor de armsten zullen verhongeren. De waarheid is simpel: je kunt het land gebruiken om auto's te voeden, of om mensen te voeden, maar niet allebei.

Een vraag die daarmee samenhangt komt op bij de doelstelling van de Europese Unie, om in 2010 alle voertuigen voor 5 procent op biobrandstoffen te laten rijden. Veel daarvan zal van biodiesel komen en een belangrijke grondstof daarvoor is palmolie uit plantages in Indonesië en Maleisië. Nu waren die plantages deels verantwoordelijk voor de desastreuze kaalslag in het snel verdwijnende natuurlijke tropisch regenwoud. Daarmee werd de habitat van zeldzame soorten als de orang-oetan vernietigd en kwam er weer extra koolstof vrij doordat daarbij hout en het onderliggende veen werden verbrand. Zoals gezegd vormden die Aziatische bosbranden na het gebruik van fossiele brandstoffen de grootste oorzaak van broeikasgasemissie. Tijdens de droogte van 1997-98 kwam er naar schatting twee miljard ton koolstof uit de brandende Zuidoost-Aziatische wouden vrij. Sommige van die branden ontstonden vanzelf, maar daarnaast werden ze ook veelvuldig door plantage-eigenaren veroorzaakt, die het oerbos in brand staken om het te rooien. Vandaar dat er weinig voorstellingsvermogen voor nodig is om in te zien, waarom 'ontbossingsdiesel' vrijwel zeker een grotere impact op de temperatuurstijging heeft dan zijn conventionele equivalent van minerale oorsprong. Sommige schattingen geven aan dat biodiesel van palmolie wel eens tien keer zo veel koolstof op zou kunnen leveren als fossiele brandstoffen.

Een onderzoek van februari 2008 drukt deze absurd schadelijke praktijk uit in harde cijfers. In een artikel in *Science* concludeert Joseph Fargione met zijn collega-auteurs dat "het ontginnen van regenwoud, savannes, of weideland ten behoeve van biobrandstof op basis van gewassen... een 'biobrandstof-koolstofschuld' schept doordat 17 tot 420 zoveel CO_2 wordt vrijgemaakt dan de jaarlijkse broeikasgasbesparingen van deze biobrandstoffen doordat ze fossiele brandstoffen vervangen." De studie concludeert dat de enige situatie waarin biobrandstoffen mogelijk nuttig effect hebben, zou zijn als meerjarige planten worden geoogst van arme of verlaten landbouwgronden.

Als we biobrandstoffen en kernenergie vanwege hun onmiskenbare nadelen even helemaal uit de toekomstige energieportefeuille weglaten, kunnen we op andere manieren toch nog aan onze zeven wiggen komen. We moeten de afstand die mensen jaarlijks rijden halveren en de brandstofefficiëntie per gereden kilometer verdubbelen. We moeten de energie-efficiëntie van gebouwen en van krachtcentrales die op fossiele brandstoffen draaien, dramatisch verhogen. We moeten om elektriciteit op te wekken 2 miljoen windturbines van 1 megawatt bouwen en 2 miljoen hectare land met zonnepanelen bedekken. We moeten stoppen met de vernietiging van het tropisch regenwoud en we moeten elders het bosareaal gigantisch vergroten. En we moeten ook een moeilijke keuze maken tussen het ondergronds injecteren van miljarden tonnen kooldioxide en het investeren in 1.400 nieuwe elektriciteitscentrales op gas.

Als we dat allemaal doen, is er hoop op een stabilisatie van de uitstoot in 2055 op het huidige niveau en het doorbreken van de huidige trend van voortdurend toenemende groei. Maar zelfs dan blijven we nog met een probleem zitten. Zoals ik al zei, als we binnen de veilige grenzen van de twee graden willen blijven, is het bij lange na niet genoeg om de uitstoot over vijftig jaar gewoon maar te stabiliseren op het huidige niveau. We moeten de uitstoot *terugdringen* en wel binnen de komende tien jaar. Socolow en Pacala schatten dat hun zeven wiggen de wereld op een 500 ppm-traject zouden brengen. Dat is 100 ppm méér dan wat er volgens mij nodig is om het klimaat wereldwijd te stabiliseren onder de twee graden opwarming. Een concentratie van 500 ppm zou de aardbol waarschijnlijk zelfs tussen de drie en vier graden opwarmen. En wellicht zouden we daarmee dan zowel het omslagpunt van de koolstofcyclus, als dat van het Siberische methaan bereiken.

Om echter binnen de 400 ppm-doelstelling te blijven, moeten we nog eens vier of vijf wiggen extra in de emissiegrafiek drijven. Dat is niet onmogelijk; we kunnen het aantal windturbines verdubbelen en het aantal auto's op de weg nog verder terugbrengen. We kunnen onze energiebehoefte beperken door een minder consumptieve levensstijl aan te houden en ons gedrag meer te baseren op lokale hulpbronnen. Zoals Socolow en Pacala benadrukken, hebben we de technologie en de sociale know-how al om deze overgang door te voeren. Maar daarmee is de politieke vraag nog niet beantwoord: is het mogelijk om een maatschappelijke ommekeer teweeg te brengen? Gaat het lukken om mensen enthousiast samen te laten werken aan de twee-gradendoelstelling, in plaats van dat ze het hele vraagstuk negeren of hun eigen schadelijke gedrag rechtvaardigen? Economische en sociale krachten werken nu nog in de tegenovergestelde richting. Jonge kinderen schuwen de consumptiemaatschappij bijvoorbeeld allerminst en moeten de nieuwste modesnufjes hebben om op het schoolplein niet voor gek te staan. Hun ouders sparen voor het nieuwste model jeep of SUV-terreinwagen om hun status en koopkracht aan de buren te demonstreren. In televisieprogramma's staat snelheid gelijk aan mannelijkheid en autorijden aan vrijheid, en die culturele boodschap wordt er meedogenloos ingewreven door advertenties in de bioscoop en op reclameborden. Hiphop-artiesten versterken die waarden ook nog eens door over hun dure auto's te rappen en video's te maken met schaars geklede modellen die sexy om hen heen dansen.

Het lijkt me duidelijk dat alternatievelingen met baarden kunnen roepen en tieren wat ze willen, maar dat de meerderheid van de bevolking zich niet door hen zal laten overtuigen dat de tredmolen van de consumptie niet de snelste weg naar geluk en gezondheid is. De meeste mensen uit mijn buurt doen hun boodschappen nog steeds in de supermarkt, ook al moeten ze er in de auto naartoe en beroven ze al doende de buurtwinkeliers van hun broodwinning. Nog altijd overheerst er een verouderd beeld dat een levensstijl met weinig koolstofuitstoot een zware persoonlijke beproeving is en enorme opoffering vereist. Niets is volgens mij minder waar. Alles wijst erop dat mensen die niet autorijden, niet vliegen, hun boodschappen in de buurt doen, hun eigen voedsel verbouwen en andere mensen in hun omgeving leren kennen, een veel hogere levenskwaliteit hebben dan landgenoten die verslaafd blijven aan een levensstijl die met een hoog verbruik van fossiele brandstoffen gepaard gaat.

Tijdens de voedselrantsoenering in de Tweede Wereldoorlog waren de mensen in Groot-Brittannië gezonder en beter af. Net zo goed zou het voor de meesten van ons een veel hogere levenskwaliteit opleveren als de overheid een vorm van 'koolstofrantsoenering' zou invoeren. Zo'n systeem hoeft technisch gezien niet complex te zijn of moeilijk te introduceren. Mensen zouden koolstof eenvoudig als parallelle, virtuele valuta kunnen verhandelen. Bij de benzinepomp pin je dan met je koolstofpas en als je een vlucht boekt of je elektriciteitsrekening betaalt, schrijf je de vereiste hoeveelheid eenheden van je koolstofrantsoen af. Hoewel koolstofeenheden verhandelbaar moeten zijn om het allemaal flexibel te houden, zou het opzichtige koolstofverbruik door beroemdheden grotendeels van het toneel verdwijnen. In plaats daarvan zou de maatschappelijke druk de andere kant op komen te liggen; mensen zouden er plezier in hebben om het anders te doen, in de wetenschap dat iedereen dat doet. En omdat het verkeer steeds minder gevaarlijk zou worden, zouden kinderen weer op straat kunnen voetballen.

Door ons koolstofverbruik te beperken via rantsoenering, zouden we al gauw beseffen dat we een nieuw soort samenleving opbouwen; één die de kwaliteit van leven meer benadrukt dan de kille statistieken van economische groei en ongebreidelde consumptie. Ik heb geen groots plan over hoe deze maatschappij eruit zou zien en wil ook niet doen alsof dat een soort Utopia zou zijn. Het leven zou doorgaan, met al zijn voor- en tegenspoed. En dat is nou precies het punt. Als we de koolstof niet aan banden leggen, gaat het leven voor het allergrootste deel helemaal niet door.

Het lijkt me dat er in deze koolstofarme maatschappij nog een besef bestaat dat onze planeet een uniek geschenk is, misschien wel de enige in zijn soort in het hele universum, en dat het een ongelofelijk voorrecht is om hier te zijn geboren. Het zou een samenleving zijn, die terugkijkt op het zesgraden-nachtmerriescenario als precies dat: een nachtmerrie, en wel één waaruit we als mensheid wakker werden en die we wisten te voorkomen voordat het te laat was. Meer dan wat dan ook, zou het een samenleving zijn, die in leven bleef en voorspoed kende. Onze glorieuze nalatenschap van ijskappen, regenwouden en bloeiende beschavingen zou tot ver in de toekomst aan talloze generaties worden doorgegeven.

Noten

Inleiding

16 **zes graden kouder:** Schneider von Deimling, T., et al., 2006: 'How cold was the Last Glacial Maximum?', *Geophysical Research Letters*, 33, 14, L14709. De onderzoekers concluderen dat de temperatuur wereldwijd gemiddeld 5.8°C ± 1.4°C lager lag dan in het pre-industriële klimaat (i.e. 0.8°C kouder dan het huidge), wat aanzienlijk lager is dan schattingen op basis van eerdere modellen.
16 **wereldbevolking klapte in elkaar:** Burroughs, W., 2005: *Climate Change in Prehistory: The End of the Reign of Chaos*, Cambridge University Press, p. 139

Eén graad

23 **stronken dateren uit de middeleeuwen:** Stine, S., 1994: 'Extreme and persistent drought in California and Patagonia during mediaeval time', *Nature*, 369, 546–9
24 **dezelfde twee periodes:** Stine, S., 1994: idem
24 **kurkdroog:** Swetnam, T., 1993: 'Fire history and climate change in giant sequoia groves', *Science*, 262, 885–9
25 **intense droogteperiodes:** Laird, K., et al., 1996: 'Greater drought intensity and frequency before AD 1200 in the Northern Great Plains, USA', *Nature*, 384, 552–4
25 **modderstromen:** Meyer, G. en Pierce, J., 2003: 'Climatic controls on fire-induced sediment pulses in Yellowstone National Park and central Idaho: a long-term perspective', *Forest Ecology and Management*, 178, 1–2, 89–104
26 **gewelddadige conflicten:** Diamond, J., 2005: *Collapse: How Societies Choose to Fail or Survive*, Allen Lane (in het Nederlands verschenen als *Ondergang*, Uitgeverij het Spectrum, 2006)
26 **opwarmden en weer afkoelden:** Jones, P. en Mann, M., 2004: 'climate over past millennia', *reviews of geophysics*, 42, RG2002

26 **middeleeuwse stromingen:** Meko, D., et al., 2007: 'Medieval drought in the upper Colorado River Basin', *Geophysical Research Letters*, 34, L10705

28 **droogte... tientallen jaren:** Mangan, J., et al., 2004: 'Response of Nebraska Sand Hills natural vegetation to drought, fire, grazing, and plant functional type shifts as simulated by the century model', *Climatic Change*, 63, 49–90

31 **Ook... koelde het af:** Committee on Abrupt Climate Change, 2002: *Abrupt Climate Change: Inevitable Surprises*, chapter 2 – Evidence of Abrupt Climate Change

31 **enorme golf water:** Burroughs, W., 2005: *Climate Change in Prehistory: The End of the Reign of Chaos*, Cambridge University Press, p. 61

32 **circulatie... afgenomen:** Bryden, H., et al., 2005: 'Slowing of the Atlantic meridional overturning circulation at 25°N', *Nature*, 438, 655–7

33 **winters... van '62-'63:** 'Great weather events: the winter of 1962/63', UK Met Office, http://www.metoffice.com/corporate/pressoffice/anniversary/winter1962-63.html

33 **halvering... warme stroming:** Jacob, D., et al., 2005: 'Slowdown of the thermohaline circulation causes enhanced maritime climate influence and snow cover over Europe', *Geophysical Research Letters*, 32, L21711

33 **natuurlijke veranderlijkheid:** Kerr, R., 2006: 'False alarm: Atlantic conveyor belt hasn't slowed down after all', *Science*, 314, 1064

34 **"zal blijven stijgen":** Climate Change 2007: The Physical Science Basis. Contribution of Working Group I to the Fourth Assessment Report of the Intergovernmental Panel on Climate Change – chapter 10: Global Climate Projections, Executive Summary

36 **kampeerden Thompson:** Krajik, K., 2002: 'Ice man: Lonnie Thompson scales the peaks for science', *Science*, 298, 518–22

36 **ijs... al gesmolten was:** Thompson, L., et al., 2002: 'Kilimanjaro ice core records: Evidence of Holocene climate change in tropical Africa', *Science*, 298, 589–93

37 **"het ijs... verdwenen":** 2001: 'Deciphering the ice', CNN, http://edition.cnn.com/SPECIALS/2001/americasbest/science.medicine/pro.lthompson.html

38 **ijs... in de Ruwenzori... teruggetrokken:** Taylor, R. G., et al., 2006: 'Recent glacial recession in the Rwenzori Mountains of East Africa due to rising air temperature', *Geophysical Research Letters*, 33, 10, L10402

39 **15 miljoen kuub:** Agrawala, S., et al., 2003: 'Development and climate change in Tanzania: Focus on Mount Kilimanjaro', OECD Environment Directorate, 67 pp

41 **Rotsschilderingen… uit de jonge steentijd:** Brooks, N., et al., undated: 'The prehistory of Western Sahara in a regional context', http://www.uea.ac.uk/sahara/publications/nb_west_abs.pdf
41 **pijlpunten en vuurstenen messen:** Kindermann, K., et al., 2006: 'Palaeoenvironment and Holocene land use of Djara, Western Desert of Egypt', *Quaternary Science Reviews*, 25, 13–14, 1619–1637
41 **vishaakjes van vuursteen:** Fezzan Project – Archaeology, http://www.cru.uea.ac.uk/%7Ee118/Fezzan/fezzan_archaeol.html
41 **hele rivierbeddingen begraven:** NASA Earth Observatory Newsroom, http://earthobservatory.nasa.gov/Newsroom/NewImages/ images.php3?img_id=16963
41 **de rand van de woestijn… terugtrok:** Gasse, F., 2002: 'Diatom-inferred salinity and carbonate oxygen isotopes in Holocene waterbodies of the western Sahara and Sahel (Africa)', *Quaternary Science Reviews*, 21, 737–67
42 **het grootste zoetwaterbekken:** Leblanc, M., et al., 2006: 'Reconstruction of Megalake Chad using Shuttle Radar Topographic Mission data', *Palaeogeography, Palaeoclimatology, Palaeoecology*, 239, 1–2, 16–27
42 **het warme, ondiepe water:** Schuster, M., et al., 2005: 'Holocene Lake Mega-Chad palaeoshorelines from space', *Quaternary Science Reviews*, 24, 1821–7
42 **eroderende kracht:** Leblanc, M., et al., 2006: 'Reconstruction of Megalake Chad using Shuttle Radar Topographic Mission data', *Palaeogeography, Palaeoclimatology, Palaeoecology*, 239, 1–2, 16–27
42 **een moesson veroorzaakte:** Claussen, M., et al., 1999: 'Simulation of an abrupt change in Saharan vegetation in the mid-Holocene', *Geophysical Research Letters*, 26, 14, 2037–40
43 **langdurige droogtes:** Kindermann, K., et al., 2006: 'Palaeoenvironment and Holocene land use of Djara, Western Desert of Egypt', *Quaternary Science Reviews*, 25, 13–14, 1619–1637
43 **natter zal gaan worden:** Hoerling, M., et al., 2005: 'Detection and attribution of 20th century northern and southern African monsoon change', *Journal of Climate*, 19, 16, 3989–4008
44 **zwaardere regenval:** Paeth, H. en Hense, A., 2004: 'SST versus climate change signals in West African rainfall: 20th century variations and future projections', *Climatic Change*, 65
44 **zelfs nog drogere omstandigheden:** Held, I., et al., 2005: 'Simulation of Sahel drought in the 20th and 21st centuries', *Proceedings of the National Academy of Sciences*, 102, 50, 17891–6

45 **een van de meest omvattende analyses:** Burke, E.J., Brown, S.J. en Christidis, N., 2006: Modeling the recent evolution of global drought and projections for the 21st century with the Hadley Centre climate model. *J. Hydrometerol*, 7, 1,113–1, 125
46 **de temperatuur in Groenland:** Climate Change 2007: The Physical Science Basis. Contribution of Working Group 1 to the Fourth Assessment Report of the Intergovernmental Panel on Climate Change – chapter 6: Palaeoclimate, section 6.4.2
47 **zo warm... als nu:** Climate Change 2007: Idem – chapter 6: Palaeoclimate, section 6.6.1
47 **minder dan een graad:** Hansen, J., et al., 2006: 'Global temperature change', *Proceedings of the National Academy of Sciences*, 103, 39, 14288–93
47 **2 tot 3°C gestegen:** Arctic Climate Impact Assessment, 2004: *Impacts of a Warming Arctic*, Cambridge University Press
47 **plotseling zijn gaan ontdooien:** Torre Jorgenson, M., et al., 2006: 'Abrupt increase in permafrost degradation in Arctic Alaska', *Geophysical Research Letters*, 33, L02503
48 **kleiner geworden of... verdwenen:** Riordan, B., et al., 2006: 'Shrinking ponds in subarctic Alaska based on 1950–2002 remotely sensed images', *Journal of Geophysical Research*, 111, G04002
48 **in brand vliegt:** Smol, J. en Douglas, M., 2007: 'Crossing the final ecological threshold in high Arctic ponds', *Proceedings of the National Academy of Sciences*, 104, 30, 12395–7
48 **zeewaterpeil wereldwijd:** Arendt, A., et al., 2002: 'Rapid wastage of Alaska glaciers and their contribution to rising sea level', *Science*, 297, 382–6
48 **400 km^3 kleiner:** Hinzman, L., et al., 2005: 'Evidence and implications of recent climate change in Northern Alaska and other Arctic regions', *Climatic Change*, 72, 251–98
48 **verdween:** Serreze, M., Holland, M. en Stroeve, J., 2007: 'Perspectives on the Arctic's shrinking sea-ice cover', *Science*, 315, 1533–6
48 **zee-ijs in oppervlakte:** Comiso, J., 2006: 'Abrupt decline in the Arctic winter sea ice cover', *Geophysical Research Letters*, 33, L18504
49 **zo goed als ijsvrij:** Holland, M., Bitz, C. en Tremblay, B., 2007: 'Future abrupt reductions in the summer Arctic sea ice', *Geophysical Research Letters*, 33, L23503
50 **"een kans... om... te voorkomen":** Hansen, J., et al., 2007: 'Climate change and trace gases', *Philosophical Transactions of the Royal Society A*, 365, 1925–54

50 **terugloop van het ijsdek:** Gevonden op http://arctic.atmos.uiuc.edu/cryosphere/, for 9 August 2007. Zie verder http://nsidc.org/arcticseaicenews/ voor een dagelijke update (geraadpleegd op 1 september 2008).

50 **omslagpunt:** Foley, J., 2005: 'Tipping points in the tundra', *Science*, 310, 627–8

51 **smaller zijn geworden:** Fu, Q., et al., 2006: 'Enhanced mid-latitude tropospheric warming in satellite measurements', *Science*, 312, 1179

51 **"buiten het kader":** Quoted in Foley, J., 2005: 'Tipping points in the tundra', *Science*, 310, 627–8

53 **zomer van 2003:** Schiermeier, Q., 2003: 'Alpine thaw breaks ice over permafrost's role', *Nature*, 424, 712

54 **wetenschappelijk artikel:** Gruber, S., Hoezle, M. en Haeberli,W., 2004: 'Permafrost thaw and destabilisation of Alpine rock walls in the hot summer of 2003', *Geophysical Research Letters*, 31, L13504

55 **Wet Tropics:** Algemene informatie op http://www.wettropics. gov.au/pa/pa_default.html en volgende pagina's

56 **boven bepaalde hoogtes:** 2002: 'The future of life in the rainforest canopy', Earthbeat, Radio National, http://www.abc.net.au/rn/science/earth/stories/s601197.htm

57 **"milieuramp":** Williams, S., et al., 2003: 'Climate change in Australian tropical rainforests: an impending environmental catastrophe', *Proceedings of the Royal Society of London B*, 270, 1887–92

57 **hooglandregenwoud:** Hilbert, D., et al., 2001: 'Sensitivity of tropical forests to climate change in the humid tropics of North Queensland', *Austral Ecology*, 26, 590–603

59 **de afgelopen millennia:** Hoegh-Guldberg, O., pers. mededeling

59 **60 tot 95 procent:** 2003: 'Securing Australia's Great Barrier Reef', WWF Australia, http://www.wwf.org.au/News_and_information/Publications/PDF/Policies_position/securing_australias_great_barrier_reef.pdf

60 **in 1999... artikel... mijlpaal:** Hoegh-Guldberg, O., 1999: 'Climate change, coral bleaching and the future of the world's coral reefs', *Marine and Freshwater Research*, 50, 839–66

61 **die beter tegen warmte kan:** Baker, A., et al., 2004: 'Corals' adaptive response to climate change', *Nature*, 430, 741

62 **ernstige verbleking:** Donner, S., et al., 2005: 'Global assessment of coral bleaching and required rates of adaptation under climate change', *Global Change Biology*, 11, 2251–65

62 **om het jaar:** Donner, S., Knutson, T. en Oppenheimer, M., 2007: 'Model-based assessment of the role of human-induced climate change in

the 2005 Caribbean coral bleaching event', *Proceedings of the National Academy of Sciences*, 104, 13, 5483–8

62 **verblekingsoverzicht:** voor het NOAA coral bleaching prediction system zie: www.noaa.gov.

63 **eenderde van al het leven:** Stone, R., 2007: 'A world without corals?', *Science*, 316, 678–81

63 **de organismen die ze bouwen:** Carpenter, K. et al., 2008: One-Third of reef-building corals face elevated extinction risk from climate change and local impacts, *Science,* 25 juli 2008 321: 560–563

63 **Cape Floristic Region:** Zie Conservation International's outline on Biodiversity Hotspots, available at http://www.biodiversityhotspots.org/xp/Hotspots/cape_floristic/biodiversity.xml

64 **verwoestende uitwerking:** Bomhard, B., et al., 2005: 'Potential impacts of future land use and climate change on the Red List status of the Proteaceae in the Cape Floristic region, South Africa', *Global Change Biology*, 11, 1452–68

64 **fluithazen:** Zie de informatie van het WNF over bedreigde diersoorten: fluithazen *(pika)* op http://www.panda.org/about_wwf/what_we_do/climate_change/problems/impacts/species/pikas/index.cfm

65 **Monteverde Cloud Forest:** "Het Monteverde Cloud Forest-reservaat is nog wel groen genoeg om zijn naam te billijken, maar begint op een kroon te lijken die zijn mooiste en zijn meest fonkelende juwelen is kwijtgeraakt", zo schrijft Tim Flannery. Ik ben hem dankbaar voor zijn uitgebreide citaten uit het werk van Marty Crump. Zie: Flannery, T., 2005: *The Weather Makers*, Allen Lane, hoofdstuk 12 (in het Nederlands verschenen als *De weermakers*, Amstel Uitgevers/Olympus Pockets, 2006)

66 **boomkikkers:** Pounds, A., et al., 2006: 'Widespread amphibian extinctions from epidemic disease driven by global warming', *Nature*, 439, 161–7

66 **centrale rol:** 'Global warming and amphibian losses', drie artikelen die zijn gepubliceerd in *Nature*, 447, 31 May 2007, E3–E6

67 **de orkaan Wilma:** De luchtdruk in het hart van de orkaan Wilma zakte op 19 oktober 2005 tot 882 mb, terwijl de windsnelheid omhoogging tot 280 km per uur. Zie een verslag op http://www.nhc.noaa.gov/archive/2005/tws/MIATWSAT_oct.shtml

69 **Catarina forensisch fileerden:** Bernardes Pezza, A. en Simmonds, I., 2005: 'The first South Atlantic hurricane: Unprecedented blocking, low shear and climate change', *Geophysical Research Letters*, 32, L15712

70 **symmetrisch oog:** Gaertner, M., et al., 2007: 'Tropical cyclones over the Mediterranean Sea in climate change simulations', *Geophysical Research Letters*, 34, L14711

71 **Kerry Emanuel:** Emanuel, K, 2005: Increasing destructiveness of tropical cyclones over the past 30 years, *Nature*, 436 686–688; **academische discussie:** Zie bijvoorbeeld de reactie van William Gray die hij aan *Nature* aanbood: http://tropical.atmos.colostate.edu/Includes/Documents/Responses/emanuel_comments.pdf
71 **tweede publicatie:** Webster, P., et al., 2005: 'Changes in tropical cyclone number, duration and intensity in a warming environment', *Science*, 309, 1844–6
72 **meer dan de helft:** Trenberth, K. en Shea, D., 2006: 'Atlantic hurricanes and natural variability in 2005', *Geophysical Research Letters*, 33, L12704
73 **uit elkaar beginnen te vallen:** Arenstam Gibbons, S. en Nicholls, R., 2006: 'Island abandonment and sea level rise: An historical analog from the Chesapeake Bay, USA', *Global Environmental Change*, 16, 1, 40–47

Twee graden

75 **Chinese wetenschappers:** Chen, F., et al., 2003: 'Stable East Asian monsoon climate during the Last Interglacial (Eemian) indicated by paleosol S1 in the western part of the Chinese Loess Plateau', *Global and Planetary Change*, 36, 171–9
76 **ongeveer 1°C hoger:** Hansen, J., et al., 2006: 'Global temperature change', *Proceedings of the National Academy of Sciences*, 103, 39, 14288–93
78 **alkaliniteit... terug te brengen:** Orr, J., et al., 2005: 'Anthropogenic ocean acidification over the twenty-first century and its impact on calcifying organisms', *Nature*, 437, 681–6
78 **belangrijk rapport:** The Royal Society, 2005: *Ocean acidification due to increasing atmospheric carbon dioxide*, Policy Document 12/05
78 **giftig:** Orr, J., et al., 2005: 'Anthropogenic ocean acidification over the twenty-first century and its impact on calcifying organisms', *Nature*, 437, 681–6
79 **uit elkaar begon te vallen:** Ruttimann, J., 2006: 'Sick seas', *Nature*, 442, 978–80
79/80 **zullen ze... oplossen:** Gazeau, F., et al., 2007: 'Impact of elevated CO2 on shellfish calcification', *Geophysical Research Letters*, 34, L07603
80 **"ongelooflijk risico":** Schiermeier, Q., 2004: 'Researchers seek to turn the tide on problem of acid seas', *Nature*, 430, 820
80 **terugval in... plankton:** Behrenfeld, M., et al., 2006: 'Climatedriven trends in contemporary ocean productivity', *Nature*, 444, 752–5

81 **Zwitserland:** Beniston, M. en Diaz, H., 2004: 'The 2003 heat wave as an example of summers in a greenhouse climate? Observations and climate model simulations for Basel, Switzerland', *Global and Planetary Change*, 44, 73–81
83 **bosbranden:** Schar, C. en Jendritzky, G., 2004: 'Hot news from summer 2003', *Nature*, 432, 559–60
83 **De snelheden... afsmolten:** World Meteorological Institute: see http://www.wmo.int/web/Press/Press702_en.doc
83 **smeltende permafrost:** Beniston, M. en Diaz, H., 2004: 'The 2003 heat wave as an example of summers in a greenhouse climate? Observations and climate model simulations for Basel, Switzerland', *Global and Planetary Change*, 44, 73–81
83 **buiten de statistieken:** Schar, C., et al., 2004: 'The role of increasing temperature variability in summer heatwaves', *Nature*, 427, 332–6
83 **de kans... verdubbeld:** Stott, P., Stone, D. en Allen, M., 2004: 'Human contribution to the European heatwave of 2003', *Nature*, 432, 610–14
83 **in heel Europa:** Della-Marta, P., et al., 2007: 'Doubled length of western European summer heat waves since 1880', *Journal of Geophysical Research (Atmospheres)*, 112, D15103
84 **warmer dan die van 2003:** Stott, P., Stone, D. en Allen, M., 2004: 'Human contribution to the European heatwave of 2003', *Nature*, 432, 610–14
84 **de plantengroei... was teruggelopen:** Ciais, Ph., et al., 2005: 'Europe wide reduction in primary productivity caused by the heat and drought in 2003', *Nature*, 437, 529–33
85 **Europese planten:** Ciais, Ph., et al., 2005: idem
85 **ophoopte in de atmosfeer:** Zeng, N. en Haifeng, Q., 2005: 'Impact of the 1998–2002 midlatitude drought and warming on terrestrial ecosystem and the global carbon cycle', *Geophysical Research Letters*, 32, L22709
86 **vanuit de ruimte zichtbaar:** NASA-beelden zijn te vinden op http://earthobservatory.nasa.gov/NaturalHazards/natural_hazards_v2.php3?img_id=11709
86 **steeds gewoner verschijnsel:** Giannakopolous, C., et al., 2005: 'Climate change impacts in the Mediterranean resulting from a 2°C global temperature rise', WWF, July 2005
89 **vele meters hoger:** Vezina, J., Jones, B. en Ford D., 1999: 'Sea-level highstands over the last 500,000 years; evidence from the Ironshore Formation on Grand Cayman, British West Indies', *Journal of Sedimentary Research*, 69, 2, 317–27

89 **5 tot 6 meter boven:** Tarasov, L. en Richard Peltier, W., 2003: 'Greenland glacial history, borehole constraints and Eemian extent', *Journal of Geophysical Research*, 108, B3, 2143; Overpeck, J., et al., 2006: 'Paleoclimatic evidence for future ice-sheet instability and rapid sea-level rise', *Science*, 311, 1747–50

89 **ongeveer 1°C hoger dan nu:** James Hansen schat het op ongeveer 1°C. Zie: Hansen, J., 2005: 'A slippery slope: How much global warming constitutes "dangerous anthropogenic interference"?', *Climatic Change*, 68, 269–79. Volgens E. Rohling, et al., was het verschil mondiaal 2°C. Zie: Rohling, E., et al., 2002: 'African monsoon variability during the previous interglacial maximum', *Earth and Planetary Science Letters*, 202, 61–75.

89 **bevat het veld genoeg ijs:** Oppenheimer, M. en Alley, R., 2004: 'The West Antarctic Ice Sheet and long term climate policy', *Climatic Change*, 64, 1–2, 1–10

89 **"dreigende rampspoed":** Mercer, J., 1978: 'West Antarctic ice sheet and CO_2 greenhouse effect: a threat of disaster', *Nature*, 271, 321–5

90 **ijsvrij:** Cuffey, K. en Marshall, S., 2000: 'Substantial contribution to sea-level rise during the last interglacial from the Greenland ice sheet', *Nature*, 404, 591–4

90 **ooit bossen groeiden:** Willerslev, E., et al., 2007: 'Ancient biomolecules from deep ice cores reveal a forested southern Greenland', *Science*, 317, 111–14

90 **tussen de 2 en de 5 meter:** Tarasov, L. en Richard Peltier, W., 2003: 'Greenland glacial history, borehole constraints and Eemian extent', *Journal of Geophysical Research*, 108, B3, 2143; Otto-Bliesner, B., et al., 2006: 'Simulating Arctic climate warmth and icefield retreat in the last interglaciation', *Science*, 311, 1751–3

91 **één man die er anders over dacht:** http:/www.sciam.com/media/pdf/hansen.pdf

91 **veel verder omhoog:** Hansen, J., 2005: 'A slippery slope: How much global warming constitutes "dangerous anthropogenic interference"?', *Climatic Change*, 68, 269–79

91 **tropische koraalriffen:** Webster, J., et al., 2004: 'Drowning of the –150 m reef off Hawaii: A casualty of global meltwater pulse 1A?', *Geology*, 32, 3, 249–52

92 **onder water kwamen te staan:** Kienast, M., et al., 2003: 'Synchroneity of meltwater pulse 1A and the Bolling warming: New evidence from the South China Sea', *Geology*, 31, 1, 67–70

92 **"explosief snel":** Hansen, J., 2005: 'A slippery slope: How much global warming constitutes "dangerous anthropogenic interference"?', *Climatic Change*, 68, 269–79
92 **2,7°C:** Gregory, J., Huybrechts, P. en Raper, S., 2004: 'Threatened loss of the Greenland ice sheet', *Nature*, 428, 616
92 **2,2 maal:** Chylek, P. en Lohmann, U., 2005: 'Ratio of the Greenland to global temperature change: Comparison to observations and climate modelling results', *Geophysical Research Letters*, 32, L14705
93 **6 cm per jaar:** Johannessen, O., et al., 2005: 'Recent ice-sheet growth in the interior of Greenland', *Science*, 310, 1013–16
93 **de stijgende zeespiegel... compenseren:** Bugnion, V. en Stone, P., 2002: 'Snowpack model estimates of the mass balance of the Greenland ice sheet and its changes over the twenty-first century', *Climate Dynamics*, 20, 87–106
94 **"slinken... als gekken":** Schiermeier, Q., 2004: 'A rising tide', *Nature*, 428, 114–15
94 **ijskap... dunner:** Parizek, B. en Alley, R., 2004: 'Implications of increased Greenland surface melt under global-warming scenarios: ice-sheet simulations', *Quaternary Science Reviews*, 23, 1013–27
94 IMAU **onderzoek:** van der Wal, R., et al., Large and Rapid Melt-Induced Velocity in the Ablation Zone of the Greenland Icesheet, *Science* 4 juli 2008 321: 111–113
94 **Jakobshavn Isbrae:** Joughin, I., et al., 2004: 'Large fluctuations in speed on Greenland's Jakobshavn Isbrae glacier', *Nature*, 432, 608–10
95 **het ijs sneller was gaan stromen:** Howat, I., et al., 2005: 'Rapid retreat and acceleration of Helheim Glacier, east Greenland', *Geophysical Research Letters*, 32, L22502
95 **Kangerdlugssuaq-gletsjer:** Luckman, A., et al., 2006: 'Rapid and synchronous ice-dynamic changes in East Greenland', *Geophysical Research Letters*, 33, L03503
96 **met dubbele snelheid:** Luckman, A., et al., 2006: idem
96 **niveau... wat normaler:** Howat, I., et al., 2007: 'Rapid changes in ice discharge from Greenland outlet glaciers', *Science*, 315, 1559–61
96 **"kwetsbaarder":** Truffer, M. en Fahnestock, M., 2007: 'Rethinking ice sheet time scales', *Science*, 315, 1508–10
96 **100 miljard ton:** Luthcke, S., et al., 2006: 'Recent Greenland ice mass loss by drainage system from satellite gravity observations', *Science*, 314, 1286–9
97 **"censuur":** oa. Revkin, A., 2006: 'Climate expert says NASA tried to silence him', *New York Times*, 29 januari 2006

97 **"gevaarlijk dicht bij":** Hansen, J., et al., 2007: 'Climate change and trace gases', *Philosophical Transactions of the Royal Society A*, 365, 1925–54
98 **'trigger mechanisms':** Hansen, J., et al., 2007: idem
98 **5 meter:** Hansen, J., 2007: 'Scientific reticence and sea level rise', *Environmental Research Letters*, April–June 2007, toegankelijk via http:// www.iop. org/EJ/article/1748- 9326/2/2/024002/erl7_2_024002.html
99 **3,3 millimeter per jaar:** Rahmstorf, S., et al., 2007: 'Recent climate observations compared to projections', *Science*, 316, 709
100 **nieuwe stormloop op de Noordpool:** Krauss, C., et al., 2005: 'As polar ice turns to water, dreams of treasure abound', *New York Times*, 10 oktober 2005
101 **"Dit is ons grondgebied"":** Solovyov, D., 2007: 'Russia explorers snub critics in North Pole row', Reuters, 8 augustus 2007
102 **ijsberen in Hudson Bay:** Stirling, I., et al., 1999: 'Long-term trends in the population ecology of polar bears in western Hudson Bay in relation to climate change', *Arctic*, 52, 294–306
102 **water ijsvrij:** Comiso, J., 2005: 'Impact studies of a 2°C global warming on the Arctic sea ice cover', in *2° Is Too Much! Evidence and Implications of Dangerous Climate Change in the Arctic*, WWF International Arctic Programme, januari 2005
103 **wanhopige walrussen:** Krauss, C., et al., 2005: 'Old ways of life are fading as the Arctic thaws', *New York Times*, 20 oktober 2005
103 **Op het land:** Arctic Climate Impact Assessment, 2004: *Impacts of a Warming Arctic*, Cambridge University Press – chapter 7: Arctic Tundra and Polar Desert Ecosystems
103 **zoetwatervissen:** Arctic Climate Impact Assessment, 2004: idem – chapter 8: Freshwater Ecosystems and Fisheries
103 **toendra vrijwel helemaal verdwijnt:** Kaplan, J., 2005: 'Climate change and Arctic vegetation', in *2° Is Too Much! Evidence and Implications of Dangerous Climate Change in the Arctic*, WWF International Arctic Programme, januari 2005
103 **De grens van de permafrost:** Arctic Climate Impact Assessment, 2004: *Impacts of a Warming Arctic*, Cambridge University Press – chapter 6: Cryosphere and Hydrology
103 **'arctische aanjager':** New, M., 2005: 'Arctic climate change with a 2°C global warming', in *2° Is Too Much! Evidence and Implications of Dangerous Climate Change in the Arctic*, WWF International Arctic Programme, januari 2005

104 **schiet hun vocabulaire tekort:** 2005: 'Inuit translators, elders meet to develop Inuktitut words for climate change', Canadian Press, 4 oktober 2005
104 ***uggianaqtuq*:** Cowen, R., 2005: 'In melting Arctic, warming is now', *Christian Science Monitor*, 18 oktober 2005
104 **"De inheemse bewoners":** Doyle, A., 2005: 'Arctic peoples urge UN aid to protect cultures', Reuters, 7 december 2005
105 **Rajendra Pachauri:** 'India unlikely to agree emissions caps post Kyoto', Webindia123, 24 november 2005, http://news.webindia123.com/news/showdetails.asp?id=171704&n_date=20051124&cat=India
106 **ging India Japan voorbij:** 2005: 'India takes a hard line on global warming', Reuters, 19 november 2005
106 **"Op geen enkele manier":** idem
106 **een daling van de landbouwproductie:** zonder datum: *Climate Change Impacts on Agriculture in India*, Keysheet 6, Defra
106 **bostypes:** zonder datum: *Climate Change Impacts on Forestry in India*, Keysheet 7, Defra
106 **aanzienlijke gevolgen voor de landbouwsector:** Kavi Kumar, K. en Parikh, J., 2001: 'Indian agriculture and climate sensitivity', *Global Environmental Change*, 11, 147–54
107 **intensivering van de moesson:** May, W., 2004: 'Simulation of the variability and extremes of daily rainfall during the Indian summer monsoon for present and future times in a global time-slice experiment', *Climate Dynamics*, 22, 183–204
107 **Bangladesh:** Agrawala, S., et al., 2003: 'Development and climate change in Bangladesh: Focus on coastal flooding and the Sundarbans', OECD Environment Directorate, 70pp
107 **heeft al wel invloed:** Goswami, B., et al., 2006: 'Increasing trend of extreme rain events over India in a warming environment', *Science*, 314, 1442–5
108 **Nepal:** Agrawala, S., et al., 2003: 'Development and climate change in Nepal: Focus on water resources and hydropower', OECD Environment Directorate, 64pp
109 **ijsvelden in de Andes:** Barnett, T., et al., 2005: 'Potential impacts of a warming climate on water availability in snow-dominated regions', *Nature*, 438, 303–9
110 **Rio Santa:** Kaser, G., et al., 2003: 'The impact of glaciers on the runoff and the reconstruction of mass balance history from hydrological data in the tropical Cordillera Blanca, Peru', *Journal of Hydrology*, 282, 1, 130–44

110 **bevloeid... akkergebieden:** Chevallier, P., et al., 2004: 'Climate change impact on the water resources from the mountains in Peru', paper presented to the OECD Global Forum on Sustainable Development: Development and Climate Change, Parijs, 11–12 november 2004
110 **afsmelting van de gletsjers... teruggelopen:** Juen, I., Kaser, G. en Georges, C., 2006: 'Modelling observed and future runoff from a glacierized tropical catchment (Cordillera Blanca, Peru)', *Global and Planetary Change*, 59, 1–4, 37–48
111 **Moche... en Chimu:** Dillehay, T., et al., 2004: 'Pre-industrial human and environment interactions in northern Peru during the late Holocene', *The Holocene*, 14, 2, 272–81
111 **met droogte te maken:** Dillehay, T., et al., 2004: idem
113 **(een onderzoek uit 2008):** Pepin, N. en Lundquist, J, 2008: Temperature trends at high elevations: Patterns across the globe, *Geophysical Research Letters*, vol. 35, L14701
113 **stijgt... nu al:** Bradley, R., et al., 2006: 'Threats to water supplies in the tropical Andes', *Science*, 312, 1755–6
113 **snel aan het slinken:** Dillehay, T., et al., 2004: idem
114 **opgeslagen in het sneeuwdek:** Mote, P., et al., 2005: 'Declining mountain snowpack in western North America', *Bulletin of the American Meteorological Society*, januari 2005
115 **"hagedissen en tumbleweeds":** Barbassa, J., 2005: 'An uncertain future for San Joaquin River', Associated Press, 17 september 2005
116 **voorspelde dat het sneeuwdek...:** Hayhoe, K., et al., 2004: 'Emissions pathways, climate change, and impacts on California', *Proceedings of the National Academy of Sciences*, 101, 34, 12422–7
116 **Oregon en Washington:** Ruby Leung, L., et al., 2004: 'Mid-century ensemble regional climate change scenarios for the western United States', *Climatic Change*, 62, 75–113
116 **Bergachtige gebieden:** Kim, J., 2005: 'A projection of the effects of the climate change induced by increased CO2 on extreme hydrologic events in the western US', *Climatic Change*, 68, 153–68
116 **stelsel van de Columbia-rivier:** Ruby Leung, L., et al., 2004: 'Mid-century ensemble regional climate change scenarios for the western United States', *Climatic Change*, 62, 75–113
118 **verdubbeling... te verwachten:** Southworth, J., et al., 2002: 'Sensitivity of winter wheat yields in the Midwestern United States to future changes in climate, climate variability and CO2 fertilisation', *Climate Research*, 22, 73–86

118 **Citrustelers:** Tubiello, F., et al., 2002: 'Effects of climate change on US crop production: simulation results using two different GCM scenarios. Part 1: wheat, potato, maize and citrus', *Climate Research*, 20, 259–70
118 **Groot-Brittannië:** zonder datum: *Climate Change and Agriculture in the United Kingdom*, MAFF, 65pp
118 **over heel Europa:** Maracchi, G., et al., 2005: 'Impacts of present and future climate variability on agriculture and forestry in the temperate regions: Europe', *Climatic Change*, 70, 117–35
119 **Midden- en Zuid-Amerika:** Jones, P. en Thornton, P., 2003: 'The potential impacts of climate change on maize production in Africa and Latin America in 2055', *Global Environmental Change*, 13, 51–9
119 **Mali:** Butt, T., et al., 2005: 'The economic and food security implications of climate change in Mali', *Climatic Change*, 68, 355–78
119 **Botswana:** Chipanshi, A., et al., 2003: 'Vulnerability assessment of the maize and sorghum crops to climate change in Botswana', *Climatic Change*, 61, 339–60
119 **Congo:** Wilkie, D., et al., 1999: 'Wetter isn't better: global warming and food security in the Congo basin', *Global Environmental Change*, 9, 323–8
119 **zuidoosten van Amerika:** Carbone, G., et al., 2003: 'Response of soybean and sorghum to varying spatial scales of climate change scenarios in the southeastern United States', *Climatic Change*, 60, 73–98
120 **Canada:** 2005: *Implications of a 2°C Global Temperature Rise for Canada's Natural Resources*, WWF, 30 november 2005, 109pp
120 **kabeljauw in de Noordzee:** Clark, R., et al., 2003: 'North Sea cod and climate change – modelling the effects of temperature on population dynamics', *Global Change Biology*, 9, 1669–80
121 **Zuid-Afrika:** Midgeley, G., et al., 2002: 'Assessing the vulnerability of species richness to anthropogenic climate change in a biodiversity hotspot', *Global Ecology & Biogeography*, 11, 445–51
121 **regenwoud in Queensland:** Williams, S., et al., 2003: 'Climate change in Australian tropical rainforests: an impending environmental catastrophe', *Proceedings of the Royal Society of London B*, 270, 1887–92
121 **Monteverde boomkikker:** Pounds, A. en Puschendorf, R., 2004: 'Clouded futures', *Nature*, 427, 107–9
121 **ze achterlaat:** Hare, W., 2003: *Assessment of Knowledge on Impacts of Climate Change – Contribution to the Specification of Art. 2 of the UNFCCC*, WBGU, Berlin, 104pp
122 **100 tot 1000 keer zo snel:** Martens, P., et al., 2003: 'Biodiversity: luxury or necessity?', *Global Environmental Change*, 13, 75–81

122 in de richting van de polen: Parmesan, C. en Yohe, P., 2003: 'A globally coherent fingerprint of climate change impacts across natural systems', *Nature*, 421, 37–42
122 leefgebied en gedrag: Root, T., et al., 2003: 'Fingerprints of global warming on wild animals and plants', *Nature*, 421, 57–60
123 Engelse blauwtje: Thomas, J., 2006: 'Biodiversity and climate change', lecture at Oxford University, 23 januari 2006
123 over tien jaar 30 kilometer: De berekening is als volgt: klimaatgordels schuiven 150 km per graad Celsius op. Dat is daarom ongeveer 300 km voor 2°C opwarming, wat relevant is voor dit hoofdstuk, oftewel 30 km per tien jaar, uitgaande van slechts 2°C in 2100, zonder extra temperatuurstijgingen in Groot-Brittannië bovenop het mondiale gemiddelde.
124 bonte vliegenvanger: Both, C., et al., 2006: 'Climate change and population declines in a long-distance migratory bird', *Nature*, 441, 81–3
125 eenderde van alle soorten: Thomas, C., et al., 2004: 'Extinction risk from climate change', *Nature*, 427, 145–8
125 "Ruim een miljoen soorten": 2004: 'Climate change threatens a million species with extinction', University of Leeds, persbericht, 7 januari 2004

Drie graden

131 in tweeën wordt gesplitst: Hoerling, M., et al., 2005: 'Detection and attribution of 20th century northern and southern African monsoon change', *Journal of Climate*, 19, 16, 3989–4008
132 massaal aan de wandel zullen zijn: Thomas, D., et al., 2005: 'Remobilization of southern African desert dune systems by twenty-first century global warming', *Nature*, 435, 1218–21
136 bipedalisme... hebben kunnen ontwikkelen: Haywood, A. en Valdes, P., 2006: 'Vegetation cover in a warmer world simulated using a dynamic global vegetation model for the mid-Pliocene', *Palaeogeography, Palaeoclimatology, Palaeoecology*, 237, 412–77
137 gefossiliseerd hout... en beukenbladeren: Francis, J. en Hill, R., 1996: 'Fossil plants from the Pliocene Sirius Group, Transantarctic Mountains; evidence for climate from growth rings and fossil leaves', PALAIOS, 11, 4, 389–96
138 verzameling zoogdieren: Tedford, R. en Harington, R., 2003: 'An Arctic mammal fauna from the early Pliocene of North America', *Nature*, 425, 388–90

138 **25 meter hoger:** Barreiro, M., et al., 2006: 'Simulation of warm tropical conditions with application to middle Pliocene atmospheres', *Climate Dynamics*, 26, 249–365
138 **reconstructie van de zeewatertemperaturen:** Haywood, A., et al., 2005: 'Warmer tropics during the mid-Pliocene? Evidence from alkenone paleothermometry and a fully coupled ocean-atmosphere GCM', *Geochemistry, Geophysics, Geosystems*, 6, 3, 20pp
139 **"essentieel om te kunnen begrijpen":** British Antarctic Survey, 2005: 'Carbon dioxide role in past climate revealed', press release, 11 april 2005
139 **tijdelijk ijsvrij:** Haywood, A., et al., 2005: 'Warmer tropics during the mid-Pliocene? Evidence from alkenone paleothermometry and a fully coupled ocean-atmosphere GCM', *Geochemistry, Geophysics, Geosystems*, 6, 3, 20 pp
139 **werd de Atlantische kringloop... minder sterk:** Raymo, M., et al., 1996: 'Mid-Pliocene warmth: stronger greenhouse and stronger conveyor', *Marine Micropaleontology*, 27, 313–26
139 **360 tot 400 deeltjes per miljoen (ppm):** Haywood, A. en Williams, M., 2005: 'The climate of the future: clues from three million years ago', *Geology Today*, 21, 4, 138–43
140 **iets minder dan 3 graden:** Haywood, A. en Valdes, P., 2004: 'Modelling Pliocene warmth: contribution of atmosphere, oceans and cryosphere', *Earth and Planetary Science Letters*, 218, 363–77; Jiang, D., et al., 2005: 'Modelling the middle Pliocene climate with a global atmospheric general circulation model', *Journal of Geophysical Research*, 110, D14107
141 **stormen... hongersnoden:** Couper-Johnston, R., 2000: *El Niño: The Weather Phenomenon that Changed the World*, Hodder & Stoughton
142 **dreven ijsbergen:** Couper-Johnston, R., 2000: idem
142 **altijd gepaard gingen:** Krishna Kumar, K., et al., 2006: 'Unraveling the mystery of Indian monsoon failure during El Niño', *Science*, 314, 115–19
143 **semi-permanente staat van El Niño:** Boer, G., et al., 2004: 'Is there observational support for an El Niño-like pattern of future global warming?', *Geophysical Research Letters*, 31, L06201
143 **zwakkere El Niño-verschijnselen:** Meehl, G., et al., 2006: 'Future changes of El Niño in two global coupled climate models', *Climate Dynamics*, 26, 549–66
143 **weinig verandering:** Collins, M. en the CMIP Modelling Groups, 2005: 'El Niño or La Niña-like climate change', *Climate Dynamics*, 24, 89–104; Cane, M., 2005: 'The evolution of El Niño, past and future', *Earth and Planetary Science Letters*, 230, 227–40

143 zwakker... of zelfs helemaal afwezig: Boer, G., et al., 2004: 'Is there observational support for an El Niño-like pattern of future global warming?', *Geophysical Research Letters*, 31, L06201
144 namen... af of vielen helemaal uit: Barreiro, M., et al., 2006: 'Simulation of warm tropical conditions with application to middle Pliocene atmospheres', *Climate Dynamics*, 26, 249–365
145 passaatwinden... al in kracht aan het afnemen: Vecchi, G., et al., 2006: 'Weakening of tropical Pacific atmospheric circulation due to anthropogenic forcing', *Nature*, 441, 73–6
145 "super El Niño's": Hansen, J., et al., 2006: 'Global temperature change', *Proceedings of the National Academy of Sciences*, 103, 39, 14288–93
145 Europa drogere winters: Müller, W. en Roeckner, E., 2006: 'ENSO impact on midlatitude circulation patterns in future climate change projections', *Geophysical Research Letters*, 33, L05711
145 windschering: Vecchi, G. en Soden, B., 2007: 'Increased tropical Atlantic wind shear in model projections of global warming', *Geophysical Research Letters*, 34, L08702
146 drogere stukken van Californië: Maurer, E., et al., 2006: 'Amplification of streamflow impacts of El Niño by increased atmospheric greenhouse gases', *Geophysical Research Letters*, 33, L02707
148 met 1,5°C stijgen: Cox, P., et al., 2000: 'Acceleration of global warming due to carbon cycle feedbacks in a coupled climate model', *Nature*, 408, 184–7
148 hoeveelheid koolstof: Fung, I., et al., 2005: 'Evolution of carbon sinks in a changing climate', *Proceedings of the National Academy of Sciences*, 102, 32, 11201–6
148 Een Frans team herhaalde: Berthelot, M., et al., 2005: 'How uncertainties in future climate change predictions translate into future terrestrial carbon fluxes', *Global Change Biology*, 11, 1–12
148 Weer een ander team: Zeng, N., et al., 2004: 'How strong is carbon cycle feedback under global warming?', *Geophysical Research Letters*, 31, L20203
149 elf onderzochte modellen: Li, W., et al., 2007: 'Future precipitation changes and their implications for tropical peatlands', *Geophysical Research Letters*, 34, L01403
150 "hydrologische krachtcentrale": Bunyard, P., 2002: 'Climate and the Amazon: Consequences for our planet', *The Ecologist*, oktober 2002
150 Braziliaanse regering: Bunyard, P., 2002: idem

150 **minister Marina Silva:** *Guardian* 15 mei 2008, *Treehugger* 19 mei 2008 (www.treehugger.com)
151 **neerslag zakt:** Betts, R., et al., 2004: 'The role of ecosystem-atmosphere interactions in simulated Amazonian precipitation decrease and forest dieback under global climate warming', *Theoretical and Applied Climatology*, 78, 137–56
151 **in wezen een woestijn:** Cowling, S., et al., 2004: 'Contrasting simulated past and future responses of the Amazonian forest to atmospheric change', *Philosophical Transactions of the Royal Society of London B*, 359, 539–47
151 **Elk brandseizoen:** Barlow, J. en Peres, C., 2004: 'Ecological responses to El Niño-induced surface fires in central Brazilian Amazonia: management implications for flammable tropical forests', *Philosophical Transactions of the Royal Society of London B*, 359, 367–80
153 **New South Wales:** Hennessy, K., et al., 2004: *Climate Change in New South Wales: Part 2 – Projected changes in climate extremes*, CSIRO, november 2004, 79 pp
153 **droogte... drie maal zo vaak:** Hennessy, K., et al., 2004: idem
153 **inzakken regen:** Hennessy, K., et al., 2004: *Climate Change in New South Wales: Part 1 – Past climate variability and projected changes in average climate*, CSIRO, november 2004, 46pp; zie p. 36 voor de voorspelling die voor dit hoofdstuk relevant is, en die het hoge IPCC-scenario gebruikt dat uitgaat van stabilisatie op 550 ppm in 2070
154 **Victoria:** Suppiah, R., et al., 2004: *Climate Change in Victoria: Assessment of climate change for Victoria: 2001–2002*, CSIRO, april 2004, 33pp
154 **zuidwesten van Australië:** Timbal, B., 2004: 'Southwest Australia past and future rainfall trends', *Climate Research*, 26, 233–49
154 **ouderen... komen te overlijden:** Woodruff, R., et al., 2005: *Climate Change Health Impacts in Australia: Effects of Dramatic CO2 Emissions Reductions*, Australian Conservation Foundation and Australian Medical Association, 45 pp
154 **knokkelkoorts:** Woodruff, R., et al., 2005: idem
154 **350 liter water:** Australian Natural Resources Atlas – Water, Australian Government Department of the Environment and Heritage, http://audit.deh.gov.au/ANRA/water/water_frame.cfm?region_type=AUS&region_code= AUS&info=allocation
154 **Darwin en Queensland:** Pittock, B. (ed.), 2003: *Climate Change – An Australian Guide to the Science and Potential Impacts*, Australian Greenhouse Office, p. 88

154 **het... zullen weten te redden:** Luo, Q., et al., 2007: 'Risk analysis of possible impacts of climate change on South Australian wheat production', *Climatic Change*, 85, 1–2, 89–101
155 **Het stroomgebied van de Murray-Darlingrivier:** Pittock, B. (ed.), 2003: *Climate Change – An Australian Guide to the Science and Potential Impacts*, Australian Greenhouse Office, p. 88, gebaseerd op het A1 IPCC-scenario van gemiddelde groei tegen het jaar 2100
155 **jaarlijkse hoeveelheid regen... diepe val:** Hope, P., 2006: 'Projected future changes in synoptic systems influencing southwest Western Australia', *Climate Dynamics*, 26, 765–80
156 **Mount Pinatubo:** Fromm, M., et al., 2006: 'Violent pyro-convective storm devastates Australia's capital and pollutes the stratosphere', *Geophysical Research Letters*, 33, L05815
159 **heviger orkanen:** Knutson, T. en Tuleya, R., 2004: 'Impact of CO2-induced warming on simulated hurricane intensity and precipitation: sensitivity to the choice of climate model and convective parameterisation', *Journal of Climate*, 17, 18, 3477–95
160 **vermengen orkanen:** Emanuel, K., 2005: *Divine Wind: The History and Science of Hurricanes*, Oxford University Press, p. 258
161 **de uitdroging... zal verergeren:** Sewall, J. en Sloan, L., 2004: 'Disappearing Arctic sea ice reduces available water in the American west', *Geophysical Research Letters*, 31, L06209
161 **80 procent:** Johannessen, O., et al., 2004: 'Arctic climate change: observed and modelled temperature and sea ice variability', *Tellus*, 26A, 328–41
161 **"Noordpool naar een nieuwe toestand":** Stroeve, J., et al., 2007: 'Arctic sea ice decline: Faster than forecast', *Geophysical Research Letters*, 34, L09501
162 **Kleinere ijskappen:** Oerlemans, J., et al., 2005: 'Estimating the contribution of Arctic glaciers to sea-level change in the next 100 years', *Annals of Glaciology*, 42, 1, 230–6
162 **3.500 kubieke kilometer:** CWE Glaciers Group, 2004: *The Impact of Climate Change on Glaciers in the Nordic Countries*, The CWE Project, 42 pp
163 **met vijfentwintig centimeter:** Raper, S. en Braithwaite, R., 2005: 'The potential for sea level rise: New estimates from glacier and ice cap area and volume distributions', *Geophysical Research Letters*, 32, L05502
163 **kent Noorwegen... een groeiseizoen:** Skaugen, T. en Tveito, O., 2004: 'Growing-season and degree-day scenario in Norway for 2021–2050', *Climate Research*, 26, 221–32

163 **Finland:** Dankers, R. en Christensen, O., 2005: 'Climate change impact on snow coverage, evaporation and river discharge in the sub-Arctic Tanna basin, Northern Fennoscandia', *Climatic Change*, 69, 367–92

166 **in opstand te komen,... koning te vermoorden:** Diamond, J., 2005: *Collapse: How Societies Choose to Fail or Survive*, Allen Lane, chapter 5 – The Maya Collapses (in het Nederlands verschenen als *De Ondergang*, Uitgeverij het Spectrum, 2006)

166 **Vondsten op de bodem van meren:** Hodell, D., et al., 2005: 'Terminal Classic drought in the northern Maya lowlands inferred from multiple sediment cores in Lake Chichancanab (Mexico)', *Quaternary Science Reviews*, 25, 12–13, 1413–27

166 **intensere, jarenlange droogtes:** Huag, G., et al., 2003: 'Climate and the collapse of Maya civilization', *Science*, 299, 1731–5

166 **één tot twee millimeter per dag:** Johns, T., et al., 2003: 'Anthropogenic climate change for 1860–2100 simulated with the HadCM3 model under updated emissions scenarios', *Climate Dynamics*, 20, 583–612 – zie de grafiek in figuur 13-c voor de wereld van het B1-scenario in het IPCC-rapport

167 **ontbossing bevorderen:** Breshears, D., et al., 2005: 'Regional vegetation die-off in response to global-change-type drought', *PNAS*, 102, 42, 15144–8

167 **'hot spot'... klimaatverandering:** Giorgi, F., 2006: 'Climate change hot spots', *Geophysical Research Letters*, 33, L08707

168 **keren in het verleden:** Burns, S., et al., 2003: 'Indian Ocean climate and absolute chronology over Dansgaard/Oeschger Events 9 to 13', *Science*, 301, 1365–7

168 **"Aziatische Bruine Wolk":** Zickfield, K., et al., 2005: 'Is the Indian summer monsoon stable against global change?', *Geophysical Research Letters*, 32, L15707

168 **Veel onderzoeken:** May, W., 2004: 'Simulation of the variability and extremes of daily rainfall during the Indian summer monsoon for present and future times in a global time-slice experiment', *Climate Dynamics*, 22, 183–204; Ueda, H., et al., 2006: 'Impact of anthropogenic forcing on the Asian summer monsoon as simulated by 8 GCMs', *Geophysical Research Letters*, 33, L06703

169 **extreme overstromingen:** Dairaku, K. en Emori, S., 2006: 'Dynamic and thermodynamic influences on intensified daily rainfall during the Asian summer monsoon under doubled atmospheric CO_2 conditions', *Geophysical Research Letters*, 33, L01704

169 **nog lastiger:** Meehl, G. en Arblaster, J., 2003: 'Mechanisms for projected future changes in south Asian monsoon precipitation', *Climate Dynamics*, 21, 659–75

169 **ernstige droogte:** Abram, N., et al., 2007: 'Seasonal characteristics of the Indian Ocean Dipole during the Holocene epoch', *Nature*, 445, 299–302; Overpeck, J. en Cole, J., 2007: 'Lessons from a distant monsoon', *Nature*, 445, 270–1

171 **versnelde terugtrekking van de gletsjers:** WWF Nepal Program, 2005: *An Overview of Glaciers, Glacier Retreat, and Subsequent Impacts in Nepal, India and China*, WWF, maart 2005, 70pp

172 **90 procent minder water:** Rees, G. en Collins, D., 2004: *An Assessment of the Potential Impacts of Deglaciation on the Water Resources of the Himalaya*, DFID KAR Project No. R7980, 54pp en Annexes

173 **China:** Barnett, T., et al., 2005: 'Potential impacts of a warming climate on water availability in snow-dominated regions', *Nature*, 438, 303–9

175 **Colorado:** Christensen, N., et al., 2004: 'The effect of climate change on the hydrology and water resources of the Colorado river basin', *Climatic Change*, 62, 337–63

175 **Lake Mead:** Allen, J., 2003: 'Drought lowers Lake Mead', NASA Earth Observatory, http://earthobservatory.nasa.gov/Study/LakeMead/

176 **in wezen faalt:** Christensen, N., et al., 2004: 'The effect of climate change on the hydrology and water resources of the Colorado river basin', *Climatic Change*, 62, 337–63

176 **Glen Canyon:** Voor meer informatie, zie we webiste van het Glen Canyon Institute: http://www.glencanyon.org/

177 **de sneeuw... begint te smelten:** Stewart, I., et al., 2004: 'Changes in snowmelt runoff timing in western North America under a "business as usual" climate change scenario', *Climatic Change*, 62, 217–32

177 **naar de oceaan worden afgevoerd:** Barnett, T., et al., 2005: 'Potential impacts of a warming climate on water availability in snow-dominated regions', *Nature*, 438, 303–9

177 **kust langs de Stille Oceaan:** Mote, P., et al., 2003: 'Preparing for climatic change: The water, salmon and forests of the Pacific northwest', *Climatic Change*, 61, 45–88

177 **Canadese rivier:** Lapp, S., et al., 2005: 'Climate warming impacts on snowpack accumulation in an alpine watershed', *International Journal of Climatology*, 25, 521–36

177 **Rocky Mountains:** Laprise, R., et al., 2003: 'Current and perturbed climate as simulated by the second-generation Canadian Regional

Climate Model (CRCM-II) over northwestern North America', *Climate Dynamics*, 21, 405–21
178 **Dust Bowl-jaren:** Seager, R., et al., 2007: 'Model projections of an imminent transition to a more arid climate in Southwestern North America', *Science*, 316, 1181–4
178 **aantal zware bosbranden:** Westerling, A., et al., 2006: 'Warming and earlier spring increase western US forest wildfire activity', *Science*, 313, 940–3
178 **uit de hand gelopen bosbranden:** Fried, J., et al., 2004: 'The impact of climate change on wildfire severity: a regional forecast for northern California', *Climatic Change*, 64, 169–91
179 **verhoogd risico op bosbrand:** Brown, T., et al., 2004: 'The impact of twenty-first century climate change on wildland fire danger in the western United States: An applications perspective', *Climatic Change*, 62, 365–88
180 **slechts een halve meter hoger:** Gornitz, V., et al., 2002: 'Impacts of sea level rise in the New York City metropolitan area', *Global and Planetary Change*, 32, 61–88
181 **overstroming... eens in de 100 jaar:** Gornitz, V., et al., 2002: idem
181 **stranden... verder landinwaarts:** Gornitz, V., et al., 2002: idem
181 **stormvloedkeringen:** Van Lenten, C., 2005: 'Storm surge barriers for New York harbour?', *Science and the City*, http://www.nyas.org/snc/update.asp?UpdateID=28
181 **Malcolm Bowman:** Eerste citaat in artikel hierboven, tweede in: Bowman, M., 2005: 'A city at sea', *New York Times*, 25 september 2005.
182 **200 keer:** 2002: *London's Warming: The Impacts of Climate Change on London*, The London Climate Change Partnership, oktober 2002, 293pp
182 **meer overstromingen:** Lowe, J., et al., 2001: 'Changes in occurrence of storm surges around the United Kingdom under a future climate scenario using a dynamic storm surge model driven by the Hadley Centre models', *Climate Dynamics*, 18, 179–88
183 **meer stormschade:** Leckebusch, G. en Ulbrich, U., 2004: 'On the relationship between cyclones and extreme windstorm events over Europe under climate change', *Global and Planetary Change*, 44, 181–93
183 **wereldwijd steeds vaker:** Lambert, S. en Fyfe, J., 2006: 'Changes in winter cyclone frequencies and strengths simulated in enhanced greenhouse warming experiments: results from the models participating in the IPCC diagnostic exercise', *Climate Dynamics*, 26, 713–28
183 **hogere golven:** Beniston, M., et al., 2004: 'Future extreme events in a European climate: An exploration of regional climate model projections', Prudence WP5

184 **intensivering van de hydrologische cyclus:** Huntingdon, T., 2005: 'Evidence for intensification of the global water cycle: Review and synthesis', *Journal of Hydrology*, 319, 83–95

184 **toename van de hoeveelheid neerslag:** Zhang, X., et al., 2007: 'Detection of human influence on twentieth-century precipitation trends', *Nature*, 448, 461–5

184 **heviger wordende stortbuien:** Semmler, T. en Jacob, D., 2004: 'Modeling extreme precipitation events – a climate change simulation for Europe', *Global and Planetary Change*, 44, 119–27

184 **meer overstromingen:** Kay, A., et al., 2006: 'RCM rainfall for UK flood frequency estimation. II. Climate change results', *Journal of Hydrology*, 318, 163–72

184 **zondvloeden en watertekorten:** Pal, J., et al., 2004: 'Consistency of recent European summer precipitation trends and extremes with future regional climate projections', *Geophysical Research Letters*, 31, L13202

185 **de Alpen:** Jasper, K., et al., 2004: 'Differential impacts of climate change on the hydrology of two alpine river basins', *Climate Research*, 26, 113–29

185 **Rijn:** Shabalova, M., et al., 2003: 'Assessing future discharge of the river Rhine using regional climate model integrations and a hydrological model', *Climate Research*, 23, 233–46

185 **Middellandse Zeegebied:** Gibelin, A.-L. en Déqué, M., 2003: 'Anthropogenic climate change over the Mediterranean region simulated by a global variable resolution model', *Climate Dynamics*, 20, 237–339

186 **neerslag en frequentere overstromingen:** McHugh, M., 2005: 'Multi-model trends in East African rainfall associated with increased CO_2', *Geophysical Research Letters*, 32, L01707

186 **infecties... 85 procent:** 2002: *The World Health Report 2002: Reducing Risks, Promoting Healthy Life*, World Health Organization

186 **96 procent van het land:** Ebi, K., et al., 2005: 'Climate suitability for stable malaria transmission in Zimbabwe under different climate change scenarios', *Climatic Change*, 73, 375–93

187 **honderden miljoenen méér mensen:** van Lieshout, M., et al., 2004: 'Climate change and malaria: analysis of the SRES climate and socio-economic scenarios', *Global Environmental Change*, 14, 87–99

187 **mensen... bloot komen te staan:** van Lieshout, M., et al., 2004: idem

189 **bij de tepuis behorende planten:** Rull, V. en Vegas-Vilarrubia, T., 2006: 'Unexpected biodiversity loss under global warming in the neotropical Guyana highlands: a preliminary appraisal', *Global Change Biology*, 12, 1–9

189 **koraalriffen:** Donner, S., et al., 2005: 'Global assessment of coral bleaching and required rates of adaptation under climate change', *Global Change Biology*, 11, 2251–65
190 **planten in Europa:** Thuiller, W., et al., 2005: 'Climate change threats to plant diversity in Europe', *PNAS*, 102, 23, 8245–50
190 **Rocky Mountains en de Great Plains:** Townsend Peterson, A., 2003: 'Projected climate change effects on Rocky Mountain and Great Plains birds: generalities of biodiversity consequences', *Global Change Biology*, 9, 647–55
190 **noordoosten van China:** Shao, G., et al., 2003: 'Sensitivities of species compositions of the mixed forest in eastern Eurasian continent to climate change', *Global and Planetary Change*, 37, 307–13
191 **'nieuw' klimaat:** Williams, J., Jackson, S. en Kutzbach, J., 2007: 'Projected distributions of novel and disappearing climates by 2100 AD', *PNAS*, 104, 14, 5738–42
191 **tussen eenderde en de helft:** Thomas, C., et al., 2004: 'Extinction risk from climate change', *Nature*, 427, 145–8
192 **"met 10 procent terugloopt":** Halweil, B., 2005: 'The irony of climate', *Worldwatch Magazine*, maart/april 2005
192 **semi-aride tropen van Afrika:** Sivakumar, M., et al., 2005: 'Impacts of present and future climate variability and change on agriculture and forestry in the arid and semi-arid tropics', *Climatic Change*, 70, 31–72
193 **verlammende dalingen:** Easterling, W. en Apps, M., 2005: 'Assessing the consequences of climate change for food and forest resources: a view from the IPCC', *Climatic Change*, 70, 165–89
193 **graanschuren:** Easterling, W. en Apps, M., 2005: idem
193 **Verenigde Staten... de gebieden in het zuiden:** Tsvetsinskaya, A., et al., 2003: 'The effect of spatial scale of climate change scenarios on simulated maize, winter wheat and rice production in the southeastern United States', *Climatic Change*, 60, 37–71
193 **extra overstromingsschade:** Rosenzweig, C., et al., 2002: 'Increased crop damage in the US from excess precipitation under climate change', *Global Environmental Change*, 12, 197–202
194 **"honderden kilometers naar het noorden opschuiven":** Motha, R. en Baier, W., 2005: 'Impacts of present and future climate change and climate variability on agriculture in the temperate regions: North America', *Climatic Change*, 70, 137–64
194 **marktprijzen zal opdrijven:** Easterling, W. en Apps, M., 2005: 'Assessing the consequences of climate change for food and forest resources: a view from the IPCC', *Climatic Change*, 70, 165–89

Vier graden

198 **50 centimeter:** El Raey, M., et al., 1999: 'Adaptation to the impacts of sea level rise in Egypt', *Climate Research*, 12, 117–28
199 **Boston:** Kirshen, P., et al., undated: *Climate's Long-Term Impacts on Metro Boston (CLIMB)*, samenvatting voor de pers
199 **New Jersey:** Cooper, M., et al., 2005: *Future Sea Level Rise and the New Jersey Coast: Assessing Potential Impacts and Opportunities*, Science, Technology and Environmental Policy Program, Woodrow Wilson School of Public and International Affairs, Princeton University, juni 2005
202 **landijs van West-Antarctica:** Mercer, J. H., 1978: 'West Antarctic ice sheet and CO2 greenhouse effect: A threat of disaster', *Nature*, 271, 321–5
202 **sneller te bewegen en terug te trekken:** Payne, A., et al., 2004: 'Recent dramatic thinning of the largest West Antarctic ice stream triggered by oceans', *Geophysical Research Letters*, 31, L23401
202 **krimpt het landijs...:** Velicogna, I. en Wahr, J., 2006: 'Measurements of time-variable gravity show mass loss in Antarctica', *Science*, 311, 1754–6
202 **gaat... ver in het binnenland door:** Kerr, R., 2004: 'A bit of icy Antarctica is sliding towards the sea', *Science*, 305, 1897
202 **0,14 millimeter aan... toevoegen:** Thomas, R., et al., 2004: 'Accelerated sea-level rise from West Antarctica', *Science*, 306, 255–8; van den Broeke, M., et al., 2006: 'Snowfall in West Antarctica much greater than previously assumed', *Geophysical Research Letters*, 33, L02505. Dit laatste geeft een recentere update.
203 **"in het oog te blijven houden":** NASA mission news, 15 mei 2007: 'NASA finds vast regions of West Antarctica melted in recent past', te vinden op http://www.nasa.gov/vision/earth/lookingatearth/arctic-20070515.html
204 **sneller gaan bewegen:** Alley, R., et al., 2005: 'Ice-sheet and sea-level changes', *Science*, 310, 456–60
204 **zowel Ross als Ronne:** Oppenheimer, M. en Alley, R., 2005: 'Ice sheets, global warming, and Article 2 of the UNFCCC', *Climatic Change*, 68, 257–67
205 **onderzeese beddingen:** Bindshadler, R., 2006: 'Hitting the ice sheets where it hurts', *Science*, 311, 1720–1
205 **40 miljoen jaar:** Zachos, J., et al., 2001: 'Trends, rhythms, and aberrations in global climate over 65 Ma to present', *Science*, 292, 686–93

206 **Chinese kustwateren:** Liu, J. en Diamond, J., 2005: 'China's environment in a globalizing world', *Nature*, 435, 1179–86
207 **net zo gulzig... als de Amerikanen:** Brown, L., 2005: 'Learning from China: Why the Western economic model will not work for the world', Earth Policy Institute, Eco-Economy Update, 9 maart 2005; http://www.earth-policy.org/ Updates/2005/Update46.htm
207 **Chinese landbouw instort:** China–UK collaboration project, 2004: *Investigating the Impacts of Climate Change on Chinese Agriculture*, Defra
208 **Australische continent:** Hare, B., 2006: 'Relationship between increases in global mean temperature and impacts on ecosystems, food production, water and socio-economic systems', in Schellnhuber, H. J. (ed.), *Avoiding Dangerous Climate Change*, Cambridge University Press
208 **India:** 2005: *Climate Change Scenarios for India*, Keysheet 2, Defra
208 **mondiale analyse:** Wang, G., 2005: 'Agricultural drought in a future climate: results from 15 global climate models participating in the IPCC 4th assessment', *Climate Dynamics*, 29, 739–53
209 **Chinese... beschavingen:** Chang Huang, C., et al., 2003: 'Climatic aridity and the relocations of the Zhou culture in the southern Loess Plateau of China', *Climatic Change*, 61, 361–78
209 **beschaving van de Harappan:** Staubwasser, M., et al., 2003: 'Climate change at the 4.2 ka BP termination of the Indus valley civilization and the Holocene south Asian monsoon variability', *Geophysical Research Letters*, 30, 8, 1425
212 **inzinking in de neerslag:** Raisanen, J., et al., 2004: 'European climate in the late twenty-first century: regional simulations with two driving global models and two forcing scenarios', *Climate Dynamics*, 22, 13–31
212 **hittegolven:** Holt, T. en Palutikof, J., 2004: *The Effect of Global Warming on Heat Waves and Cold Spells in the Mediterranean*, Prudence Deliverable D5A4, Climatic Research Unit
212 **toename van 200 tot 500 procent:** Diffenbaugh, N., et al., 2007: 'Heat stress intensification in the Mediterranean climate change hotspot', *Geophysical Research Letters*, 34, L11706
213 **Zwitserland:** Beniston, M. en Diaz, H., 2004: 'The 2003 heat wave as an example of summers in a greenhouse climate? Observations and climate model simulations for Basel, Switzerland', *Global and Planetary Change*, 44, 73–81
213 **Engeland:** Brabson, B., et al., 2005: 'Soil moisture and predicted spells of extreme temperatures in Britain', *Journal of Geophysical Research*, 110, D05104

214 temperatuur op het continent: Rowell, D., 2005: 'A scenario of European climate change for the late twentyfirst century: seasonal means and interannual variability', *Climate Dynamics*, 25, 837–49
214 Kaspische Zee: Elguindi, M. en Giorgi, F., 2006: 'Projected changes in the Caspian Sea level for the 21st century based on the latest AOGCM models', *Geophysical Research Letters*, 33, L08706
214 'hot spots': Giorgi, F., 2006: 'Climate change hot spots', *Geophysical Research Letters*, 33, L08707
216 wordt sneeuw... een zeldzaamheid: Levensduur van het sneeuwdek uit de grafiek in Figuur 3 in Beniston, M., et al., 2003: 'Snow pack in the Swiss Alps under changing climatic conditions: an empirical approach for climate impacts studies', *Theoretical and Applied Climatology*, 74, 19–31
216 3.000 meter: Beniston, M., et al., 2003: 'Estimates of snow accumulation and volume in the Swiss Alps under changing climatic conditions', *Theoretical and Applied Climatology*, 76, 125–40
216 verdwijnen van de gletsjers: Zemp, M., et al., 2006: 'Alpine glaciers to disappear within decades?', *Geophysical Research Letters*, 33, 13, L13504
216 hittegolven: Beniston, M., 2005: 'Warm winter spells in the Swiss Alps: Strong heat waves in a cold season? A study focusing on climate observations at the Saentis high mountain site', *Geophysical Research Letters*, 32, L01812
218 over het noorden van Europa: Fischer-Bruns, I., et al., 2005: 'Modelling the variability of midlatitude storm activity on decadal to century time scales', *Climate Dynamics*, 25, 461–76
218 Schotland: Yin, J., 2005: 'A consistent poleward shift in the storm tracks in simulations of 21st century climate', *Geophysical Research Letters*, 32, L18701
218 kosten... kunnen stijgen: Leckebusch, G., et al., 2007: 'Property loss potentials for European midlatitude storms in a changing climate', *Geophysical Research Letters*, 34, L05703
218 in aantal... minder: Lambert, F. en Fyfe, J., 2006: 'Changes in winter cyclone frequencies and strengths simulated in enhanced greenhouse warming experiments: results from the models participating in the IPCC diagnostic exercise', *Climate Dynamics*, 26, 713–28
219 zuiden en oosten van Engeland: UKCIP, 2002: *Climate Change Scenarios for the United Kingdom*, The UKCIP02 Briefing Report, april 2002
219 verwacht... vier keer zo hoog: zonder datum: *Future Flooding*, executive summary, Foresight programme, UK Office of Science and Technology

220 **hele Engelse kust:** idem
220 **sneeuw:** UKCIP, 2002: *Climate Change Scenarios for the United Kingdom*, The UKCIP02 Briefing Report, april 2002
221 **proefschrift:** http://www.lib.utexas.edu/etd/d/2005/cooked44152/cooked44152.pdf; **artikel:** Cooke, J., et al., 2003: 'Precise timing and rate of massive late Quaternary soil denudation', *Geology*, 31, 10, 853–6
222 **regenval... intenser wordt:** Chen, M., et al., 2005: 'Changes in precipitation characteristics over North America for doubled CO2', *Geophysical Research Letters*, 32, L19716
222 **het hele landoppervlak:** Semenov, V. en Bengtsson, L., 2002: 'Secular trends in daily precipitation characteristics: greenhouse gas simulation with a coupled AOGCM', *Climate Dynamics*, 19, 123–40
222 **Centraal- en Noord-Europa:** Frei, C., et al., 2006: 'Future change of precipitation extremes in Europe: Intercomparison of scenarios from regional climate models', *Journal of Geophysical Research*, 111, D06105
222 **Winterorkanen:** Lambert, F. en Fyfe, J., 2006: 'Changes in winter cyclone frequencies and strengths simulated in enhanced greenhouse warming experiments: results from the models participating in the IPCC diagnostic exercise', *Climate Dynamics*, 26, 713–28
222 **het oosten van Australië:** Walsh, K., et al., 2004: 'Fine-resolution regional climate model simulations of the impact of climate change on tropical cyclones near Australia', *Climate Dynamics*, 22, 47–56
222 **Korea:** Boo, K.-O., et al., 2004: 'Response of global warming on regional climate change over Korea: An experiment with the MM5 model', *Geophysical Research Letters*, 31, L21206
223 **'s zomers bij de Noordpool:** Teng, H., et al., 2006: 'Twenty-first century Arctic climate change in the CCSM3 IPCC scenario simulations', *Climate Dynamics*, 26, 601–16
223 **permafrost... krimpt:** Lawrence, D. en Slater, A., 2005: 'A projection of severe near-surface permafrost degradation during the 21st century', *Geophysical Research Letters*, 32, L24401
224 **verre oosten van Rusland:** Arctic Climate Impact Assessment, 2004: *Impacts of a Warming Arctic*, Cambridge University Press, pp. 87–8
224 **komt... meer water... terecht.:** Lawrence, D. en Slater, A., 2005: 'A projection of severe near-surface permafrost degradation during the 21st century', *Geophysical Research Letters*, 32, L24401
225 **koolstof opgesloten:** Frey, K. en Smith, L., 2005: 'Amplified carbon release from vast West Siberian peatlands by 2100', *Geophysical Research Letters*, 32, L09401
225 **"trekken de stekker uit de ijskast":** Walker, G., 2007: 'A world melting from the top down', *Nature*, 446, 718–21

226 700 procent meer: Frey, K. en Smith, L., 2005: 'Amplified carbon release from vast West Siberian peatlands by 2100', Geophysical Research Letters, 32, L09401.
226 onlangs ontdooid moeras: Christensen, T., et al., 2005: 'Thawing sub-arctic permafrost: Effects on vegetation and methane emissions', *Geophysical Research Letters*, 31, L04501
226 ontdooiende meren: Walter, K. M., et al., 2006: 'Methane bubbling from Siberian thaw lakes as a positive feedback to climate warming', *Nature*, 443, 71–5
226 aan het versnellen: Torre Jorgenson, M., et al., 2006: 'Abrupt increase in permafrost degradation in Arctic Alaska', *Geophysical Research Letters*, 33, L02503
227 "potentiële hoeveelheden": Torre Jorgenson, M., et al., 2006: idem
227 overdreven: Delisle, G., 2007: 'Near-surface permafrost degradation: How severe during the 21st century?', *Geophysical Research Letters*, 34, L09503
227 "verdubbelen": Walker, G., 2007: 'A world melting from the top down', *Nature*, 446, 718–21

Vijf graden

229 neemt zowel de verdamping als de neerslag toe: Manabe, S., et al., 2004: 'Century-scale change in water availability: CO2-quadrupling experiment', *Climatic Change*, 64, 59–76
229 tropen… Groot-Brittannië: Huntingford, C., et al., 2003: 'Regional climate-model predictions of extreme rainfall for a changing climate', *Quarterly Journal of the Royal Meteorological Society*, 129, 1607–21
229 Extreme hitte doet de tropen: Sterl, A. et al., 2008: When can we expect extremely high surface temperatures?, *Geophysical Research Letters*, vol. 35, L14703
230 "belangrijkste woestijnen... zich uitbreiden: Manabe, S., et al., 2004: 'Century-scale change in water availability: CO2-quadrupling experiment', *Climatic Change*, 64, 59–76
231 Californië... van de sneeuw: Hayhoe, K., et al., 2004: 'Emissions pathways, climate change, and impacts on California', *Proceedings of the National Academy of Sciences*, 101, 34, 12422–7
232 Yemen: Brown, L., 2003: *Plan B: Rescuing a Planet under Stress and a Civilization in Trouble*, W.W. Norton & Co., pp. 31–2 (intussen verscheen *Plan B 3.0*)

233 landbouwproductie... achteruit zou gaan.: Parry, M., et al., 2004: 'Effects of climate change on global food production under SRES emissions and socio-economic scenarios', *Global Environmental Change*, 14, 53–67

233 James Lovelock: persoonlijke mededeling, 31 maart 2006

234 verdubbelen: Flannigan, M., et al., 2005: 'Future area burned in Canada', *Climatic Change*, 72, 1–16

235 vroege Eoceen: Dawson, M., et al., 1976: 'Paleogene terrestrial vertebrates: northernmost occurrence, Ellesmere Island, Canada', *Science*, 192, 781–2

235 verschil tussen de seizoenen: McKenna, M., 1976: 'Eocene paleolatitude, climate and mammals of Ellesmere Island', *Palaeogeography, Palaeoclimatology, Palaeoecology*, 30, 349–62

235 nieuwe zoogdiersoorten: Rose, K., 1980: 'Clarkforkian Land-Mammal Age: revised definition, zonation, and tentative intercontinental correlation', *Science*, 208, 744–6

236 uitsterving: Kennett, J. en Stott, L., 1991: 'Abrupt deep-sea warming, palaeoceanographic changes and benthic extinctions at the end of the Palaeocene', *Nature*, 353, 225–9

238 Dickens dacht: Dickens, G., et al., 1995: 'Dissociation of oceanic methane hydrate as a cause of the carbon isotope excursion at the end of the Paleocene', *Paleoceanography*, 10, 965–71

238 vond Katz... het bewijs: Katz, M., et al., 1999: 'The source and fate of massive carbon input during the latest Paleocene Thermal Maximum', *Science*, 286, 1531–3

239 Geologen dateerden: Storey, M., et al., 2007: 'Paleocene-Eocene Thermal Maximum and the opening of the Northeast Atlantic', *Science*, 316, 587–9

239 Spaanse vasteland: Schmitz, B. en Pujalte, V., 2003: 'Sea-level, humidity, and land-erosion records across the initial Eocene thermal maximum from a continental-marine transect in northern Spain', *Geology*, 31, 8, 689–92

239 'megawaaier': Schmitz, B. en Pujalte, V., 2007: 'Abrupt increase in seasonal extreme precipitation at the Paleocene-Eocene boundary', *Geology*, 35, 3, 215–18

240 verzuurde daar de zeeën: Zachos, J., et al., 2005: 'Rapid acidification of the ocean during the Paleocene-Eocene Thermal Maximum', *Science*, 308, 1611–15

240 Noord-Amerika: Retallack, G., 2005: 'Pedogenic carbonate proxies for amount and seasonality of precipitation in paleosols', *Geology*, 33, 4, 333–6

240 **Rocky Mountains:** Sewall, J. en Sloan, L., 2006: 'Come a little bit closer: A high-resolution climate study of the early Paleogene Laramide foreland', *Geology*, 34, 2, 81–4
240 **Engeland en België:** Retallack, G., 2005: 'Pedogenic carbonate proxies for amount and seasonality of precipitation in paleosols', *Geology*, 33, 4, 333–6
240 **hun eigen broeikaseffect:** Jahren, A. en Sternberg, L., 2003: 'Humidity estimate for the middle Eocene Arctic rain forest', *Geology*, 31, 5, 463–6
240 **watertemperatuur:** Sluijs, A., et al., 2006: 'Subtropical Arctic Ocean temperatures during the Palaeocene/Eocene thermal maximum', *Nature*, 441, 610–13
240 **lucht... een temperatuur:** Weijers, J., et al., 2007: 'Warm Arctic continents during the Palaeocene-Eocene Thermal Maximum', *Earth and Planetary Science Letters*, in press
240 **meer regen:** Pagani, M., et al., 2006: 'Arctic hydrology during global warming at the Palaeocene/Eocene thermal maximum', *Nature*, 442, 671–5
240 **geen ijs:** Kerr, R., 2004: 'Signs of a warm, ice-free Arctic', *Science*, 305, 1693
240 **steeg... temperatuur:** Pagani, M., et al., 2006: 'An ancient carbon mystery', *Science*, 314, 1556–7
241 **Gerald Dickens:** Dickens, G., 1999: 'The blast in the past', *Nature*, 401, 752–5
241 **John Higgins en Daniel Schrag:** Higgins, A. en Schrag, D., 2006: 'Beyond methane: Towards a theory for the Paleocene-Eocene Thermal Maximum', *Earth and Planetary Science Letters*, 245, 523–37
241 **vroege Eoceen:** Lowenstein, T. en Demicco, R., 2006: 'Elevated Eocene atmospheric CO2 and its subsequent decline', *Science*, 313, 1928
241 **30 keer sneller:** 2006: 'Lesson from 55 million years ago says climate change could be faster than expected', *Daily Telegraph*, 17 februari 2006
242 **verzengende hittegolf:** Thomas, D., et al., 2002: 'Warming the fuel for the fire: Evidence for the thermal dissociation of methane hydrate during the Paleocene-Eocene thermal maximum', *Geology*, 30, 12, 1067–70
243 **met 85 procent af zou nemen:** Buffett, B. en Archer, D., 2004: 'Global inventory of methane hydrate: sensitivity to changes in the deep ocean', *Earth and Planetary Science Letters*, 227, 185–99

243 Noordelijke IJszee: zie 'Methane hydrates and global warming', RealClimate blog, 12 december 2005, http://www.realclimate.org/index.php?p=227
243 kaart: Hadley Centre, 2005: *Stabilising Climate to Avoid Dangerous Climate Change – a Summary of Relevant Research at the Hadley Centre*, p. 9: 'Increasing natural methane emissions'
244 tsunami... de Britse eilanden trof: Sissons, J. en Smith, D., 1965: 'Peat bogs in a post-glacial sea and a buried raised beach in the western part of the Carse of Stirling', *Scottish Journal of Geology*, 1, 247–55
244 Northumberland: Smith, D., et al., 2004: 'The Holocene Storegga Slide tsunami in the United Kingdom', *Quaternary Science Reviews*, 23, 2291–321
244 Shetlandeilanden: Bondevik, S., et al., 2004: 'Record-breaking height for 8000-year-old tsunami in the North Atlantic', *Eos*, 84, 31, 289–300
245 Shetlands... 20 meter: Bondevik, S., et al., 2004: idem
245 vrijkomen van methaanijs: Zillmer, M., et al., 2005: 'Imaging and quantification of gas hydrate and free gas at the Storegga slide offshore Norway', *Geophysical Research Letters*, 32, L04308
245 pokdalig: zie 'Methane hydrates and global warming', RealClimate blog, 12 December 2005, http://www.real climate. org/index.php?p=227
245 alle methaanijs... verdwenen is: Paull, C., et al., 2007: 'Assessing methane release from the colossal Storegga submarine landslide', *Geophysical Research Letters*, 34, L04601
246 ongeveer 10.000 jaar: Pagani, M., et al., 2006: 'An ancient carbon mystery', *Science*, 314, 1556–7
246 data uit Noord-Amerika: Wing, S., et al., 2005: 'Transient floral change and rapid global warming at the Paleocene-Eocene boundary', *Science*, 310, 993–6
246 PETM in het begin... droog: Wing, S., et al., 2005: idem

Zes graden

255 Krijt-tijdperk: Skelton, P. (ed.), 2003: *The Cretaceous World*, Cambridge University Press
257 Krijtrotsen: Skelton, P. (ed.), 2003: idem
257 Champsosaurus: Tarduno, J., et al., 1998: 'Evidence for extreme climatic warmth from Late Cretaceous Arctic vertebrates', *Science*, 282, 2241–4

257 **broodbomen:** Jenkyns, H., et al., 2004: 'High temperatures in the Late Cretaceous Arctic Ocean', *Nature*, 432, 888–92
257 **heuvels:** Ito, M., et al., 2001: 'Temporal variation in the wavelength of hummocky cross-stratification: Implications for storm intensity through Mesozoic and Cenozoic', *Geology*, 29, 1, 87–9
257 **Noord-Amerika:** White, T., et al., 2001: 'Middle Cretaceous greenhouse hydrologic cycle of North America', *Geology*, 29, 4, 363–6
258 **tropische Atlantische Oceaan:** Bice, K., et al., 2006: 'A multiple proxy and model study of Cretaceous upper ocean temperatures and atmospheric CO_2 concentrations', *Palaeoceanography*, 21, PA2002
258 **Zuidelijke Atlantische Oceaan:** Bice, K., et al., 2003: 'Extreme polar warmth during the Cretaceous greenhouse? Paradox of the late Turonian O18 record at Deep Sea Drilling Project Site 511', *Palaeoceanography*, 18, 2, 1031
258 **aan de droogte aangepast:** Skelton, P. (ed.), 2003: *The Cretaceous World*, Cambridge University Press
258 **Antarctisch Schiereiland:** Poole, I., et al., 2005: 'A multi-proxy approach to determine Antarctic terrestrial palaeoclimate during the Late Cretaceous and Early Tertiary', *Palaeogeography, Palaeoclimatology, Palaeoecology*, 222, 95–121
258 **Zuidpool:** Brentnall, S., et al., 2005: 'Climatic and ecological determinants of leaf lifespan in polar forests of the high CO_2 Cretaceous "greenhouse" world', *Global Change Biology*, 11, 2177–95
258 **Noordpool:** Jenkyns, H., et al., 2004: 'High temperatures in the Late Cretaceous Arctic Ocean', *Nature*, 432, 888–92
259 **supercontinent Pangea:** Poulsen, C., 2003: 'Did the rifting of the Atlantic Ocean cause the Cretaceous thermal maximum?', *Geology*, 31, 2, 115–18
261 **opwarmingspieken:** Jenkyns, H., 2003: 'Evidence for rapid climate change in the Mesozoic-Palaeogene greenhouse world', *Philosophical Transactions of the Royal Society of London A*, 361, 1885–1916
262 **uitbarstingen van methaanijs:** Kerr, R., 2000: 'Quakes large and small, burps big and old', *Science*, 287, 576–7
263 **algenbloei:** Beckmann, B., et al., 2005: 'Orbital forcing of Cretaceous river discharge in tropical Africa and ocean response', *Nature*, 437, 241–4
264 **vertikale rotskanalen:** Svensen, H., et al., 2007: 'Hydrothermal venting of greenhouse gases triggering Early Jurassic global warming', *Earth and Planetary Science Letters*, 256, 554–66
264 **stoot:** Svensen, H., et al., 2007: idem

266 Bijna al het leven... is weggevaagd: Benton, M., 2003: *When Life Nearly Died: The Greatest Mass Extinction of All Time*, Thames & Hudson, p. 168
266 laagjes... 12 millimeter: Kaiho, K., et al., 2006: 'Close-up of the end-Permian mass extinction horizon recorded in the Meishan section, South China: Sedimentary, elemental, and biotic characterization and a negative shift of sulfate sulfur isotope ratio', *Palaeogeography, Palaeoclimatology, Palaeoecology*, 239, 3–4, 396–405
266 razendsnelle broeikas-opwarming: Benton, M., 2003: *When Life Nearly Died: The Greatest Mass Extinction of All Time*, Thames & Hudson, p. 267
266 bodemerosie: Sephton, M., 2005: 'Catastrophic soil erosion during end-Permian biotic crisis', *Geology*, 33, 12, 941–4
267 'schimmel-piek': Visscher, H., et al., 1996: 'The terminal Paleozoic fungal event: Evidence of terrestrial ecosystem destabilization and collapse', *PNAS*, 93, 5, 2155–8
267 Karoobekken: Smith, R. en Ward, P., 2001: 'Pattern of vertebrate extinctions across an event bed at the Permian-Triassic boundary in the Karoo Basin of South Africa', *Geology*, 29, 12, 1147–50
268 fascinerend model: Kidder, D. en Worsley, T., 2004: 'Causes and consequences of extreme Permo-Triassic warming to globally equable climate and relation to the Permo-Triassic extinction and recovery', *Palaeogeography, Palaeoclimatology, Palaeoecology*, 203, 3–4, 207–37
269 felle stormen: Kidder, D. en Worsley, T., 2004: idem
269 Siberië: Kamo, S., et al., 2003: 'Rapid eruption of Siberian flood-volcanic rocks and evidence for coincidence with the Permian-Triassic boundary and mass extinction at 251 Ma', *Earth and Planetary Science Letters*, 214, 75–91
270 het land... ontdeden: Benton, M., 2003: *When Life Nearly Died: The Greatest Mass Extinction of All Time*, Thames & Hudson
270 Het zuurstofgehalte: Weidlich, O., et al., 2003: 'Permian-Triassic boundary interval as a model for forcing marine ecosystem collapse by long-term atmospheric oxygen drop', *Geology*, 31, 11, 961–4
270 hoe uitbarstingen zich ontvouwen: Ryskin, G., 2003: 'Methane-driven oceanic eruptions and mass extinctions', *Geology*, 31, 9, 741–4
272 methaanuitbarsting op de oceaanbodem: Ryskin, G., 2003: idem
272 zwavelrijke oceaan: Nielsen, J. en Shen, Y., 2004: 'Evidence for sulfidic deep water during the Late Permian in the East Greenland basin', *Geology*, 32, 12, 1037–40

273 **Waterstofsulfide... terechtkwam:** Kump, L., et al., 2005: 'Massive release of hydrogen sulfide to the surface ocean and atmosphere during intervals of ocean anoxia', *Geology*, 33, 5, 397–400
273 **DNA-mutaties:** Visscher, H., et al., 2004: 'Environmental mutagenesis during the end-Permian ecological crisis', *PNAS*, 101, 35, 12952–6
273 **oorzaak van de uitsterving:** Lamarque, J.-F., et al., 2006: 'Modeling the response to changes in tropospheric methane concentration: Application to the Permian-Triassic boundary', *Palaeoceanography*, 21, PA3006
273 **combinatie:** Lamarque, J.-F., et al., 2007: 'Role of hydrogen sulfide in a Permian-Triassic boundary ozone collapse', *Geophysical Research Letters*, 34, L02801
278 **op veel grotere schaal vrijkomt:** Bakun, A. en Weeks, S., 2004: 'Greenhouse gas buildup, sardines, submarine eruptions and the possibility of abrupt degradation of intense marine upwelling ecosystems', *Ecology Letters*, 7, 1015–23
278 **raakt de reukzenuw verlamd:** Kump, L., et al., 2005: 'Massive release of hydrogen sulfide to the surface ocean and atmosphere during intervals of ocean anoxia', *Geology*, 33, 5, 397–400
280 **een miljard jaar resteert:** Franck, S., et al., 2002: 'Long-term evolution of the global carbon cycle: historic minimum of global surface temperature at present', *Tellus B*, 54, 4, 325–43

7 De keuze voor onze toekomst

284 **vier maal sneller toenamen:** Jones, N., 2006: 'Carbon tally shows growing global problem', Nature.com news, http://www.nature.com/news/2006/061106/full/061106-18.html
284 **NOAA cijfers:** *Guardian* 13 mei 2008 (World carbon dioxide levels highest for 650.000 years)
284 **0,5:** Teng, H., et al., 2006: 'Twenty-first century climate change commitment from a multi-model ensemble', *Geophysical Research Letters*, 33, L07706; **1°C:** Wigley, T., 2005: 'The climate change commitment', *Science*, 307, 1766–9
287 **11°C:** Stainforth, D., et al., 2005: 'Uncertainty in predictions of the climate response to rising levels of greenhouse gases', *Nature*, 433, 403–6
287 **"gevaarlijk hoog":** zie http://climateprediction.net/science/pubs/climateprediction_press_release.pdf

288 al een eind op streek: Wild, M., et al., 2005: 'From dimming to brightening: decadal changes in solar radiation at Earth's surface', *Science*, 308, 847–50
288 helemaal bovenin: Andraea, M., et al., 2005: 'Strong present-day aerosol cooling implies a hot future', *Nature*, 435, 1187–90; Bellouin, N., et al., 2005: 'Global estimate of aerosol direct radiative forcing from satellite measurements', *Nature*, 438, 1138–41
288 modellen... niet reproduceren: Higgins, A. en Schrag, D., 2006: 'Beyond methane: Towards a theory for the Paleocene-Eocene Thermal Maximum', *Earth and Planetary Science Letters*, 245, 523–37
288 broeikas van het Krijt: Bice, K., et al., 2006: 'A multiple proxy and model study of Cretaceous upper ocean temperatures and atmospheric CO_2 concentrations', *Palaeoceanography*, 21, PA2002
289 tragere feedbackmechanismes: Hansen, J. et al., 2008 'Target Atmospheric CO_2: Where Should Humanity Aim', *arXiv.org* april 2008
290 verhogen de klimaatgevoeligheid: Hansen, J., et al., 2007: 'Climate change and trace gases', *Philosophical Transactions of the Royal Society A*, 365, 1925–54
290 andere terugkoppelingseffecten: Torn, M. en Harte, J., 2006: 'Missing feedbacks, asymmetric uncertainties, and the underestimation of future warming', *Geophysical Research Letters*, 33, L10703
290 dramatisch snellere: Damon Matthews, H. en Keith, D., 2007: 'Carbon-cycle feedbacks increase the likelihood of a warmer future', *Geophysical Research Letters*, 34, L09702
290 tweede internationaal onderzoek: Scheffer, M., et al., 2006: 'Positive feedback between global warming and atmospheric CO_2 concentration inferred from past climate change', *Geophysical Research Letters*, 33, L10702
291 kans van... 7 procent: Meinshausen, M., 2006: 'What does a 2°C target mean for greenhouse gas concentrations? A brief analysis based on multi-gas emission pathways and several climate sensitivity uncertainty estimates', in Schellnhuber, H. J. (ed.), *Avoiding Dangerous Climate Change*, Cambridge University Press
292 optie... politiek haalbaar: Stern, N., 2006: *Stern Review: The economics of climate change*, published by HM Govt, available at http://www.hm-treasury.gov.uk/independent_reviews/stern_review_economics_climate_change/sternreview_index.cfm
292 noot van de vertaler: *Financial Times*, 17 april 2008, geciteerd in *A Green New Deal*, The first report of the Green New Deal Group, zomer 2008 (op www.neweconomics.org)

294 ***in de komende zes jaar... top hebben bereikt:*** den Elzen, M. en Meinshausen, M., 2006: 'Multi-gas emission pathways for meeting the EU 2°C climate target', in Schellnhuber, H. J. (ed.), *Avoiding Dangerous Climate Change*, Cambridge University Press

298 **voorziet de IEA:** World Energy Outlook 2005 Executive Summary, IEA, 2005, http://www.iea.org/Textbase/npsum/WEO2005SUM.pdf

298 **World Alternative Policy Scenario:** World Energy Outlook 2005 press release, IEA, 2005, http://www.worldenergyoutlook.org/press_rel.asp. Zie ook de IEA wiggen: **The Energy Technology Perspectives 2008:** zie website IEA www.iea.org

300 **uitkomsten zijn verbluffend:** Dukes, J., 2003: 'Burning buried sunshine: Human consumption of ancient solar energy', *Climatic Change*, 61, 31–44

302 **ijsbergsla:** 2001: *Eating Oil: Food Supply in a Changing Climate*, Sustain/Elm Farm Research Centre, December 2001; samenvatting: http://www.sustainweb.org

302 **verbruikt... tien keer zoveel:** Giampietro, M. en Pimentel, D., 1993: 'The tightening conflict: Population, energy use, and the ecology of agriculture', *NPG Forum Series*, oktober 1993, 1–8

302 **"legt... opmerkelijk groot beslag":** Imhoff, M., et al., 2004: 'Global patterns in human consumption of net primary production', *Nature*, 429, 870–3

305 **'tragiek van het gemeenschapsgoed':** Hardin, G., 1968: 'The tragedy of the commons', *Science*, 162, 1243–8

305 **Zwitserse... focusgroepen:** Stoll-Kleemann, S., et al., 2001: 'The psychology of denial concerning climate mitigation measures: evidence from Swiss focus groups', *Global Environmental Change*, 11, 107–17

308 **meer aardolie verbruikt:** Leggett, J., 2005: *Half Gone: Oil, Gas, Hot Air and the Global Energy Crisis*, Portobello Books, p. 59

310 **"die komen... samen":** 2005: 'Saudi Arabia's Ghawar Field: the elephant of all elephants', *AAPG Explorer*, http://www.aapg.org/explorer/2005/01jan/ghawar.cfm

310 **wereldwijde economische crisis:** Leggett, J., 2005: *Half Gone: Oil, Gas, Hot Air and the Global Energy Crisis*, Portobello Books, pp. 95–6. Recentere publicaties op dit gebied zijn: Strahan, D., 2007: *The Last Oil Shock: A Survival Guide to the Imminent Extinction of Petroleum Man*, John Murray; Klare, M.T., 2008, *Rising Powers, Shrinking Planet: The New Geopolitics of Energy*, Metropolitan Books; en Middelkoop, W. en Koppelaar, R., 2008: *De permanente oliecrisis: Waarom benzine, gas en voedsel steeds duurder worden*, Nieuw Amsterdam. Zie ook www.peakoil.nl

310 **'powerdown':** Heinberg, R., 2004: *Powerdown: Options and Actions for a Post-Carbon World*, Clairview Books
313 **wiggen:** Pacala, S. en Socolow, R., 2004: 'Stabilization wedges: Solving the climate problem for the next 50 years with current technologies', *Science*, 305, 968–72
314 **vogels... omkomen:** Marris, E. en Fairless, D., 2007: 'Wind farms' deadly reputation hard to shift', *Nature*, 447, 126
315 **opgeteld zou bijna 70 procent:** Kempton. W. et al, 2007: Large CO2 reductions via offshore wind power matched to inherent storage in energy end-uses, *Geophysiocal Research Letters*, vol. 34, L02817
315 **afvang en opslag van koolstof:** IPCC, 2005: *Carbon Dioxide Capture and Storage: Summary for Policymakers and Technical Summary*, WMO/UNEP
316 **zou... net zoveel koolstof schelen:** Gullison, R., et al., 2007: 'Tropical forests and climate policy', *Science*, 316, 985–6 p. 275
317 **een paar honderdste:** Monbiot, G., 2004: 'Fuel for nought', *The Guardian*, 23 November 2004; http://www.guardian.co.uk/climatechange/story/0,,1357462,00.html. **Recentere artikelen van George Monbiot** over hetzelfde onderwerp (bijvoorbeeld 'A Lethal Solution' van 27 maart 2007) vindt u in verkorte vertaling op onze website www.hitte.nu
318 **Zuidoost-Aziatische wouden:** Monbiot, G., 2004, idem
321 **rantsoenering:** zie Fleming, D., 2008: *Energieslank leven met klimaatdukaten*, Uitgeverij Jan van Arkel en www.hitte.nu

Over de auteur

Mark Lynas (1973) is milieubeschermer, journalist en schrijver. Hij studeerde geschiedenis en politicologie aan de Universiteit van Edinburgh, was redacteur van de OneWorld.net website tot 2000. Vervolgens schreef hij het boek *Het nieuwe weer. De gevolgen van klimaatverandering* (2005) en werd uitgeroepen tot een National Geographic Emerging Explorer in 2006. *Six Degrees* won de Royal Society Prize for Science Books in de zomer van 2008. Zie www.marklynas.org.